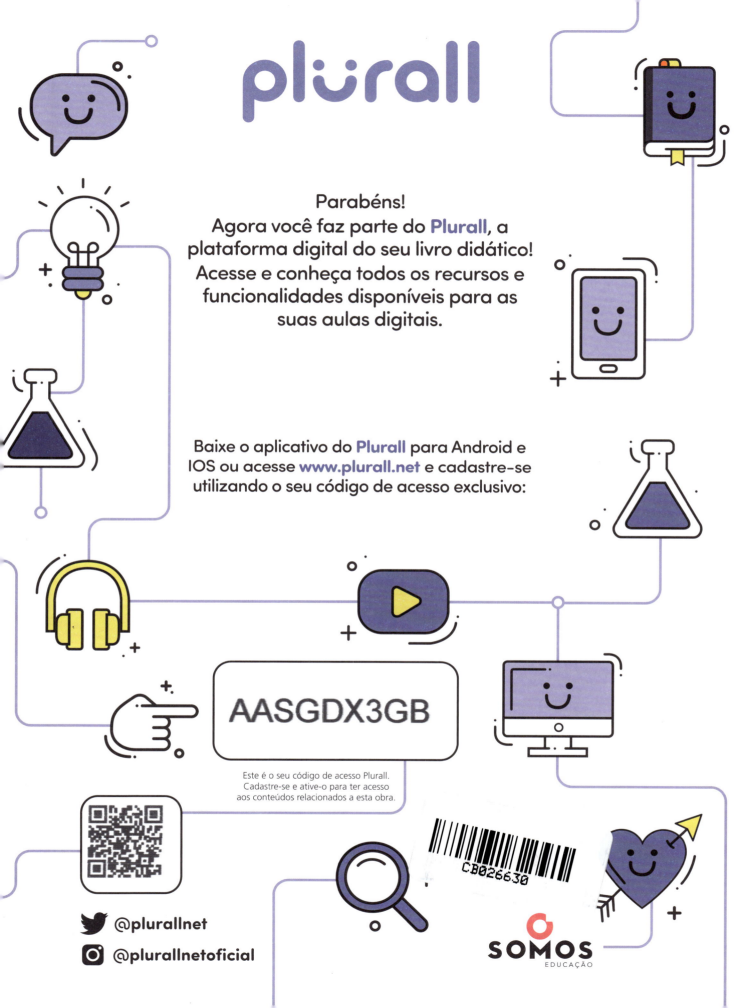

JOÃO USBERCO

Bacharel em Ciências Farmacêuticas pela Universidade de São Paulo (USP)

Especialista em Análises Clínicas e Toxicológicas

Professor de Química na rede particular de ensino (São Paulo, SP)

Autor de Ciências dos anos finais do Ensino Fundamental e de Química do Ensino Médio

JOSÉ MANOEL MARTINS

Bacharel e licenciado em Ciências Biológicas pelo Instituto de Biociências e pela Faculdade de Educação da USP

Mestre e doutor em Ciências (área de Zoologia) pelo Instituto de Biociências da USP

Autor de Ciências dos anos finais do Ensino Fundamental e de Biologia do Ensino Médio

EDUARDO SCHECHTMANN

Bacharel e licenciado em Biologia pela Universidade Estadual de Campinas (Unicamp)

Pós-graduado pela Faculdade de Educação da Unicamp

Coordenador de Ciências na rede particular de ensino

Consultor e palestrante na área de educação

Autor de Ciências dos anos finais do Ensino Fundamental

LUIZ CARLOS FERRER

Licenciado em Ciências Físicas e Biológicas pela Faculdade de Ciências e Letras de Bragança Paulista

Especialista em Instrumentação e Metodologia para o Ensino de Ciências e Matemática e em Ecologia pela Pontifícia Universidade Católica de Campinas (PUCC-SP)

Especialista em Geociências pela Unicamp

Pós-graduado em Ensino de Ciências do Ensino Fundamental pela Unicamp

Professor efetivo aposentado da rede pública (São Paulo, SP)

Autor de Ciências dos anos finais do Ensino Fundamental

HERICK MARTIN VELLOSO

Licenciado em Física pela Universidade Estadual Paulista "Júlio de Mesquita Filho" (Unesp-SP)

Professor de Física na rede particular de ensino (São Paulo, SP)

Autor de Ciências dos anos finais do Ensino Fundamental

EDGARD SALVADOR

Licenciado em Química pela USP

Professor de Química na rede particular de ensino (São Paulo, SP)

Autor de Ciências dos anos finais do Ensino Fundamental e de Química do Ensino Médio

COMPANHIA DAS CIÊNCIAS

7

Editora Saraiva

Direção Presidência: Mario Ghio Júnior
Direção de Conteúdo e Operações: Wilson Troque
Direção editorial: Luiz Tonolli e Lidiane Vivaldini Olo
Gestão de projeto editorial: Mirian Senra
Gestão de área: Isabel Rebelo Roque
Coordenação: Fabíola Bovo Mendonça
Edição: Allan Saj Porcacchia, Bianca Von Muller Berneck, Daniella Drusian Gomes, Erich Gonçalves da Silva, Helen Akemi Nomura, Marcela Pontes, Mariana Amélia do Nascimento, Paula Amaral e Regina Melo Garcia
Planejamento e controle de produção: Patrícia Eiras e Adjane Queiroz de Oliveira
Revisão: Hélia de Jesus Gonsaga (ger.), Kátia Scaff Marques (coord.), Rosângela Muricy (coord.), Ana Curci, Ana Maria Herrera, Ana Paula C. Malfa, Brenda T. M. Morais, Célia Carvalho, Cesar G. Sacramento, Claudia Virgilio, Daniela Lima, Gabriela M. Andrade, Heloísa Schiavo, Hires Heglan, Luciana B. Azevedo, Luís M. Boa Nova, Paula T. de Jesus, Sueli Bossi; Amanda T. Silva e Bárbara de M. Genereze (estagiárias)
Arte: Daniela Amaral (ger.), André Gomes Vitale (coord.) e Alexandre Miasato Uehara (edição de arte)
Diagramação: Essencial Design
Iconografia e tratamento de imagem: Sílvio Kligin (ger.), Roberto Silva (coord.), Evelyn Torrecilia (pesquisa iconográfica), Cesar Wolf e Fernanda Crevin (tratamento)
Licenciamento de conteúdos de terceiros: Thiago Fontana (coord.), Luciana Sposito e Angra Marques (licenciamento de textos), Erika Ramires, Luciana Pedrosa Bierbauer, Luciana Cardoso e Claudia Rodrigues (analistas adm.)
Ilustrações: André Vazzios, Estúdio Ampla Arena, Jurandir Ribeiro, Luis Moura, Osni de Oliveira, Paulo Cesar Pereira, Rosangela Stefano Ilustrações, Tiago Donizete Leme, R2 Editorial
Cartografia: Eric Fuzii (coord.), Robson Rosendo da Rocha (edit. arte)
Design: Gláucia Correa Koller (ger.), Luis Vassalo (proj. gráfico), Aurélio Camilo (capa), Gustavo Vanini e Tatiane Porusselli (assist. arte)
Foto de capa: Shutterstock/Alones

Todos os direitos reservados por Saraiva Educação S.A.
Avenida das Nações Unidas, 7221, 1º andar, Setor A –
Espaço 2 – Pinheiros – SP – CEP 05425-902
SAC 0800 011 7875
www.editorasaraiva.com.br

Dados Internacionais de Catalogação na Publicação (CIP)

```
Companhia das ciências 7º ano / João Usberco... [et al.] -
4. ed. - São Paulo : Saraiva, 2019.

   Suplementado pelo manual do professor.
   Bibliografia.
   Outros autores: José Manoel Martins, Eduardo
Schechtmann, Luiz Carlos Ferrer, Herick Martin Velloso,
Edgard Salvador
   ISBN: 978-85-472-3681-6 (aluno)
   ISBN: 978-85-472-3682-3 (professor)

   1.   Ciências (Ensino fundamental). I. Usberco, João.
II. Martins, José Manoel. III. Schechtmann, Eduardo. IV.
Ferrer, Luiz Carlos. V. Velloso, Herick Martin. VI.
Salvador, Edgard.

2019-0062                              CDD: 372.35
```

Julia do Nascimento - Bibliotecária - CRB - 8/010142

2023
Código da obra CL 800972
CAE 648147 (AL) / 648148 (PR)
4ª edição
8ª impressão
De acordo com a BNCC.

Impressão e acabamento Gráfica Santa Marta

Uma publicação

yongyut rukkachatsuwa/Shutterstock

Caro estudante,

Nosso cotidiano é repleto de situações que podem ser mais bem entendidas quando conhecemos ciência.

Por que se forma um arco-íris? Por que o céu é azul? Por que os filhos são parecidos com os pais? Por que a gente sempre vê primeiro o raio e só depois ouve o som do trovão?

Nos últimos cem anos, as pessoas produziram mais conhecimentos científicos e tecnológicos do que em toda a história anterior. A velocidade com que novas descobertas e suas aplicações são feitas abre a possibilidade de avançarmos rapidamente na resolução de problemas.

Estamos cada vez mais conscientes da necessidade de explorar de forma sustentável os recursos naturais do planeta, para que a melhora da nossa qualidade de vida possa se estender às futuras gerações.

É isto que queremos propor a você, estudante, nesta coleção: investigar os fenômenos da natureza e procurar entendê-los para tornar o mundo um lugar melhor. Além disso, perceber que a ciência se modifica ao longo do tempo, com as novas descobertas, e que as explicações não podem ser consideradas definitivas: há sempre algo a mais para descobrir, para entender e para propor.

O convite está feito! Teremos o maior prazer em compartilhar essa viagem com você.

Um grande abraço,
Os autores

CONHEÇA SEU LIVRO

ABERTURA DO CAPÍTULO
Imagens e questões iniciam o capítulo, estimulando a troca de ideias e conhecimentos sobre os temas que serão estudados.

ABERTURA DA UNIDADE
O começo de cada unidade traz uma imagem e um texto para sensibilizá-lo e motivá-lo a aprender mais sobre o tema proposto.

TEXTO PRINCIPAL
Além de textos que apresentam os temas principais, há esquemas, fotografias, mapas, gráficos e tabelas que ilustram o conteúdo e auxiliam na sua compreensão.

UM POUCO MAIS
Ao longo do capítulo, você encontra boxes com assuntos que complementam o conteúdo estudado. São curiosidades, fatos históricos e ampliações dos temas desenvolvidos.

VOCABULÁRIO E GLOSSÁRIO
Para auxiliá-lo na leitura e interpretação dos textos, há palavras e termos destacados cujos significados aparecem em boxes nas laterais da página ou ao longo dos textos.

EM PRATOS LIMPOS
Estes boxes ajudam a esclarecer algumas ideias ou assuntos que podem ser confusos ou polêmicos.

INFOGRÁFICO
Este recurso ajuda você a visualizar e compreender alguns fenômenos naturais.

4

QUADROS INFORMATIVOS

Ao longo do texto são apresentadas informações complementares ao tema estudado, relacionadas a Ciências ou a outras disciplinas, ou mesmo uma retomada de conceitos que você já estudou em anos anteriores.

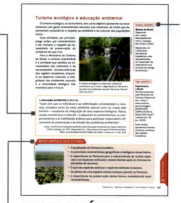

ASSISTA TAMBÉM! / LEIA TAMBÉM! / ACESSE TAMBÉM! / VISITE TAMBÉM! / JOGUE TAMBÉM!

Ao longo do capítulo, há boxes com sugestões de livros, *sites*, vídeos, filmes, documentários, jogos e até locais que você pode visitar para enriquecer ainda mais o seu aprendizado.

NESTE CAPÍTULO VOCÊ ESTUDOU

Quadro com um resumo dos principais temas estudados em cada capítulo.

PENSE E RESOLVA

Exercícios para verificação e organização do aprendizado dos principais conteúdos do capítulo.

SÍNTESE

Uma ou mais atividades que sintetizam os principais conceitos tratados no capítulo.

DESAFIO

Exercícios para você se aprofundar, pesquisar e debater sobre temas relacionados ao que foi estudado.

PRÁTICA

Atividades para você colocar em prática o que aprendeu e descobrir mais sobre cada tema.

LEITURA COMPLEMENTAR

Texto para leitura, aprofundamento e atualização das descobertas científicas, com questionamentos para verificar se você compreendeu o que foi lido.

5

SUMÁRIO

UNIDADE 1
TERRA E UNIVERSO 8

CAPÍTULO 1 - DINÂMICA DA TERRA 10
A dinâmica da Terra 11
Teoria da Deriva Continental 11
Teoria da Tectônica de Placas 14
Infográfico – Os movimentos das placas tectônicas 16
Atividades 21
Pense e resolva 21
Síntese 22
Desafio 22
Leitura complementar 23

CAPÍTULO 2 - A ATMOSFERA TERRESTRE 24
Comprovando a existência do ar 25
Gás nitrogênio 27
Gás oxigênio 27
Gás carbônico (ou dióxido de carbono) 27
Atmosfera da Terra 28
As camadas da atmosfera da Terra 30
Aurora polar 31
Atividades 32
Pense e resolva 32
Síntese 33
Prática 33

CAPÍTULO 3 - POLUIÇÃO ATMOSFÉRICA 34
Poluentes atmosféricos 35
Material particulado 35
Gases poluentes 36
Atividades 44
Pense e resolva 44
Síntese 45
Desafio 46
Prática 47

UNIDADE 2
VIDA E EVOLUÇÃO 48

CAPÍTULO 4 - AGRUPAMENTO E CLASSIFICAÇÃO DOS SERES VIVOS 50
Classificar para organizar 51
Agrupando seres vivos 51
O sistema natural de Lineu 52
As categorias de classificação de Lineu 52
A classificação dos seres vivos em constante mudança 56
Reino Animalia 56
Reino Plantae 57
Reino Protista 57
Reino Fungi 58
Reino Eubacteria 58
Atividades 59
Pense e resolva 59
Síntese 60
Desafio 60
Leitura complementar 61

CAPÍTULO 5 - ONDE HABITAM OS SERES VIVOS? 62
Biosfera 63
Biomas 64
Ecossistemas 64
Os biomas da Terra 66
Os biomas brasileiros 68
As formações florestadas do Brasil 68
As formações abertas do Brasil 70
A formação mista do Brasil 71
Ecossistemas e biomas aquáticos do Brasil 72
Preservação e desenvolvimento sustentável 73
Atividades 74
Pense e resolva 74
Síntese 75
Leitura complementar 76

CAPÍTULO 6 - BIOMAS BRASILEIROS: FORMAÇÕES FLORESTADAS 78
Floresta Amazônica 79
Pesca na Amazônia 81
Desmatamento e queimadas 82
Extrativismo na Amazônia 83
Mata dos Cocais 84
Mata Atlântica 85
Um solo raso, porém habitado 87
Bromélias e sua fauna associada 89
Mata de Araucárias 91
A Floresta Amazônica e a Mata Atlântica 92
Manguezais 93
Atividades 95
Pense e resolva 95
Síntese 97
Desafios 97
Leitura complementar 98

CAPÍTULO 7 - BIOMAS BRASILEIROS: FORMAÇÕES ABERTAS 99
Cerrado 100
Caatinga 105
Campos ou Pampa 109
Como combater a desertificação 111
Atividades 112
Pense e resolva 112
Síntese 113
Desafio 113
Prática 114

CAPÍTULO 8 - BIOMAS BRASILEIROS: FORMAÇÕES MISTAS 115
Pantanal 116
Infográfico – Biomas brasileiros 118
Turismo ecológico e educação ambiental 121
Atividades 122
Pense e resolva 122
Síntese 122
Leitura complementar 123

CAPÍTULO 9 - LIXO: UM PROBLEMA SOCIOAMBIENTAL 124
O que é lixo? 125
Classificação do lixo 126
Destino do lixo 128
Os lixões: lixo a céu aberto 129

Enterrando o lixo: os aterros 130
Queimando o lixo: a incineração 131
Lixo e consumo 132
Mudando o conceito de lixo 132
Compostagem 132
Mas o que fazer com o restante do lixo? 133
Reduzir 134
Reutilizar 134
Reciclar 135
Repensar 138
Atividades **139**
Pense e resolva 139
Síntese 140
Desafio 141
Prática 141
Leitura complementar **142**

CAPÍTULO 10 - SANEAMENTO BÁSICO 143
A poluição da água 144
Fertilizantes e pesticidas 146
Vazamentos de petróleo 146
Esgoto industrial 147
Esgoto doméstico 147
Saneamento básico 148
Tratamento de esgoto 148
Infográfico – Etapas do processo de tratamento
da água e do esgoto em uma cidade 150
Fossa séptica 152
Poços 152
Atividades **154**
Pense e resolva 154

Síntese 156
Desafios 157
Prática 158
Leitura complementar **160**

CAPÍTULO 11 - AS DOENÇAS E A ÁGUA 161
Doenças de veiculação hídrica 162
Amebíase, giardíase e cólera 162
Leptospirose 164
Outras doenças relacionadas com a água 165
Dengue 165
Chikungunya 165
Zika 165
Febre amarela 167
Esquistossomose 169
Atividades **170**
Pense e resolva 170
Síntese 171
Desafios 172
Leitura complementar **173**

CAPÍTULO 12 - AS DEFESAS DO NOSSO CORPO 174
Mecanismos de defesa 175
Aquisição de imunidade 176
A saúde do sistema imunitário 178
A aids 179
Doenças autoimunes 179
Atividades **180**
Pense e resolva 180
Síntese 180
Desafio 180
Leitura complementar **181**

UNIDADE 3
MATÉRIA E ENERGIA 182

CAPÍTULO 13 - UM MUNDO MOVIDO A FORÇA 184
Entendendo os movimentos 185
Força: uma grandeza vetorial 187
Orientação (direção e sentido) 188
Intensidade (ou módulo) 189
Resultante de forças (R) 191
Determinação da resultante 192
Trabalho de uma força 194
Cálculo do trabalho de uma força 195
Atividades **198**
Pense e resolva 198
Síntese 199
Prática 199
Leitura complementar **201**

CAPÍTULO 14 - MÁQUINAS SIMPLES 202
Transformando a energia 203
Máquinas simples 204
Alavanca 205
Roda 209
Roldana (ou polia) 210
Roda dentada (ou engrenagem) 211
Plano inclinado 213
Cunha 214
Parafuso 215
Atividades **217**
Pense e resolva 217
Síntese 219
Desafio 220
Prática 221

CAPÍTULO 15 - CALOR E SUAS MANIFESTAÇÕES 222
Calor e temperatura 223
Como medir a temperatura 225
As escalas termométricas 226
Como medir a quantidade de calor 228
Processos de transmissão de calor 230
Condução térmica 230
Convecção térmica 232
Radiação ou irradiação térmica 233
A radiação na Terra 234
Atividades **236**
Pense e resolva 236
Síntese 238
Desafio 238
Leitura complementar **239**

CAPÍTULO 16 - A UTILIZAÇÃO DA ENERGIA
TÉRMICA PELO SER HUMANO 240
O Sol e o fogo 241
Infográfico – A relação do ser humano com
as ferramentas e máquinas simples 242
A máquina a vapor 244
Uma revolução na sociedade 247
O motor de Otto 248
A Segunda Revolução Industrial 248
A Terceira Revolução Industrial 250
Atividades **254**
Pense e resolva 254
Síntese 254
Prática 255
Referências bibliográficas **256**

Unidade 1
Terra e Universo

Fotografia noturna da região da Arábia Saudita vista do espaço. Imagem fornecida pela Nasa.

Terra, um planeta dinâmico. A estrutura da Terra, composta principalmente de rochas, água e ar, em constante interação, apresenta fenômenos e processos com reflexos em todas as partes do planeta.

Entender o planeta Terra, desde a sua posição no espaço até a sua constituição física, nos torna capazes de atuar positivamente na transformação do ambiente. Nesta unidade, estudaremos a Terra, suas características e sua relação com nosso cotidiano.

Capítulo 1

Dinâmica da Terra

USGS/Anadolu Agency/Getty Images

Erupção do vulcão Kilauea, no Havaí, Estados Unidos, em 22 de maio de 2018.

Observe a imagem. Ela mostra um pouco das consequências de um dos mais assustadores fenômenos naturais: a erupção de um vulcão. Ocorrências como essa causam muito impacto na nossa civilização. Você já deve ter visto nos noticiários da TV, em jornais, em revistas ou na internet o rastro de destruição que esses eventos deixam nos lugares onde acontecem.

Terremotos, *tsunamis* e erupções vulcânicas são alguns exemplos de fenômenos naturais que ocorrem com frequência em algumas regiões do planeta. No nosso país, por exemplo, esses fenômenos não são muito comuns.

Você já pensou por que isso acontece? Será que esses fenômenos naturais podem ocorrer também no Brasil, como acontece em outras regiões da Terra?

As respostas para essas questões você encontrará neste capítulo.

❯ A dinâmica da Terra

Ao observar um **planisfério**, podemos imaginar os continentes como peças de um quebra-cabeça que poderiam se encaixar e formar um único e gigantesco continente.

Observe atentamente o mapa-múndi abaixo. Veja como o formato dos continentes apresenta um recorte tão bem definido que parece até que eles poderiam se encaixar um no outro!

> **Planisfério:** carta ou mapa que representa, em um mesmo plano, todo o globo terrestre.

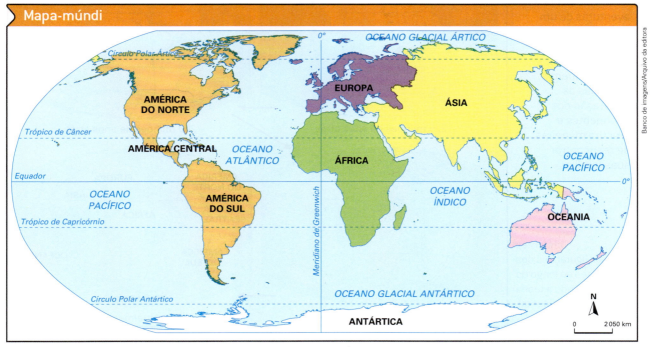

Fonte: CALDINI, V.; ÍSOLA, L. **Atlas geográfico Saraiva**. 3. ed. São Paulo: Saraiva, 2009. p. 164-165.

Esse aparente "encaixe" entre os continentes foi uma das evidências que levaram ao desenvolvimento da teoria da **Deriva Continental**, segundo a qual um continente único teria se dividido em vários blocos, afastando-se uns dos outros ao longo do tempo.

Teoria da Deriva Continental

A ideia de que os continentes estariam em movimento existe há muito tempo. A primeira evidência de que isso teria ocorrido foi notada por cientistas europeus entre os séculos XVI e XVII devido ao aparente "encaixe" entre os continentes dos dois lados do oceano Atlântico, principalmente a África e a América do Sul, como vimos acima.

No início do século XX, o meteorologista alemão Alfred Wegener propôs que os continentes estariam em lento e constante movimento, unindo-se e separando-se ao longo do tempo, até terem chegado na configuração atual. Wegener também defendia que teria existido um único supercontinente, a **Pangeia** (do grego, 'todas as terras'), rodeado por um único oceano, denominado Pantalassa (do grego, 'todos os mares'). Estima-se que essa configuração tenha existido há 225 milhões de anos.

Capítulo 1 • Dinâmica da Terra **11**

> **Assista também!**
>
> **A era do gelo 4.**
> Direção: Mike Thurmeier e Steve Martino. Estados Unidos, 2012. 94 min.
>
> Em sua quarta sequência, essa animação conta as aventuras de um grupo de animais pré-históricos que está confinado em um *iceberg* por causa da separação dos continentes e procura maneiras de reencontrar suas famílias.

A partir daí, esse supercontinente teria sofrido diversos processos de fragmentação, formando continentes menores que teriam se separado lentamente, passando por várias configurações intermediárias até formar os continentes atuais, como mostra a sequência de imagens a seguir.

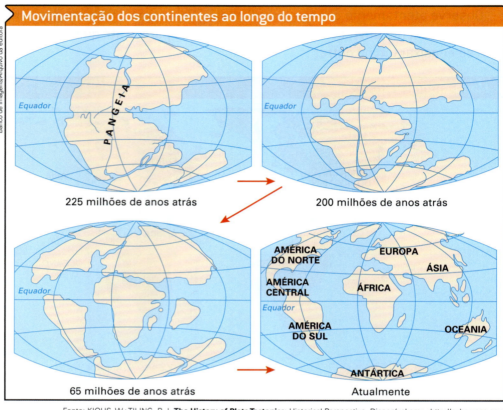

Diferentes configurações dos continentes ao longo do tempo, segundo a teoria da Deriva Continental.
(Cores fantasia.)

Fonte: KIOUS, W.; TILING, R. I. **The History of Plate Tectonics**: Historical Perspective. Disponível em: <http://pubs.usgs.gov/gip/dynamic/historical.html> (acesso em: 31 maio 2018).

Além da evidência relacionada ao formato dos continentes, a teoria da Deriva Continental também se fundamenta na existência de fósseis semelhantes de animais e plantas que foram encontrados em diferentes continentes. Outra evidência é a semelhança entre os tipos de rocha presentes em continentes mais afastados.

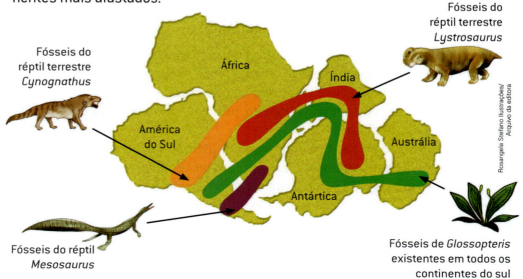

O esquema indica a existência de fósseis dos mesmos organismos em diferentes continentes. As cores indicam onde foram encontrados os fósseis de cada um dos quatro organismos representados.

(Elementos representados em tamanhos não proporcionais entre si. Cores fantasia.)

UM POUCO MAIS

Fósseis

Você estudou no 6º ano que fósseis são restos, vestígios, marcas e sinais deixados por seres que viveram no passado e ficaram preservados em rochas, em resinas vegetais ou no gelo.

Os fósseis fornecem importantes evidências nos estudos sobre a evolução biológica dos seres vivos e também nos estudos geológicos da região onde foram encontrados.

Um exemplo de como a existência de fósseis ajudou a reforçar a teoria da Deriva Continental são os fósseis de mesossauros, pequenos répteis marinhos do Paleozoico encontrados no Brasil, principalmente no interior de São Paulo. Esses fósseis também podem ser encontrados em rochas da mesma idade no continente africano, indicando uma possível ligação entre a África e a América do Sul há 280 milhões de anos.

Mesossauro (de 70 cm a 100 cm de comprimento) fossilizado em pedra.

Embora todas essas evidências reforcem a teoria da Deriva Continental, Wegener não conseguiu explicar de forma convincente como os continentes se movimentavam. Por isso, sua teoria não teve muito prestígio na época.

A reviravolta em favor da teoria só foi ocorrer depois da Segunda Guerra Mundial, com a descoberta de uma enorme cadeia de montanhas submarinas no oceano Atlântico. Essa cordilheira foi formada pela saída do magma do manto e seu posterior resfriamento, criando um novo assoalho submarino à medida que os continentes africano e sul-americano se afastaram.

Contudo, ainda não estava claro o que ocorria com o restante da crosta terrestre. A partir daí, o conhecimento sobre a deriva continental e a expansão do fundo oceânico, além de tantas outras descobertas, levou ao desenvolvimento de uma nova teoria para explicar a fragmentação e a movimentação dos continentes: a teoria da **Tectônica de Placas**.

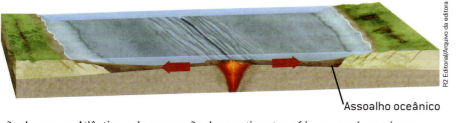

Representação do processo de expansão do oceano Atlântico e de separação dos continentes africano e sul-americano.

(Elementos representados em tamanhos não proporcionais entre si. Cores fantasia.)

Teoria da Tectônica de Placas

A litosfera é a camada formada pelas crostas continental e oceânica e a porção mais externa do manto (a astenosfera). De acordo com a teoria da Tectônica de Placas, essa camada apresenta grandes e profundas fendas que a dividem em grandes placas rochosas, denominadas **placas tectônicas** ou **placas litosféricas**.

Essas placas se deslocam lentamente em diferentes direções sobre o manto, arrastando os continentes e o fundo dos oceanos. Esse deslocamento é causado pela circulação do material pastoso e quente que compõe a astenosfera, e que é impulsionado pelo calor do interior da Terra.

O movimento das placas tectônicas é bastante lento e provoca o afastamento ou a aproximação dos continentes em alguns centímetros por ano. Estima-se, por exemplo, que os continentes africano e sul-americano estejam se afastando, de maneira contínua, cerca de 1 cm por ano. Conforme as placas se deslocam, o choque ou o deslizamento entre elas pode provocar a formação de cadeias de montanhas, a ocorrência de terremotos ou o vulcanismo. Vamos ver cada um desses casos a seguir.

> **Vulcanismo:** conjunto de atividades de movimentação e liberação de materiais magmáticos do interior para a superfície da Terra.

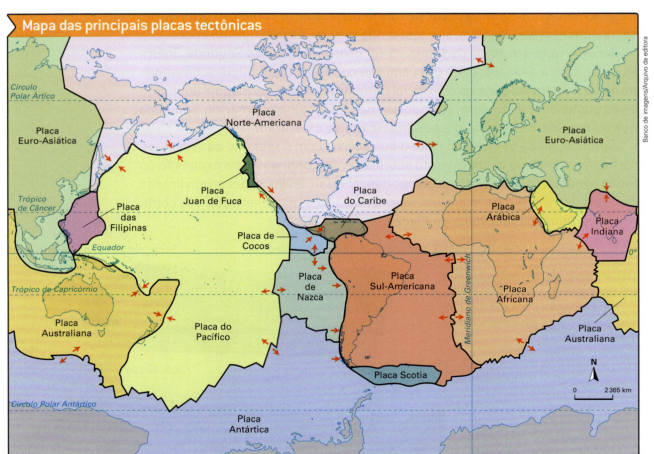

Fonte: BOCHICCHIO, V. R. **Atlas mundo atual**. 2. ed. São Paulo: Atual, 2009. p. 13.

Esquema das principais placas tectônicas. As linhas pretas indicam o limite das diferentes placas, e as setas indicam o sentido do deslocamento dos continentes e do fundo dos oceanos.

Cadeias de montanhas

Grandes cadeias de montanhas, como a cordilheira dos Andes (na América do Sul), a cordilheira do Himalaia (na Ásia) e os Alpes (na Europa), formaram-se pelo choque de placas tectônicas convergentes, ou seja, que se aproximaram.

Quando essas placas se encontram, uma delas se desloca em direção ao manto e volta a fazer parte dele e a outra permanece na superfície e se dobra devido ao choque, formando as cadeias de montanhas. Isso explica não só a formação de cadeias montanhosas, mas também por que a crosta terrestre não aumenta indefinidamente de tamanho. Afinal, embora seja um processo muito lento, parte da crosta terrestre retorna ao manto e é recuperada, em um constante ciclo de criação e destruição.

Vista do monte Everest, que integra um complexo de montanhas chamado Himalaia, na Ásia, em 2017.
É o pico mais alto do mundo, com 8 848 m de altitude.

Terremotos (ou abalos sísmicos)

Os terremotos também são resultado do movimento das placas tectônicas. Ao se chocarem, rasparem ou deslizarem umas sobre as outras, as placas provocam vibrações (ondas) que se propagam a partir do ponto da perturbação inicial, chamado epicentro do terremoto, e transportam uma grande quantidade de energia. A propagação dessas ondas pode provocar terremotos nos continentes, e, quando esse deslocamento ocorre sob os oceanos, pode provocar ondas gigantescas, chamadas *tsunami*.

A convivência dos japoneses com terremotos e *tsunamis* é antiga. A própria palavra *tsunami* provém do japonês *tsu*, que significa 'porto', e *nami*, 'onda'.

Fonte: BOCHICCHIO, V. R. **Atlas mundo atual**. 2. ed. São Paulo: Atual, 2009. p. 13.

Em 2011, o Japão sofreu um dos maiores terremotos seguidos por *tsunami* de sua história. Como o país está localizado em uma região de encontro entre placas tectônicas, é frequente a ocorrência de terremotos na região.

Capítulo 1 • Dinâmica da Terra   15

INFOGRÁFICO

Os movimentos das placas tectônicas

De acordo com a teoria da Tectônica de Placas, a litosfera está fragmentada em diversas placas que se deslocam sobre a astenosfera, que também está em movimento. Como as placas se movimentam em diferentes direções, elas podem se deslocar de forma que se afastem ou se aproximem ou, até mesmo, deslizem lateralmente uma em relação à outra. As imagens a seguir apresentam algumas das interações que ocorrem nos limites dessas placas, bem como exemplos de onde ocorrem esses eventos. Embora as imagens mostrem o encontro das placas em sequência, não representam necessariamente uma sequência real de interações entre placas em nosso planeta.

Recorte de mapa de placas tectônicas

Fonte: BOCHICCHIO, V. R. **Atlas mundo atual**. 2. ed. São Paulo: Atual, p. 13, 2009.

Os afastamentos entre a placa Norte-Americana e a Euro-Asiática e entre a placa Sul-Americana e a Africana criaram a chamada Dorsal Mesoatlântica, que é uma cadeia de montanhas cuja maior parte está submersa no oceano Atlântico. Na fotografia, a fissura de Silfra, Islândia.

A colisão entre a placa de Nazca e a placa Sul-Americana provocou a formação da cordilheira dos Andes, considerada a cadeia montanhosa mais extensa do mundo. Ela se estende da Venezuela até o sul do Chile e tem aproximadamente 8 mil quilômetros. Foto de 2017.

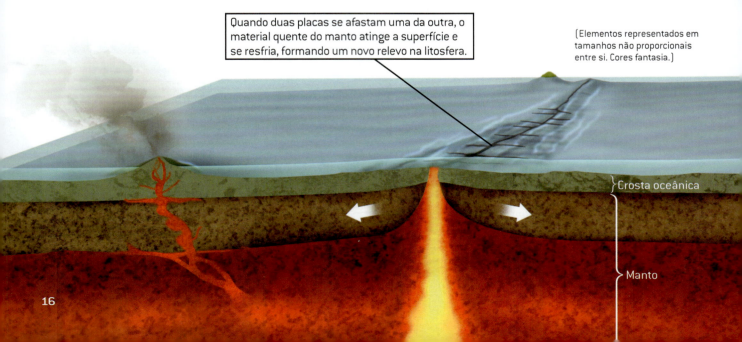

Quando duas placas se afastam uma da outra, o material quente do manto atinge a superfície e se resfria, formando um novo relevo na litosfera.

(Elementos representados em tamanhos não proporcionais entre si. Cores fantasia.)

A Tectônica de Placas e os *tsunamis*

A maioria dos *tsunamis* ocorre por causa de tremores provocados pelo movimento de placas localizadas no fundo do oceano. Dependendo de sua intensidade, esses tremores transmitem muita energia e geram vibrações que se propagam a partir de seu ponto inicial. Ondas são formadas e, ao se aproximarem da região costeira de um continente, podem atingir grandes amplitudes (altura da onda) e provocar muitos danos às populações que moram nesses locais. A imagem a seguir explica um pouco mais esse fenômeno.

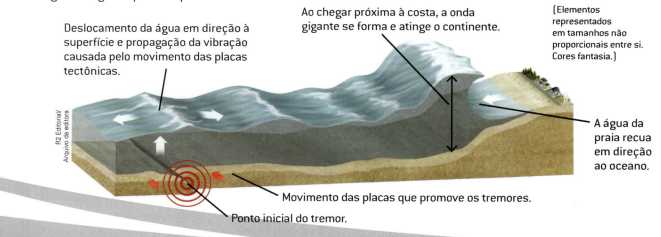

Deslocamento da água em direção à superfície e propagação da vibração causada pelo movimento das placas tectônicas.

Ao chegar próxima à costa, a onda gigante se forma e atinge o continente.

(Elementos representados em tamanhos não proporcionais entre si. Cores fantasia.)

A água da praia recua em direção ao oceano.

Movimento das placas que promove os tremores.

Ponto inicial do tremor.

Devido a sua origem, a cordilheira dos Andes apresenta grande atividade vulcânica e ocorrência de terremotos. Um dos vulcões mais ativos da região é o vulcão Llaima, localizado no Chile. Foto de 2018.

No leste da África, há sinais dos primeiros estágios de separação da placa Africana. Além dos vales, a região apresenta atividade vulcânica e ocorrência de terremotos. Foto do Vale da Grande Fenda, na Etiópia, 2017.

Quando duas placas se colidem, uma delas se desloca em direção ao manto, enquanto a margem da outra se dobra e se ergue formando uma cadeia de montanhas.

(Elementos representados em tamanhos não proporcionais entre si. Cores fantasia.)

A fragmentação de uma placa tectônica se inicia com a formação de fendas na crosta terrestre. Com o passar do tempo, as fendas tendem a aumentar e podem atingir o manto, provocando a ruptura da placa. Isso pode ocorrer tanto em uma crosta continental quanto em uma crosta oceânica.

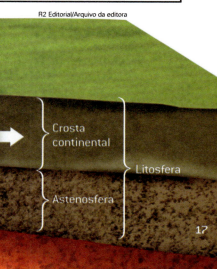

Crosta continental

Litosfera

Astenosfera

UM POUCO MAIS

Sismógrafo

O sismógrafo é um instrumento utilizado para registrar a hora, a duração e a intensidade dos abalos sísmicos. Observe a ilustração. Se a crosta terrestre é abalada por um terremoto, a mola se move e faz o peso ligado a ela oscilar, registrando no papel milimetrado as vibrações do solo.

As informações obtidas pelos sismógrafos são fontes de pesquisa para os cientistas conhecerem melhor a estrutura e a dinâmica da Terra.

Os abalos sísmicos são classificados, de acordo com sua intensidade (magnitude), em uma escala. A que usamos atualmente é denominada **escala Richter**.

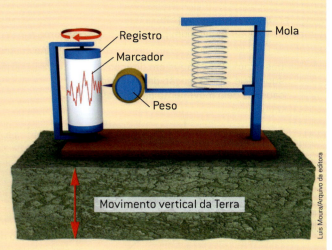

Esquema representativo de um sismógrafo.
(Elementos representados em tamanhos não proporcionais entre si. Cores fantasia.)

EM PRATOS LIMPOS

Há terremotos no Brasil?

A posição do Brasil na placa tectônica Sul-Americana não favorece a ocorrência de terremotos de alta magnitude. A localização do país é central e não nas extremidades de uma placa, onde a ocorrência de terremotos é mais intensa. Todavia, pequenos tremores podem ocorrer como resultado de pequenas falhas causadas pelo desgaste da placa tectônica, como os que aconteceram na cidade litorânea de São Vicente (SP), em 2008, e na divisa dos estados do Acre e Amazonas, em 2007.

Um dos maiores terremotos já registrados no Brasil ocorreu em 1955, em Porto dos Gaúchos (MT), e atingiu 6,2 graus na escala Richter. Algumas vezes podemos sentir o reflexo de terremotos que ocorreram em outros países da América Latina, cujas ondas sísmicas (vibrações) chegam até nós, porém enfraquecidas.

Observe que o Brasil está localizado em uma região mais afastada dos limites entre as placas tectônicas.

Fonte: BOCHICCHIO, V. R. **Atlas mundo atual**. 2. ed. São Paulo: Atual, 2009. p. 13.

Vulcanismo

O termo **vulcanismo** refere-se aos fenômenos geológicos em que magma, gases e outros materiais provenientes do interior da Terra são expelidos para fora por meio de vulcões situados na superfície terrestre.

Um vulcão é uma estrutura que apresenta uma abertura – a cratera –, por onde o material é expelido, e um cone formado pelo acúmulo de rochas originadas do resfriamento da lava e da deposição dos fragmentos e cinzas lançados.

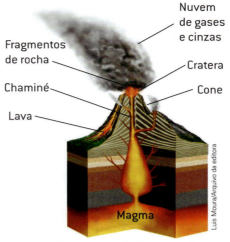

Representação em corte da formação de um vulcão.
(Elementos representados em tamanhos não proporcionais entre si. Cores fantasia.)

> **Leia também!**
>
> **Brasil tem, sim, terremotos — e há registro até de tremor com "pequenos *tsunamis*".** Evanildo da Silveira. *BBC Brasil*, 9 abr. 2018. Disponível em: <www.bbc.com/portuguese/geral-43671313> (acesso em: 31 maio 2018).
>
> Nesse artigo é possível conhecer o histórico dos registros de abalos sísmicos no Brasil e, inclusive, identificar (em um mapa) os lugares onde ocorreram.

Cratera do vulcão Shinmoedake em erupção na cidade de Kirishima, na ilha de Kyushu, no Japão, em 2018. A cratera também é chamada popularmente de "boca do vulcão".

> A **distinção entre magma e lava** resume-se à sua localização. Quando geólogos falam sobre magma, eles estão se referindo à rocha fundida ainda presa no subterrâneo. Se esta rocha fundida chegar à superfície e continuar fluindo como um líquido, ela será chamada de lava.
>
> Fonte: GRESHKO, M. Você sabe qual é a diferença entre magma e lava? **National Geographic**. Publicado em: 9/5/2018. Disponível em: <www.nationalgeographicbrasil.com/vulcao/2018/05/voce-sabe-qual-e-diferenca-entre-magma-e-lava> (acesso em: 31 maio 2018).

As rochas formadas a partir do resfriamento da lava são chamadas **rochas magmáticas** ou **ígneas** (do latim *ignis*, 'que tem origem no fogo, a altas temperaturas'). Esse tipo de rocha é predominante na Terra.

As cinzas lançadas na atmosfera pelo vulcão podem provocar alterações climáticas significativas na região e até mesmo no planeta. Evidências científicas sugerem que a intensa atividade vulcânica no passado tenha provocado alterações climáticas que causaram a extinção de inúmeras espécies de seres vivos.

Embora os vulcões possam causar destruição e medo, eles também podem ser encarados como fonte de vida e prosperidade. As cinzas lançadas ao seu redor, bem como a decomposição das rochas magmáticas, favorecem a formação de um solo muito fértil para a agricultura. Por esse motivo, muitas populações se fixaram em regiões próximas a vulcões.

Como você pode perceber, a teoria da Tectônica de Placas permite compreender diversos fenômenos sobre a dinâmica de nosso planeta e a estreita relação entre eles. O mapa-múndi a seguir deixa isso mais claro, pois mostra que o encontro das placas tectônicas coincide com a maior incidência de terremotos e vulcanismo.

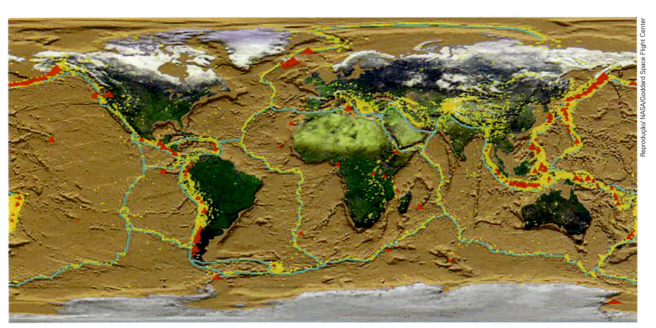

Fonte: NASA Goddard Space Flight Center.

Mapa-múndi com os limites das placas tectônicas (linhas azuis), os principais focos de terremotos (pontos amarelos) e vulcanismo recente (pontos vermelhos).

NESTE CAPÍTULO VOCÊ ESTUDOU

- A teoria da Deriva Continental, a teoria da Tectônica de Placas e as evidências que permitiram elaborá-las.
- A relação entre os fósseis e a teoria da Deriva Continental.
- A movimentação das placas tectônicas e os fenômenos: formação de cordilheiras, terremotos, *tsunami* e vulcanismo.

ATIVIDADES

PENSE E RESOLVA

1 Os conhecimentos sobre a tectônica de placas ajudam a prever e a elaborar representações de como será a distribuição dos continentes ao longo dos próximos milhões de anos. De acordo com um estudo publicado na revista científica *Nature*, um novo continente, com o estranho nome de Amásia, deverá surgir da junção das Américas com a Ásia nos próximos 200 milhões de anos. Dessa forma, os continentes atuais – que, segundo a teoria da Deriva Continental, já formaram um único continente, a Pangeia – poderão se juntar novamente no futuro. Explique em que consiste a teoria da Deriva Continental.

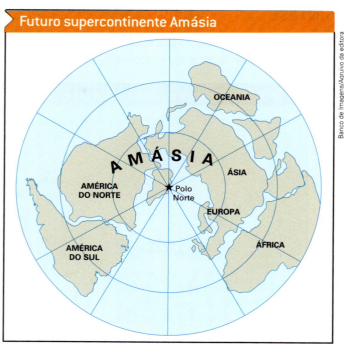

Fonte: MITCHELL, R. N.; KILIAN, T. M.; EVANS, D. A. D. **Nature** 482, 2012, p. 208-211.

2 Indique qual das ilustrações a seguir (**A**, **B**, **C** ou **D**) melhor representa o atual sentido do deslocamento do continente africano em relação à posição da América do Sul, na formação dos continentes atualmente conhecidos. Justifique.

A

B

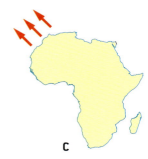
C

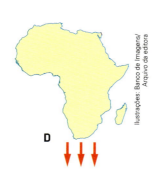
D

3 Quais as principais evidências que levaram à formulação da teoria da Deriva Continental?

4 O que são fósseis e como eles podem ajudar a reconstruir a história da Terra?

5 Escreva o nome de dois fenômenos naturais que podem ser causados pelo choque entre placas tectônicas.

6 Explique como podemos medir os terremotos ou abalos sísmicos. Por que é importante obter essas informações?

7 Observe novamente o mapa-múndi da página 20, em especial as placas tectônicas ao redor da América do Sul. Com base nesse mapa, explique por que no Brasil os terremotos são pouco frequentes e de baixa intensidade.

8 Apesar do risco, muitas comunidades acabaram se fixando em regiões próximas a vulcões. Explique o motivo.

Capítulo 1 • Dinâmica da Terra

SÍNTESE

▶ A ilustração a seguir apresenta um mapa-múndi mostrando as placas tectônicas e a orientação dos deslocamentos que ocorrem entre elas.

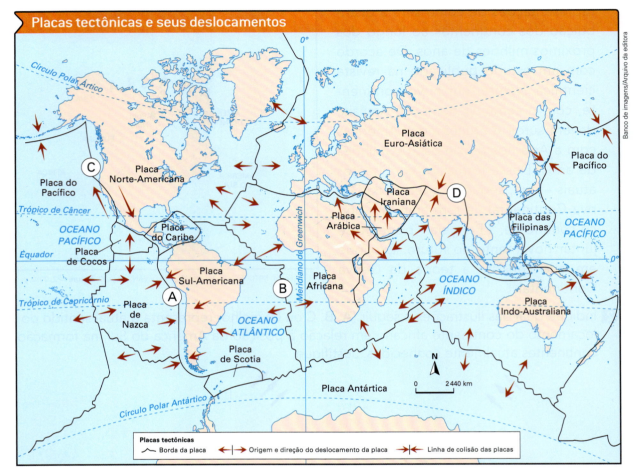

Fonte: BOCHICCHIO, V. R. **Atlas mundo atual**. 2. ed. São Paulo: Atual, 2009. p. 13.

Para cada um dos pontos indicados por **A**, **B**, **C** e **D**:

a) Descreva o movimento que ocorre entre as placas nas situações indicadas.

b) Indique os principais fenômenos que ocorrem devido aos movimentos das placas nas situações indicadas.

DESAFIO

▶ Imagine que uma pessoa mora em uma cidade do litoral do Nordeste e assistiu pela televisão à cobertura de um terremoto que aconteceu recentemente no Chile. Muito preocupada com a possibilidade de ocorrência do mesmo fenômeno no Brasil, escreveu um *e-mail* para a produção do programa. Na mensagem ela relata que ouviu uma explicação sobre placas tectônicas, mas não conseguiu entender a relação desses conceitos com os terremotos.

Seu desafio será responder à mensagem dessa pessoa, utilizando uma linguagem simples e os conceitos estudados neste capítulo. O texto deverá ter entre 10 e 15 linhas e poderá ser manuscrito ou digitado e impresso.

LEITURA COMPLEMENTAR

Ecos da separação

[...] Em 2011, geólogos colheram amostras de granito, um tipo de rocha continental, da Elevação do Rio Grande, uma cadeia de montanhas submersas a cerca de 1300 quilômetros (km) do litoral do Rio Grande do Sul. Pensava-se que essas montanhas submersas seriam resultado da formação do assoalho oceânico e de erupções vulcânicas, portanto, formadas por outro tipo de rocha. Dois anos depois, [em 2013], por meio de um submarino, colheram outras amostras de rochas continentais, cuja análise reforçou a hipótese de que essa região do Atlântico Sul poderia de fato ser um pedaço de continente que teria **submergido** durante a separação da América do Sul e da África, iniciada há 120 milhões de anos.

Granito na Elevação do Rio Grande, no Rio Grande do Sul, em 2013.

[...] Geólogos [...] concluíram que os grandes blocos de rochas — ou microplacas — que formam os dois continentes e o assoalho oceânico não se afastaram como duas partes de uma folha rasgada, mas esticaram, se quebraram e se posicionaram caoticamente. Algumas partes podem ter ficado no meio do caminho e afundado, enquanto outras se afastavam e se misturavam, formando um imenso mosaico que agora se torna um pouco mais claro.

Submergir: cobrir-se de água.

[...]

"A identificação de rochas continentais na Elevação do Rio Grande muda o quadro da evolução do Atlântico Sul, que se formou com a separação dos dois continentes [Africano e Sul-americano]", comenta o geólogo Peter Christian [...]. Há quase 20 anos, [...] ele examina os sinais das possíveis forças que levaram à separação da América do Sul e da África. Suas conclusões reforçam a contestação do modelo tradicional, segundo o qual as linhas de costa dos dois continentes, representando os blocos de rochas que os formaram, poderiam se encaixar. Há um encaixe na costa do Nordeste com o Oeste da África, mas em outras regiões, como o litoral do Rio de Janeiro, parecem faltar partes do quebra-cabeça de rochas.

[...]

Fonte: FIORAVANTE, C. Ecos da separação. **Revista Fapesp**.
Disponível em: <http://revistapesquisa.fapesp.br/2014/10/09/ecos-da-separacao-2/> (acesso em: 22 maio 2018).

Questões

1. Que evidência permitiu aos geólogos considerar a Elevação do Rio Grande, cadeia de montanhas submersas no oceano Atlântico, como parte do continente inicialmente formado pela África e pela América do Sul?

2. Que hipóteses propostas pelos geólogos reforçam a ideia da presença de cadeias de montanhas submersas no oceano ocorridas no processo de afastamento das placas, separando a América do Sul da África?

Capítulo 2
A atmosfera terrestre

O ar é responsável pela sustentação da pipa e dos paraquedas.

Você, provavelmente, já deve ter arremessado um pequeno avião de papel, empinado uma pipa ou, ainda, visto pessoas praticando paraquedismo.

Sabe o que torna possíveis todas essas atividades?

Elas podem acontecer porque esses objetos estão envolvidos pelo ar. O avião de papel, a pipa e o paraquedas precisam do ar para se movimentar.

E como podemos perceber o ar? Do que ele é formado? O que é atmosfera? O que é ar rarefeito?

Você vai encontrar as respostas para essas perguntas durante o estudo deste capítulo.

❱ Comprovando a existência do ar

Você já sabe que o ar não é visível e é uma mistura de gases.

Mas que evidências podem ser observadas sobre a existência do ar, sendo ele invisível?

Mesmo que não o possamos ver, quando nos abanamos com um leque, por exemplo, temos a sensação de algo tocando a nossa pele, de modo muito leve. Mas, na verdade, o que colide contra a nossa pele são as partículas que compõem o ar. Dessa maneira, mesmo sem vê-lo, podemos perceber que o ar existe.

Uma evidência da existência do ar pode ser obtida por meio de um experimento muito simples. Observe as imagens abaixo.

Etapas do experimento.

Inicialmente, amassamos um pedaço de papel e o colocamos no fundo de um copo transparente (fotografia **A**).

Em seguida, mergulhamos o copo, verticalmente e de boca para baixo, em um recipiente contendo água (fotografia **B**). Ao retirarmos o copo, podemos perceber que a água não molhou o papel.

Mas por que o papel continua seco?

O ar que existe dentro do copo impede que a água entre nele e molhe o papel. O ar, que não conseguimos enxergar, está ocupando o espaço entre a água e o papel.

Outra maneira de comprovarmos a existência do ar é o vento, que é o ar em movimento.

A biruta é um aparelho utilizado em aeroportos, que indica a direção em que o vento se desloca.
Pela posição da biruta podemos perceber o sentido em que o vento está soprando.

Semiesferas

O anemômetro é constituído de semiesferas que giram ao redor de um eixo quando sopradas pelo vento.

O vento pode soprar em várias direções. Saber sua direção é muito importante. Nos aeroportos é imprescindível obter essa informação, para que os controladores aéreos possam orientar os pousos e as decolagens das aeronaves com segurança. Para isso, nos aeroportos é utilizado um aparelho chamado **biruta** (aparelho que você viu na fotografia da página anterior).

Para a aviação, conhecer a velocidade do vento é tão importante quanto conhecer sua direção. A velocidade do vento pode ser medida por um aparelho chamado **anemômetro**.

A rapidez com que as semiesferas do anemômetro giram serve para indicar a velocidade do vento. Na base do aparelho existe um velocímetro para registrar esse valor.

UM POUCO MAIS

Composição do ar

O ar é uma mistura formada por vários gases.

Os principais componentes do ar seco são o gás nitrogênio e o gás oxigênio. Porém, existem outros gases em quantidades bem menores, por exemplo o argônio e o gás carbônico.

Em 100 litros de ar seco e não poluído existem aproximadamente:

- 78 litros de gás nitrogênio, o que corresponde a 78% em volume;
- 21 litros de gás oxigênio ou 21% em volume;
- 1 litro dos demais gases ou 1% em volume.

A composição do ar pode ser representada pelo gráfico ao lado.

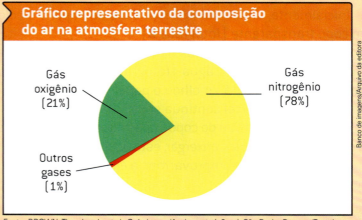

Gráfico representativo da composição do ar na atmosfera terrestre

Gás oxigênio (21%)
Gás nitrogênio (78%)
Outros gases (1%)

Fonte: BROWN, Theodore L. et al. *Química*: a ciência central. 9. ed. São Paulo: Pearson/Prentice Hall, 2005.

No estudo da composição do ar seco não foi considerada a presença do vapor de água, que pode aparecer em diversas quantidades nos diferentes ambientes da Terra.

Em um deserto, por exemplo, a quantidade de vapor de água na atmosfera é pequena; já em uma floresta a quantidade de vapor é maior. Sem a existência desses vapores de água no ar, não existiriam as nuvens, a chuva ou a neve.

Cada um dos gases que compõem o ar apresenta características diferentes. A seguir vamos estudar algumas das características desses gases.

Gás nitrogênio

O gás nitrogênio é o componente mais abundante no ar.

Nas raízes de certas plantas chamadas leguminosas (como feijão, lentilha, ervilha e soja), existem alguns microrganismos que retiram o gás nitrogênio presente no ar e o transformam em outras substâncias, chamadas substâncias nitrogenadas. Elas são absorvidas pelas raízes das plantas, contribuindo com o seu desenvolvimento.

Na indústria, o gás nitrogênio também é matéria-prima para muitas substâncias, como fertilizantes, material de limpeza e explosivos.

Existem ainda indústrias que retiram o gás nitrogênio do ar e o fazem passar para o estado líquido, a uma temperatura muito baixa. Nesse estado, o nitrogênio é utilizado em refrigeração, por exemplo na conservação de **sêmen** de animais usado nos processos de fecundação artificial.

Sêmen: líquido viscoso e esbranquiçado que contém espermatozoides, células sexuais masculinas.

Recipiente com nitrogênio líquido contendo amostras de células sexuais.

Gás oxigênio

O gás oxigênio é o segundo mais abundante no ar. Ele é conhecido como gás vital, isto é, fundamental para a existência da vida. A maioria dos seres vivos utiliza o gás oxigênio na respiração celular; são os chamados seres aeróbicos.

O gás oxigênio também é importante na combustão (queima).

Em uma combustão existem sempre dois participantes: o material que é queimado, chamado **combustível**, e a substância que mantém (alimenta) a combustão, o **comburente**, que é o gás oxigênio. Sem a presença de gás oxigênio não existe combustão.

Na queima da vela, o combustível é a parafina e o comburente é o gás oxigênio presente no ar.

Gás carbônico (ou dióxido de carbono)

A quantidade de gás carbônico é cerca de 0,03% do total de gases presentes no ar atmosférico. As plantas utilizam o gás carbônico no processo de fotossíntese para a produção de glicose, que é utilizada no seu desenvolvimento.

Além disso, o gás carbônico está envolvido em outros processos: ele é liberado no processo de respiração de alguns animais e na queima de algumas substâncias. A produção de grandes quantidades de gás carbônico, principalmente em razão da queima de combustíveis fósseis, é responsável pelo aumento do efeito estufa.

O gás carbônico também pode ser usado em indústrias de bebidas, principalmente na produção de água gaseificada e de refrigerantes.

O processo de gaseificação é uma adição de gás carbônico à água mineral.

Capítulo 2 • A atmosfera terrestre

❯ Atmosfera da Terra

Nós já estudamos no 6º ano que a camada de gases que envolve a Terra é denominada atmosfera e está dividida em várias subcamadas.

Ela é formada pela mistura de gases, como vimos no boxe *Um pouco mais* na página 26: gás nitrogênio, gás oxigênio, gás carbônico e outros gases.

A imagem mostra a atmosfera da Terra e a Lua ao fundo.

(Elementos representados em tamanhos e distâncias não proporcionais entre si. Cores fantasia.)

Sem a atmosfera não existiria vida como a conhecemos hoje. É da atmosfera que os seres vivos, em geral, retiram o gás oxigênio para a respiração e as plantas retiram o gás carbônico para a fotossíntese. A atmosfera também é responsável por amenizar os efeitos dos raios solares.

A presença da atmosfera é fundamental para impedir que a Terra perca energia térmica para o espaço. Ela atua como uma estufa que contribui para a manutenção da temperatura na Terra. É por essa característica que se fala em efeito estufa. Graças a isso a temperatura média do planeta é cerca de 14 °C. Sem o efeito estufa, estima-se que a temperatura na superfície terrestre seria cerca de −18 °C.

As ilustrações a seguir explicam de modo simples como o efeito estufa ocorre.

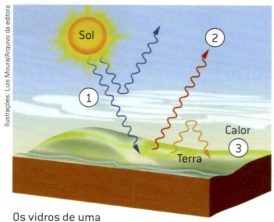

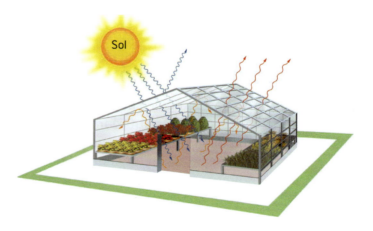

Os vidros de uma estufa (à direita) agem de maneira semelhante aos gases que envolvem a Terra.

(Elementos representados em tamanhos não proporcionais entre si. Cores fantasia.)

1. Parte da energia proveniente do Sol atravessa a atmosfera e é absorvida pela superfície da Terra.

2. Parte da energia que chega à superfície é refletida pela Terra, de volta para o espaço.

3. Parte da energia refletida não volta para o espaço devido à presença dos gases de efeito estufa. Uma parte dessa energia é absorvida por esses gases e outra parte é redirecionada para a superfície. Como consequência, ocorre o aquecimento da superfície terrestre.

EM PRATOS LIMPOS

Afinal, o efeito estufa é benéfico ou prejudicial para a vida na Terra?

Você já sabe que o Sol aquece a Terra: do total de energia solar que chega ao planeta, cerca de 35% é refletido de volta para o espaço antes mesmo de chegar à superfície terrestre e não gera efeitos sobre o clima. O restante chega à superfície, é absorvido e se transforma em energia térmica. Dessa energia térmica, parte é retida pelos gases atmosféricos como o gás carbônico e o vapor de água, e outra parte volta para o espaço. Essa energia térmica que fica retida provoca um aumento da temperatura na superfície terrestre – é o efeito estufa. Sem ele, a temperatura média da Terra seria muito baixa – sempre abaixo de zero –, o que tornaria impossível a existência de vida em nosso planeta.

No entanto, o aumento da concentração de alguns gases, como o gás carbônico, tem intensificado o efeito estufa. Essa alteração de temperatura pode estar relacionada com o aumento da quantidade de gás carbônico emitido na atmosfera, principalmente pela queima de combustíveis fósseis. A intensificação do efeito estufa pode ser prejudicial para a vida na Terra.

A atmosfera apresenta uma espessura de aproximadamente 1 000 km. Existe ar em toda a sua extensão, porém ele não está distribuído de maneira uniforme. Próximo da superfície da Terra, o ar está mais concentrado, isto é, há um maior número de partículas de gás em determinado volume, o que pode ser observado na ilustração.

À medida que nos afastamos do nível do mar, o número de partículas presentes no mesmo volume de ar diminui. Dizemos, então, que o ar está se tornando rarefeito.

O esquema ilustra a variação da concentração do ar em relação à altitude. Observe a diminuição das partículas de ar à medida que há o aumento da altitude. (Elementos representados em tamanhos não proporcionais entre si. Cores fantasia.)

Altitude: distância vertical entre o nível do mar e algum outro ponto de referência.

EM PRATOS LIMPOS

Por que muitas pessoas sentem dificuldade de respirar em locais mais elevados?

As partidas de futebol internacionais realizadas em locais situados a mais de 2 500 metros acima do nível do mar são um problema muito sério para os jogadores que não vivem nessas regiões. Potosí, por exemplo, é uma cidade localizada na Bolívia a, aproximadamente, 4 mil metros acima do nível do mar. Ali, a quantidade de gás oxigênio presente no ar é menor do que a encontrada em regiões mais baixas, pois a quantidade de ar presente também é menor.

Por isso, é necessário aumentar a ventilação pulmonar para conseguir a mesma quantidade de gás oxigênio à qual o organismo está acostumado. Como consequência, aumentam a pressão sanguínea e a pulsação, e o atleta se cansa mais facilmente. O rendimento físico do atleta é prejudicado. Além da exaustão, podem ocorrer tonturas e dificuldade de raciocínio. Para evitar esses problemas, os alpinistas que escalam o monte Everest, localizado na cordilheira do Himalaia, entre a China e o Nepal, com altitude aproximada de 8 850 m, têm cilindros de ar enriquecido com gás oxigênio como parte de seu equipamento.

Capítulo 2 • A atmosfera terrestre

As camadas da atmosfera da Terra

Vimos no 6º ano uma pequena introdução ao estudo das camadas da atmosfera terrestre. Vamos ver um pouco mais sobre esse assunto.

A atmosfera pode ser dividida em cinco camadas, de acordo com certas características: **troposfera**, **estratosfera**, **mesosfera**, **termosfera** e **exosfera**. É importante saber que não existe um limite exato entre essas camadas e que as características de cada uma delas variam de acordo com a altitude.

O esquema a seguir mostra uma divisão aproximada e a temperatura dessas camadas.

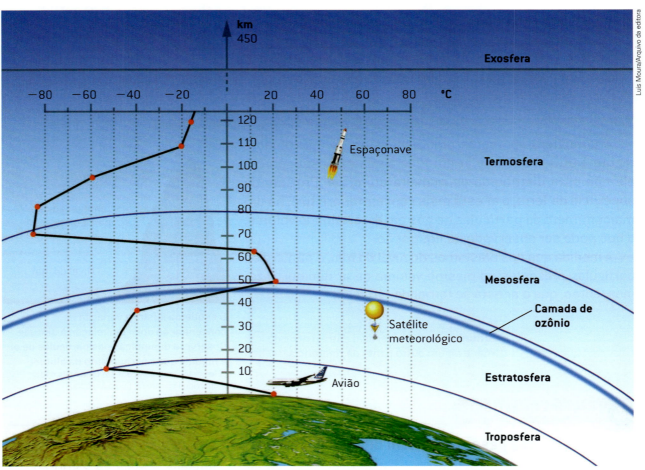

Esquema das camadas atmosféricas.

(Elementos representados em tamanhos e distâncias não proporcionais entre si. Cores fantasia.)

Troposfera

É a camada onde vivemos, que se estende por, aproximadamente, 15 km de altura a partir do nível do mar. É nessa camada que se encontra a maior quantidade de ar.

Na troposfera estão localizadas as nuvens e nela ocorrem todos os fenômenos relacionados ao clima: chuvas, tempestades, relâmpagos, furacões, neve, etc.

Quanto mais distante da superfície, mais a temperatura diminui, chegando a −60 ºC, aproximadamente.

Estratosfera

Essa camada, que começa logo acima da troposfera, estende-se até uma altitude aproximada de 50 km com relação à superfície da Terra e apresenta uma quantidade muito pequena de ar. Na estratosfera, praticamente não existem nuvens nem tempestades, o que a torna muito estável. No seu limite superior está a camada de ozônio.

A camada de ozônio retém uma parte dos raios ultravioleta provenientes do Sol. Sem essa camada, seria muito maior a quantidade desses raios que atingiria a Terra, o que provocaria muitos danos aos seres vivos, como o aumento da ocorrência de câncer de pele em seres humanos e em outros animais.

Mesosfera

A mesosfera é a camada central da atmosfera e tem cerca de 30 km de espessura. Nela, a temperatura diminui com a altitude. Essa é a camada atmosférica mais fria, onde a temperatura pode chegar a −90 °C.

Termosfera

Nessa camada, que se inicia aproximadamente a 80 km da superfície terrestre e se estende até cerca de 450 km, a temperatura aumenta rapidamente com a altitude.

Exosfera

Essa é a última camada da atmosfera. Acima dela temos o espaço sideral, onde não existe ar.

Aurora polar

A aurora polar é um fenômeno luminoso formado por um brilho intenso observado durante a noite no céu, próximo às regiões polares. No polo norte, elas são conhecidas por auroras boreais e no polo sul, por auroras austrais.

Esse fenômeno ocorre na termosfera e é provocado pelo chamado vento solar, que é formado por partículas provenientes do Sol que se chocam com os componentes da termosfera e emitem luz.

Do solo, vemos somente uma pequena parte do que realmente acontece. Esse bonito espetáculo só pode ser visto por completo por um astronauta em órbita na Terra.

Aurora boreal em Seljelvnes, na Noruega, em 6 de março de 2017.

NESTE CAPÍTULO VOCÊ ESTUDOU

- Evidências da existência do ar.
- A composição do ar atmosférico.
- Algumas propriedades dos gases componentes do ar.
- As condições necessárias para que ocorra uma combustão.
- As camadas da atmosfera.

Capítulo 2 • A atmosfera terrestre

ATIVIDADES

PENSE E RESOLVA

1. Observe a fotografia ao lado e faça o que se pede.

   a) O que está envolvendo a menina e a bolha de sabão?

   b) O que está dentro da bolha de sabão e de onde veio?

   c) Do que depende o tamanho de uma bolha de sabão?

   d) Escreva o nome de dois gases presentes em maior quantidade tanto fora quanto dentro da bolha de sabão.

Menina formando bolhas de sabão.

2. Qual é a relação entre as plantas leguminosas e o gás nitrogênio?

3. Você conhece vários materiais que "pegam fogo", ou seja, que são combustíveis. Escreva o nome de três combustíveis.

4. O que é uma substância comburente? Qual é o nome do gás presente no ar e que atua como comburente?

5. O gás carbônico está presente em várias situações do nosso dia a dia. Veja algumas utilizações nas fotografias ao lado e responda às questões.

   a) O gás carbônico pode ser usado em extintores de incêndio. Quando acionamos esses extintores e dirigimos o jato desse gás para as chamas, elas se apagam. Escreva uma explicação para esse fato.

   b) Comprimidos efervescentes liberam gás carbônico. Qual é a evidência visual que permite verificar essa liberação?

Extintor de incêndio.

Comprimido efervescente.

6. Na atmosfera da Terra, o ar não está distribuído de maneira uniforme. A quantidade de ar varia dependendo da altitude. Pense em uma praia do Rio de Janeiro e na cidade inca de Machu Picchu, situada a uma altitude aproximada de 2 500 metros, no Peru. Em qual das duas cidades você teria maior dificuldade para respirar? Por quê?

Cidades em diferentes altitudes. Machu Picchu, no Peru, em 2018, e Rio de Janeiro (RJ), no Brasil, em 2017.

SÍNTESE

1 Observe a fotografia. Em qual dos copos a vela apagará primeiro? Por quê?

> **ATENÇÃO!**
> Não reproduza esses experimentos.

Velas acesas colocadas dentro de copos de vidro.

2 As fotografias mostram um experimento realizado para estudar a combustão.

Vela acesa sem copo e vela apagada com copo de vidro.

a) Qual é a evidência visual que caracteriza a combustão?

b) Na combustão, ocorre absorção ou liberação de calor?

c) Qual é o combustível?

d) Qual é o comburente e qual é a porcentagem aproximada desse gás no ar?

e) Por que a vela apagou na fotografia B?

3 Um acidente grave ocorreu na mina de carvão Fuyuan, situada na província de Yunnan, na China, em novembro de 2006, após uma explosão no poço de carvão. Muitos mineiros ficaram presos em túneis onde não havia circulação de ar. Você acha que seria adequado que eles acendessem velas para iluminar o local onde estavam presos? Justifique.

PRÁTICA

Evidências sobre a existência do ar

Objetivo

Recolher evidências sobre a existência do ar.

Material

- 1 frasco de vidro
- 1 jarra com refresco de groselha
- 1 funil
- Massa de modelar
- 1 lápis

Procedimento

1ª etapa

1. Coloque o funil no centro da boca do frasco de vidro (**A**) e prenda-o com a massa de modelar (ela deve ser pressionada levemente para não apresentar nenhum furo).

2. Despeje lentamente o refresco no funil (**B**).

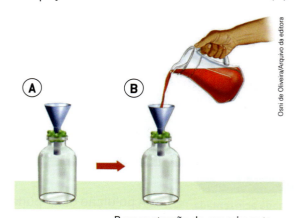

Demonstração de experimento.

3. Observe e anote o que aconteceu.

2ª etapa

1. Com o lápis, faça um furo na massa de modelar entre o funil e a boca do frasco.

2. Observe e anote o que aconteceu.

Discussão final

▶ Escreva uma explicação para o que ocorre com o líquido na primeira etapa do experimento e, depois, justifique o que acontece na segunda etapa.

Capítulo 2 • A atmosfera terrestre 33

Capítulo 3
Poluição atmosférica

Camada acinzentada de poluição sobre a cidade de São Paulo (SP), em 2017.

A poluição do ar pode ser causada pela presença de substâncias estranhas que não fazem parte de sua composição natural. Por isso, poluição é tudo aquilo que causa alterações nas características de um ambiente.

Atualmente, considera-se que a maior parte dessa poluição é consequência das ações do ser humano, decorrentes de queimadas na vegetação e da queima de combustíveis fósseis, como o carvão e os derivados de petróleo, por exemplo.

Observando a fotografia acima, você pode ver que existe uma névoa espalhada pela atmosfera e que o céu tem uma cor castanha ou vermelho-amarronzada. Você sabe que substâncias estão presentes nessa névoa? Em que estados físicos elas se encontram?

O que faz com que enxerguemos o céu com essa cor acastanhada?

Neste capítulo, você vai estudar algumas substâncias que estão presentes nessa névoa e que provocam esse efeito visual.

❯ Poluentes atmosféricos

Há cerca de 150 anos, o ar tinha boa qualidade e era adequado para a maioria dos seres vivos. Nessa época, como consequência da Revolução Industrial, surgiram as grandes indústrias, que começaram a lançar substâncias poluentes no ar.

Desde então, a quantidade de poluentes lançados na atmosfera aumentou muito, afetando a qualidade do ar que respiramos. Tudo isso devido ao aumento da população, ao crescimento das cidades e ao surgimento de cada vez mais indústrias.

Chaminé lançando substâncias poluentes na atmosfera. O material eliminado é formado por partículas sólidas (fuligem) e gases poluentes. Nova Délhi, na Índia, em 2018.

Hoje em dia, a maioria dos automóveis é movida pela queima de combustíveis fósseis derivados de petróleo, uma das principais causas da poluição do ar nas grandes cidades.

Tanto na queima de uma vela como na queima da gasolina no motor de um automóvel são produzidas várias substâncias, algumas delas consideradas potencialmente poluentes. Veja as principais a seguir.

Material particulado

As cores diferentes que observamos na fumaça que sai do escapamento dos automóveis são uma evidência da formação de diferentes substâncias, como o gás carbônico, o monóxido de carbono, o vapor de água e a fuligem, que é formada por pequenas partículas sólidas de carvão. Quanto mais escura é a fumaça, mais materiais particulados há nela.

Não conseguimos ver essas substâncias, por exemplo, ao olhar a chama de uma vela, mas podemos provar a existência de uma delas de maneira bastante simples: colocando um pires de porcelana branca sobre a chama da vela. Rapidamente, percebemos o aparecimento de uma mancha preta no fundo do pires: é a fuligem (como vimos no 6º ano).

A fumaça preta liberada pode indicar mau funcionamento do automóvel, como um problema na queima do combustível. Isso faz com que substâncias prejudiciais sejam lançadas no ambiente.

O material particulado pode ser formado por sólidos ou líquidos em suspensão no ar. Os componentes mais comuns do material particulado produzido pelo ser humano são a fuligem e as diferentes fumaças. A inalação desses materiais pode provocar agravamentos das reações alérgicas e das doenças pulmonares, como asma e bronquite.

Causas naturais também podem lançar na atmosfera materiais particulados, por exemplo, a poeira do solo e o pólen das flores.

Gases poluentes

Além dos materiais particulados, existem vários gases que também provocam poluição do ar, dependendo da quantidade, ou seja, da sua concentração no ar. Entre eles, o gás carbônico, o monóxido de carbono, os óxidos de enxofre e de nitrogênio e o ozônio.

Gás carbônico

Você já sabe que o gás carbônico é um dos componentes do ar. Nas últimas décadas, a quantidade desse gás lançada na atmosfera tem aumentado muito, provocando alterações ambientais.

Diversos fatores são responsáveis por esse acréscimo. São alguns deles:

- aumento do número de veículos que utilizam gasolina, óleo *diesel*, gás natural e álcool (etanol) como combustível;
- aumento do número de indústrias que utilizam carvão, óleo *diesel* e gás natural como combustível;
- aumento do número de queimadas.

O gás carbônico é removido da atmosfera, principalmente, pelo fitoplâncton e pela vegetação, por meio do processo de fotossíntese. Com a devastação das florestas e a poluição dos mares, a quantidade de gás carbônico na atmosfera aumenta.

Fitoplâncton: conjunto de organismos aquáticos microscópicos e fotossintetizantes que vivem dispersos flutuando na coluna de água de mares e lagos.

Além disso, a derrubada das árvores e as queimadas com a finalidade de preparar o terreno para plantações ou pastagens produzem ainda mais gás carbônico.

O Instituto Brasileiro de Geografia e Estatística (IBGE) estima que as queimadas sejam responsáveis por 15% a 30% do aumento anual da quantidade de gás carbônico na atmosfera.

O aumento da quantidade de gás carbônico na atmosfera pode intensificar o efeito estufa, causando a elevação da temperatura média da superfície do planeta e, consequentemente, afetar a qualidade de vida na Terra.

O gás carbônico se dissolve facilmente na água dos oceanos quando sua concentração na atmosfera é elevada. Ao se dissolver na água, esse gás modifica sua acidez. Isso provoca a morte de alguns seres vivos, como os corais.

Suzanne Long/Alamy/Fotoarena

O fenômeno de "branqueamento" dos recifes de coral é um primeiro sinal de alerta sobre a gravidade da mudança que está ocorrendo no ambiente marinho. Grande Barreira de Corais, na Austrália, em 2017.

As alterações ambientais são motivo de preocupação mundial. O **aquecimento global** é uma modificação bastante discutida atualmente, pois está relacionado com a intensificação do efeito estufa. O aumento da quantidade de gases responsáveis por esse fenômeno provoca uma elevação da temperatura média da superfície terrestre, o que pode ter sérias consequências, como o derretimento das calotas polares, o aumento do nível dos mares e o aumento de desastres climáticos (tempestades, furacões, enchentes, etc.), entre outros.

O gás carbônico é o principal responsável por esse fenômeno, mas não é o único. Existem outros gases que também colaboram com o aquecimento global. Alguns exemplos são: o gás metano, proveniente da decomposição de material orgânico; gases do tipo clorofluorcarbono (CFC), presentes em alguns aerossóis, aparelhos de ar condicionado, geladeiras, etc.; e, ainda, um óxido de nitrogênio, que se forma nos motores dos veículos.

UM POUCO MAIS

Protocolo de Kyoto

A preocupação com a poluição do ar é tão grande que a maioria dos países do mundo se reuniu em 1997, na cidade de Kyoto, no Japão, e assinou um acordo denominado Protocolo de Kyoto, que entrou em vigor em 2005. Por esse tratado internacional, os países se comprometeram a reduzir as emissões dos gases responsáveis pelo aumento da temperatura média da Terra, devido ao aumento do efeito estufa. Na época, os três países responsáveis pelas maiores emissões de gás carbônico eram os Estados Unidos, a China e a Rússia.

Crianças seguram faixa com os dizeres em inglês "Salvem o mundo" durante a sessão de abertura da COP23, na Alemanha, em 2017.

Em 2015, surge o substituto do Protocolo de Kyoto, o acordo de Paris (COP21). A sigla COP significa *Conference of Parties* (em português, Conferência das Partes). Trata-se do nome dado ao conjunto de países que assinam um acordo e passam a fazer parte de uma convenção internacional.

Resumidamente, o Acordo de Paris prevê teto para o aquecimento global de 2 °C, ou idealmente 1,5 °C, até o final do século XXI, em 2100.

Em junho de 2017, o presidente americano, Donald Trump, disse que o Acordo de Paris prejudicava e "amarrava" os Estados Unidos e retirou o país do tratado.

Na sessão de abertura da COP23, em 2017, na Alemanha, o assento dos Estados Unidos estava vazio. Países como Itália, França, Alemanha e China já se mostraram contrários à atitude de Trump e se mantiveram fiéis ao acordo de 2015. Com essa postura, a meta do teto de 2 °C e o fundo de auxílio a países em desenvolvimento, por exemplo, poderiam ficar comprometidos.

Alguns ativistas ainda exigem medidas urgentes para enfrentar a mudança do clima, uma vez que as negociações que ocorrem nas conferências propõem pouca ou nenhuma ação concreta para responsabilizar os maiores emissores de gases do efeito estufa ou para promover ações que protejam os ambientes naturais ou as pessoas dos efeitos das mudanças climáticas.

Monóxido de carbono

É um gás incolor e inodoro que se forma na queima incompleta de madeira, carvão, álcool, derivados de petróleo, etc.

É um gás extremamente tóxico. Pode causar envenenamento e levar seres humanos e outros animais à morte por asfixia. Ele pode ser produzido por diferentes equipamentos e em diferentes situações, como em aquecedores de água, chaminés obstruídas, caldeiras, equipamentos portáteis usados para cozinhar, aquecedores portáteis, em fogões de cozinha, entre outros.

O motor de um carro, quando ligado, também produz monóxido de carbono, que sai pelo escapamento. Se o carro estiver em um ambiente aberto, o monóxido de carbono produzido se espalha pelo ar. Nesse caso, não existe grande risco de intoxicação. Porém, se o motor do carro estiver ligado em um ambiente fechado, como uma garagem ou um túnel sem ventilação, o monóxido de carbono acumula-se, podendo ser perigoso para a saúde.

Cômodos com aquecedores a gás precisam ter janelas e portas para ventilação. A queima de gás produz monóxido de carbono, que pode causar asfixia e morte.

Sistema de ventilação em túnel. Rodovia dos Imigrantes, no estado de São Paulo, em 2018.

Por esse motivo, nos túneis normalmente existem sistemas de ventilação. Quando ocorrem congestionamentos neles, recomenda-se desligar o motor do veículo.

Pessoas expostas a concentrações elevadas de monóxido de carbono podem sofrer problemas de visão, tontura, dor de cabeça, desmaio ou até morrer.

Óxidos de enxofre e de nitrogênio: *chuvas ácidas*

O carvão e os derivados do petróleo apresentam enxofre em sua composição. Quando as usinas geradoras de energia queimam carvão para produzir eletricidade e os veículos queimam gasolina ou óleo *diesel*, o enxofre também é queimado, originando um gás poluente chamado dióxido de enxofre.

Durante a queima dos combustíveis nos motores dos veículos, formam-se também outros gases, chamados de óxidos de nitrogênio.

Esses gases, em maior quantidade nas grandes cidades, ficam espalhados no ar e podem ser transportados pelo vento a grandes distâncias.

A presença desses gases no ar pode provocar irritação nos olhos, nariz, garganta e pulmões e agravar doenças respiratórias.

Quando esses gases se combinam com os vapores de água presentes na atmosfera, originam ácidos, que retornam para a superfície da Terra durante as chuvas. Essas chuvas são denominadas **chuvas ácidas**.

As chuvas ácidas são mais frequentes nas grandes cidades, mas também podem ocorrer em regiões distantes quando os poluentes são transportados pelo vento.

(Elementos representados em tamanhos não proporcionais entre si. Cores fantasia.)

As chuvas ácidas podem causar danos às florestas, prejudicar a agricultura e deixar mais ácida a água de rios, lagos e represas, tornando-a imprópria para a sobrevivência de algumas espécies. Além disso, ela pode corroer estruturas metálicas e monumentos.

A chuva ácida provoca a perda de folhas das árvores e a morte de outros organismos que vivem em seus troncos. Sem folhas, as árvores morrem, como as retratadas na foto, em uma floresta localizada na Alemanha, em 2017. Os efeitos da chuva ácida também podem ser vistos sobre monumentos, como o representado na foto da direita, em São Paulo, em 2015.

Capítulo 3 • Poluição atmosférica

UM POUCO MAIS

Um jeito brasileiro

A gasolina e o óleo *diesel* são obtidos do petróleo, que é uma fonte de energia não renovável. Esses são os combustíveis mais utilizados pelos carros e caminhões em todo o mundo. Quando queimados, liberam na atmosfera, entre outros gases, o dióxido de enxofre, um dos principais responsáveis pela poluição nas grandes cidades.

No Brasil, o álcool comum (etanol) é produzido da cana-de-açúcar, sendo, portanto, uma fonte de energia renovável. Quando queimado, ele não libera óxidos de enxofre. Assim, podemos perceber que o uso do álcool como combustível de carros em substituição à gasolina e ao óleo *diesel* minimiza a poluição atmosférica vinda dos óxidos.

O Brasil foi o pioneiro na fabricação de motores de carro que funcionam usando como combustível tanto o álcool (etanol) como a gasolina. Os carros com esse tipo de motor são conhecidos como carros *flex*.

Ozônio

O ozônio não é emitido diretamente de uma fonte. Ele é um poluente que se forma de outros gases poluentes presentes na atmosfera e é altamente reativo na troposfera (camada da atmosfera em que vivemos).

A poluição por ozônio pode agravar os sintomas de asma e de deficiência respiratória, bem como de outras doenças pulmonares (enfisemas, bronquites, etc.) e cardiovasculares (arteriosclerose). Um longo tempo de exposição pode ocasionar redução na capacidade pulmonar, desenvolvimento de asma e redução na expectativa de vida.

Este é um pensamento de inúmeros pesquisadores de todo o mundo. Os pesquisadores são unânimes em afirmar que a qualidade do ar pode ser melhorada com menos carros nas ruas, pois a liberação do óxido de nitrogênio da queima dos combustíveis (como vimos acima) é responsável também pela formação do ozônio poluente na troposfera. Além disso, uma melhoria significativa na rede de transportes públicos e o foco em transportes não motorizados ou que não emitem poluentes, como a ciclovia e o metrô, auxiliariam na diminuição da poluição atmosférica.

A camada de ozônio

O gás ozônio é produzido nas altas camadas da atmosfera (estratosfera) pela ação dos raios solares sobre o gás oxigênio. Tem a importante função de filtrar os raios ultravioleta (UV) provenientes do Sol, permitindo a passagem de apenas 7% desses raios, aproximadamente. Sem a camada de ozônio, não existiria vida na Terra, pelo menos como nós a conhecemos atualmente.

Alguns produtos, denominados genericamente CFCs (clorofluorcarbonos), foram muito usados até o fim da década de 1980 e meados dos anos 1990 na fabricação de aerossóis, nos equipamentos de refrigeração e de plásticos, e na expansão de espumas. Estudos científicos, porém, apontaram para o fato de que esses produtos (além de alguns outros) afetavam a camada de ozônio.

A partir de 1987, diversos países assinaram o Protocolo de Montreal, um compromisso para a redução gradual até a eliminação do uso desses produtos. Entretanto, alguns gases propostos como alternativas aos CFCs, como o HCFC (hidroclorofluorcarbono), o HFC (hidrofluorcarbono) e o PFC (perfluorcarbono), embora afetem menos a camada de ozônio, estão entre os gases geradores do efeito estufa.

Portanto, faz-se necessário investir em novas tecnologias e aumentar o incentivo do uso dos transportes coletivos ou alternativos.

EM PRATOS LIMPOS

Gás ozônio

A aproximadamente 50 km de altitude, há a camada formada por gás ozônio, que tem a importante função de filtrar os raios ultravioleta (UV) que fazem parte da luz solar. Nesse caso, o ozônio age como um "protetor".

Substâncias chamadas de CFC (clorofluorcarbono), quando lançadas na atmosfera, destroem a camada de ozônio, tornando-a mais fina em algumas regiões. Nessas regiões ocorre a passagem de uma quantidade maior de raios UV, que são nocivos ao ser humano e podem causar a morte de muitos microrganismos e plantas, provocando um desequilíbrio no ambiente da Terra.

Durante o verão, os raios solares agem sobre um dos óxidos de nitrogênio (um gás de cor castanha) e provocam a formação do ozônio próximo à superfície da Terra. O ozônio formado perto da superfície afeta o sistema respiratório e causa inflamação das vias respiratórias dos seres humanos e de outros animais.

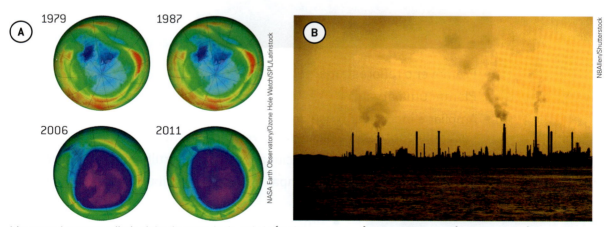

A imagem **A** mostra a diminuição da camada de ozônio (região roxa e azul) sobre a Antártica (cores fantasia). Em **B**, céu em Cingapura, em 2017, com uma coloração castanha próximo ao solo, onde ocorre a formação de ozônio.

A diminuição cada vez mais intensa da camada de ozônio e o aumento do efeito estufa são apontados, atualmente, como indícios do aquecimento global. Este último, por sua vez, produz efeitos arrasadores, como a maior frequência das tempestades e dos maremotos, o degelo das camadas polares, a elevação do nível dos oceanos, a mudança no clima que afeta as plantações e potencializa a seca em determinadas regiões, etc.

Capítulo 3 • Poluição atmosférica 41

> **Assista também!**
>
> **Modos de restaurar as florestas.** Revista *Pesquisa Fapesp*. Brasil, 2016, 6 min 58 s. Disponível em: <http://revistapesquisa.fapesp.br/2016/01/20/modos-de-restaurar-as-florestas-2/> (acesso em: 8 jun. 2018).
>
> Neste vídeo é possível entender como pode ser aplicada a técnica do reflorestamento em uma nova metodologia e as melhores práticas para isso.

As mudanças na camada de ozônio e o agravamento do efeito estufa estão associados às alterações ocasionadas pelo alto índice de poluentes lançados na atmosfera.

À medida que a população e o consumo crescem, cresce também a produção industrial, que vem acompanhada de impactos severos sobre a qualidade do ar que respiramos.

O que nós e os nossos governantes podemos fazer para minimizar estes efeitos?

Vejamos algumas atitudes que podem melhorar a nossa qualidade de vida e a dos nossos descendentes.

- Diminuir o desmatamento.
- Evitar e fiscalizar as ocorrências de queimadas, uma vez que essa prática aumenta a emissão de CO_2 na atmosfera.

Os estados amazônicos do Pará, de Rondônia, do Amazonas e do Acre têm "exportado" a fumaça produzida pelo desmatamento por fogo para Bolívia, Peru e Paraguai e contribuído para aumentar os níveis de poluição atmosférica nesses países vizinhos. Juntamente com o estado de Mato Grosso, esses quatro estados também registram o maior número de focos de queimadas na América do Sul. (Agência Fapesp, disponível em: <http://agencia.fapesp.br/desmatamento_da_amazonia_aumenta_poluicao_em_paises_da_america_do_sul/19501/> (acesso em: 8 jun. 2018). Canaã dos Carajás (PA), em 2017.

- Promover o reflorestamento.
- Plantar uma árvore.
- Ampliar e incentivar o uso de meios de transporte coletivos ou que não causem poluição, como a bicicleta ou veículos elétricos.
- Incentivar os programas relacionados ao compartilhamento de caronas.
- Utilizar fontes de energia limpa, o que irá contribuir para a diminuição da poluição do ar.
- Promover a instalação, nas indústrias, de equipamentos como filtros para reter os gases nocivos, bem como fiscalizar e monitorar essas fontes poluidoras.
- Monitorar a qualidade do ar.

Essas são algumas ações que nós e nossos governantes podemos tomar para diminuir a poluição atmosférica. Todas essas atitudes fazem com que haja menos liberação de gases poluentes na atmosfera. Mas, com certeza, você poderá sugerir mais algumas.

Termômetro digital de rua marcando a temperatura e indicando a qualidade do ar. São Paulo (SP), em 2017.

UM POUCO MAIS

Desmatamento na Amazônia pode estar próximo de não ter volta

O pesquisador americano Thomas Lovejoy e o brasileiro Carlos Nobre garantiram que o desmatamento está perto de 17% da vegetação nos últimos 50 anos

A Amazônia está se aproximando perigosamente de um ponto "sem volta", ao qual se chegará se o desmatamento superar 20% de sua área original, afirmam dois renomados biólogos da Fundação das Nações Unidas.

[...]

A Amazônia produz aproximadamente metade de suas chuvas ao reciclar a umidade na medida em que o ar se move a partir do Atlântico, através da América do Sul e rumo a oeste.

Essa umidade é importante para alimentar o ciclo da água da Terra de maneira mais ampla e afeta o bem-estar humano, a agricultura, as estações de seca e o comportamento da chuva em muitos países da América do Sul, segundo os especialistas.

Recentemente, fatores como a mudança climática, o desmatamento e o uso generalizado do fogo tiveram influência no ciclo natural da água nesta região, acrescentaram os biólogos.

Até agora, os estudos indicam que as interações negativas entre esses fatores significam que o sistema amazônico mudará para não florestal no leste, no sul e no centro da Amazônia se o desmatamento alcançar níveis que impactem entre 20% e 25% da região.

[...]

Além disso, os fatores de grande escala, como as temperaturas mais quentes da superfície do mar sobre o Atlântico Norte Tropical, também parecem estar associados com as mudanças na Terra.

Por esses motivos, Lovejoy e Nobre exigiram em seu artigo que se contenha a área desmatada abaixo de 20% da superfície original para evitar que se chegue a um ponto sem volta na capacidade regenerativa dessa importante região.

Fonte: Desmatamento na Amazônia pode estar próximo de não ter volta. **Exame**, 21 fev. 2018. Disponível em: <https://exame.abril.com.br/ciencia/desmatamento-na-amazonia-pode-estar-proximo-de-nao-ter-volta/> (acesso em: 8 jun. 2018).

Fatores como a mudança climática, o desmatamento e o uso generalizado do fogo tiveram influência no ciclo natural da água na região. São Félix do Xingu (PA), em 2016.

NESTE CAPÍTULO VOCÊ ESTUDOU

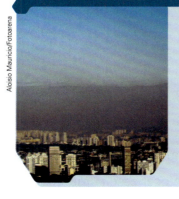

- Os principais poluentes e fontes poluidoras da atmosfera e seus efeitos sobre a saúde das pessoas.
- As consequências do aquecimento global.
- O que é camada de ozônio e sua importância.
- O que é efeito estufa, sua importância para a vida na Terra e sua relação com o aquecimento global.
- A chuva ácida.

Capítulo 3 • Poluição atmosférica 43

ATIVIDADES

PENSE E RESOLVA

1 Quando pensamos em praia, geralmente associamos essa ideia a sol, areia e céu azul. Mas nem sempre isso acontece, como você pode ver na fotografia abaixo.

Praia em Niterói (RJ), em 2008.

a) Qual é a principal evidência visual da poluição do ar nessa região?

b) O fenômeno que ocorreu nessa região teve causas naturais ou foi provocado pelo ser humano? Cite uma provável causa desse fenômeno.

2 É muito comum na limpeza doméstica a utilização de um pano para limpar os móveis. Veja como o pano costuma ficar.

Após limpar os móveis, o pano costuma ficar sujo.

a) Qual é o estado físico do material retido no pano?

b) Como é denominado esse material, que é um dos poluentes atmosféricos?

c) Cite duas prováveis fontes desse material.

3 As ilustrações representam um fenômeno muito discutido atualmente.

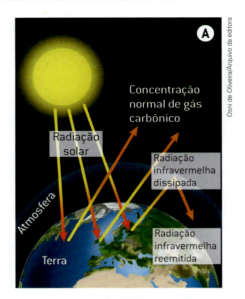

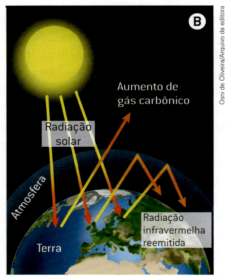

As ilustrações (A) e (B) representam os raios ultravioleta entrando pela camada de ozônio da Terra.

(Elementos representados em tamanhos não proporcionais entre si. Cores fantasia.)

a) Qual é o nome desse fenômeno?

b) Qual é o principal gás responsável por esse fenômeno?

c) O que ocorre na superfície da Terra devido ao aumento da concentração desse gás na atmosfera?

d) O que pode provocar esse aumento?

4 A ilustração abaixo representa uma das consequências da industrialização.

Deslocamento da poluição para áreas distantes das industrializadas.

(Elementos representados em tamanhos não proporcionais entre si. Cores fantasia.)

Responda às questões a seguir.

a) Qual é o nome desse fenômeno?

b) Escreva os nomes das substâncias responsáveis por esse fenômeno.

c) Com qual substância esses gases se combinam para produzir o fenômeno?

d) Como se explica o fato de esse fenômeno também ocorrer em regiões distantes de onde foram produzidos os gases poluentes?

e) Cite algumas agressões ao ambiente provocadas por esse fenômeno.

5 Em São Paulo, como em muitas grandes cidades do mundo, foi estabelecido um sistema de rodízio de veículos para melhorar o trânsito. De acordo com esse sistema, os carros com placas com finais 1 e 2 não podem circular na segunda-feira; os carros com placas com finais 3 e 4 não podem circular na terça-feira; e assim sucessivamente. A respeito do rodízio de veículos, responda às questões:

a) De que maneira o rodízio contribui para diminuir a poluição do ar?

b) Explique como o sistema de rodízio contribui para diminuir os congestionamentos de veículos comuns nas grandes cidades.

c) Que atitude as autoridades públicas deveriam tomar para estimular as pessoas a usar menos seus automóveis?

d) Cite algumas atitudes que poderiam ser tomadas, tanto individualmente como pelos governos, para diminuir a poluição.

SÍNTESE

1 Observe as imagens a seguir.

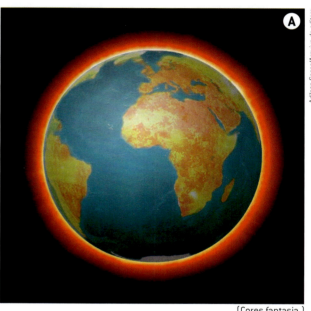

(Cores fantasia.)

(**A**) Representação artística do aumento da temperatura média do planeta e (**B**) urso-polar (*Ursus maritimus*).

Escreva um texto relacionando as imagens ao aumento do efeito estufa.

Capítulo 3 • Poluição atmosférica

2 Observe a charge abaixo.

a) Qual foi a ideia do criador da charge ao dispor os troncos das árvores dessa maneira?

b) Qual é a importância da preservação da vegetação no controle da poluição atmosférica?

c) Escreva uma frase relacionando a mensagem passada na charge com a poluição atmosférica.

DESAFIO

Os dois gráficos mostrados a seguir foram feitos a partir de dados obtidos por pesquisadores da Universidade Federal de Juiz de Fora (MG) em um estudo sobre a poluição do ar no dia 7/6/2017, na mesma cidade.

Gráfico I – Quantidade de poluentes produzidos por veículos motorizados, presentes no ar, nos diferentes horários do dia.

Gráfico II – Velocidade do vento nas diferentes horas do dia.

1 Observe o gráfico **I** e responda:

a) O que aconteceu com a quantidade de poluentes no período das 6 h 30 às 9 h 30? Cite uma provável causa para essa variação na quantidade de poluentes.

b) Em qual horário, aproximadamente, a quantidade de carros circulando deve ser muito pequena? Crie uma justificativa para esse fato.

c) O que aconteceu com a quantidade de poluentes no período das 18 h 30 min às 20 h? Cite uma provável causa para essa variação na quantidade de poluentes.

2 Observe o gráfico **II** e responda:

a) Por volta de que horário a velocidade do vento foi maior?

b) A velocidade do vento foi maior durante o dia ou durante a noite?

3 Compare os gráficos **I** e **II** e responda:

Pelo gráfico **I**, podemos perceber que no período da noite foi registrada uma quantidade grande de poluentes no ar, apesar de provavelmente existirem menos carros circulando nesse horário. Observe o gráfico **II** e perceba que a velocidade do vento no período da noite é baixa. Escreva uma provável relação entre a velocidade dos ventos e a quantidade de poluentes.

PRÁTICA

I – Simulação do efeito estufa

Objetivo

Simular o efeito estufa.

Material

- Saco plástico transparente
- 2 termômetros
- 1 pedaço de barbante

Procedimento

1. Anote a temperatura indicada nos dois termômetros.
2. Coloque um dos termômetros dentro do saco plástico e feche-o com o barbante.
3. Em seguida coloque esse sistema em um local ensolarado. Ao lado dele, coloque o outro termômetro.
4. Espere 30 minutos e leia as temperaturas indicadas em cada um dos termômetros.

Discussão final

Escreva um pequeno texto explicando o que aconteceu e por quê.

II – Estudo da poluição por material particulado

Objetivo

Todos os dias, uma quantidade enorme de material particulado é lançada na atmosfera e se espalha.

Com esta atividade prática, você poderá comparar a quantidade de partículas em ambientes diferentes e em dias diferentes. Ela deve ser feita em dias secos.

Material

- 6 cartões quadrados de cartolina branca com lados de 10 cm
- Óleo mineral
- Hastes flexíveis com algodão nas pontas
- Lápis

Procedimento

1. Desenhe no centro de cada cartão um quadrado com 5 cm de lado.
2. Divida os cartões em dois grupos de 3 cartões cada um e numere-os conforme o esquema.

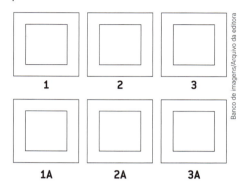

3. Em uma terça-feira, por exemplo, passe o óleo mineral nos cartões **1** e **1A**, usando as hastes com algodão.
4. Pendure o cartão **1** em algum local dentro de sua casa e o cartão **1A** fora de sua casa.
5. No dia seguinte, recolha os cartões, compare o aspecto visual dos quadrados centrais e anote suas observações.
6. Repita o mesmo procedimento três dias após o primeiro, na sexta-feira, por exemplo, usando os cartões **2** e **2A**, e dois dias depois, no domingo, com os cartões **3** e **3A**.

Discussão final

1. Existe diferença entre os cartões que ficaram dentro e fora de casa? Justifique.
2. Existe diferença entre os cartões que ficaram dentro de casa?
3. Existe diferença entre os cartões que ficaram fora de casa?
4. Onde a quantidade de material particulado é maior: dentro ou fora de sua casa?
5. Em qual dia da semana ficou retida no óleo mineral uma quantidade maior de material particulado? Qual é a explicação mais provável para esse fato?
6. Em qual dia da semana ficou retida no óleo mineral uma quantidade menor de material particulado? Qual é a explicação mais provável para esse fato?

Unidade 2: Vida e Evolução

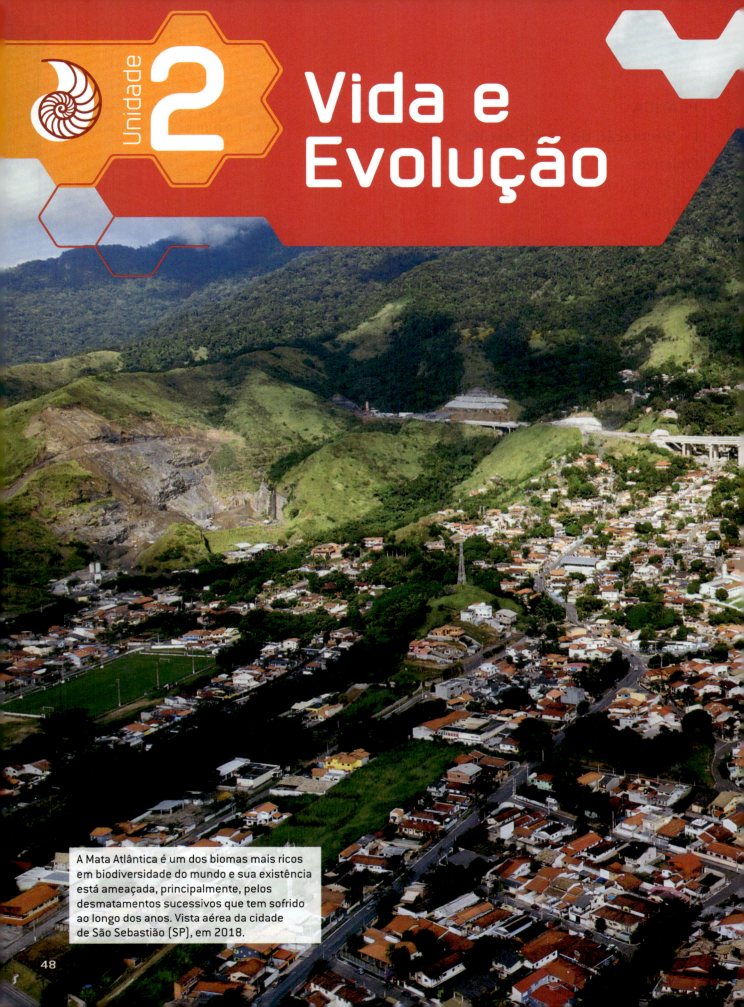

A Mata Atlântica é um dos biomas mais ricos em biodiversidade do mundo e sua existência está ameaçada, principalmente, pelos desmatamentos sucessivos que tem sofrido ao longo dos anos. Vista aérea da cidade de São Sebastião (SP), em 2018.

Apenas uma pequena área do nosso planeta possui condições favoráveis para a existência da vida. Ela se divide em regiões com características peculiares produzidas pelas variações climáticas e por outros fatores abióticos. Nesta unidade, vamos estudar a biodiversidade dessas regiões, suas principais características e fragilidades, bem como as ações humanas que podem contribuir para a sua preservação ou intensificar a sua destruição.

Capítulo 4

Agrupamento e classificação dos seres vivos

Na fotografia, vemos parte de uma coleção de borboletas do museu do Parque Estadual Morro do Diabo. Teodoro Sampaio (SP), em 2018.

Adriano Kirihara/Pulsar Imagens

As borboletas estão organizadas em um painel, comum em museus de Zoologia ou de História Natural. Você consegue perceber algum tipo de organização na separação desses animais?

Os cientistas, principalmente os biólogos, estão constantemente estudando a diversidade de seres vivos que existem na Terra, como é o caso dessas borboletas. Há mais de 1 milhão e 700 mil seres vivos diferentes descritos, uma grande parte deles vive em ambientes aquáticos. Além desses, há muitos seres vivos para serem descobertos e descritos pelos biólogos. Mas como saber se um ser vivo é desconhecido pela ciência?

Num primeiro momento, os biólogos precisam identificar o ser vivo e verificar se ele já foi catalogado, para depois agrupá-lo com outros seres vivos por meio de critérios. Esses critérios são estabelecidos para classificar e organizar os seres vivos. Que vantagens há em organizar as borboletas de uma coleção zoológica?

A identificação de seres vivos por meio de suas características, a classificação e a organização deles em grupos é o que vamos abordar neste capítulo.

❯ Classificar para organizar

É uma tarefa comum separar objetos em grupos. Em um supermercado, por exemplo, os produtos são organizados em setores, como na imagem ao lado.

Essa prática de separar objetos em grupos é uma forma de classificação. Para que possamos classificar, é necessário estabelecer critérios, ou seja, analisar semelhanças e diferenças entre os objetos que se deseja organizar.

Mesmo sem perceber, estabelecemos critérios para formar grupos de objetos o tempo todo. De acordo com os critérios, os agrupamentos podem ser diferentes. Nesses casos, não se pode dizer que um agrupamento está certo e o outro errado: só podemos dizer que foram adotados critérios diferentes e que, por isso, foram estabelecidas diferentes classificações para um mesmo grupo.

Visão geral dos corredores, prateleiras e produtos de um supermercado.

O uso de critérios para fazer classificações pode ser aplicado em diferentes contextos. No estudo dos seres vivos, por exemplo, eles são classificados em diferentes grupos de acordo com critérios estabelecidos a partir dos conhecimentos que se tem sobre eles.

Uma parte importante do estudo da Biologia, a ciência que estuda os seres vivos, consiste em perceber e entender diferenças e semelhanças entre os seres vivos para, então, classificá-los.

> A classificação permite organizar os conhecimentos.

❯ Agrupando seres vivos

O ser humano sempre se preocupou em classificar os seres vivos. O filósofo grego Aristóteles (384 a.C.-322 a.C.) foi um dos primeiros a classificar os seres vivos e contribuiu significativamente para os fundamentos da Zoologia. Em um de seus trabalhos, ele separou os animais em duas categorias, usando como critério a presença ou não de sangue no organismo. Algumas das classificações propostas por Aristóteles se mantiveram por 2 mil anos.

Somente a partir do século XVIII os seres vivos foram agrupados de acordo com novos critérios, resultado das descobertas científicas que ocorreram ao longo desse período.

No século XIX, por exemplo, o evolucionismo, teoria que defende que as espécies se transformam ao longo do tempo e no espaço, fundamentada na teoria da evolução proposta por Charles Darwin (1809-1882), tornou-se uma hipótese cientificamente aceita para explicar a origem da diversidade dos seres vivos e de suas adaptações. Desse modo, a classificação aceita até então foi revista com base nas teorias evolutivas.

Fica evidente que nenhuma classificação (e mesmo nenhum conceito científico) pode ser considerada definitiva, porque ela pode mudar de acordo com os conhecimentos adquiridos por diferentes pessoas ao longo do tempo.

Capítulo 4 • Agrupamento e classificação dos seres vivos

❭ O sistema natural de Lineu

Em 1735, o cientista sueco Carl von Linné, ou Lineu (1707-1778), propôs um sistema de classificação que ficou conhecido por **sistema natural**. Lineu era bastante religioso e acreditava que os seres vivos eram uma criação divina e, portanto, não mudavam ao longo do tempo, ou seja, eram criados em sua forma definitiva. Isso também implicava a crença de que a diversidade de tipos de organismo existentes no planeta permanecia constante desde o momento de sua criação.

Dessa forma, a proposta de Lineu buscava reproduzir o que ele acreditava ser a ordem divina da criação dos seres vivos. Baseado nessa lógica, Lineu classificou uma enorme variedade de seres vivos e, por isso, é considerado por muitos o "pai" da taxonomia moderna.

Contudo, a partir da teoria de Darwin sobre a seleção natural, como veremos no volume do 9º ano desta coleção, admitiu-se que as espécies sofrem transformações ao longo do tempo e que novas espécies surgem a partir de outras, o que permite dizer que suas origens estão relacionadas entre si. Com isso, um novo critério para classificação dos seres vivos foi adotado: as relações de parentesco evolutivo das espécies.

Essa mudança implicou novas interpretações da taxonomia e da nomenclatura propostas por Lineu, embora as bases propostas por ele ainda sejam usadas. Vamos conhecer algumas delas a seguir.

> **Taxonomia:** área de estudo da Biologia que busca descrever, identificar e classificar os seres vivos.

As categorias de classificação de Lineu

Em sua proposta para a classificação dos seres vivos, Lineu agrupou os seres vivos em categorias, de acordo com as características semelhantes. Essas categorias compõem um sistema hierárquico em que uma está contida na outra. Dessa forma, quanto menos abrangente for a categoria, maior será a quantidade de características em comum entre os seres vivos nela agrupados.

As categorias de classificação dos seres vivos propostas por Lineu, e usadas até hoje, são: espécie, gênero, família, ordem, classe, filo e reino (nesta sequência, da menos abrangente para a mais abrangente).

Assim, a categoria **espécie** refere-se ao conjunto de organismos semelhantes que, em condições naturais, ao acasalarem entre si, geram descendentes férteis, ou seja, que também podem se reproduzir.

Quando diferentes espécies apresentam muitas semelhanças entre si, elas são reunidas em um grupo mais abrangente, formando uma nova categoria, chamada **gênero**.

> **Leia também!**
>
> **A dona barata.** *Ciência Hoje das Crianças.* Disponível em: <http://chc.org.br/coluna/a-dona-barata/> (acesso em: 4 jun. 2018).
>
> O artigo traz algumas curiosidades sobre a origem dos nomes de algumas espécies de baratas.

> Os **nomes populares** são aqueles usados em conversas ou textos informais, sem caráter científico. Como os nomes populares podem variar de uma região para outra, os nomes científicos são mais indicados para se fazer classificações, pois são universais, ou seja, são iguais em qualquer região do planeta. Por exemplo: macaxeira, aipim e mandioca são alguns dos diferentes nomes populares usados no Brasil para se referir à planta *Manihot esculenta*.

UM POUCO MAIS

Sistema binomial

São conhecidas, atualmente, por volta de um milhão e setecentas mil espécies de seres vivos. Para nomeá-las, utiliza-se o sistema de nomenclatura criado por Lineu, no qual cada espécie apresenta um **nome científico**.

De acordo com esse sistema de nomenclatura, que obedece a certas regras, os nomes científicos são formados por duas palavras em latim. Por esse motivo também é conhecido por sistema binomial.

Vejamos os três exemplos a seguir.

Nome popular	Leão
Gênero	*Panthera*
Espécie	*Panthera leo*

Nome popular	Tigre
Gênero	*Panthera*
Espécie	*Panthera tigris*

Nome popular	Onça-pintada
Gênero	*Panthera*
Espécie	*Panthera onca*

Nos três exemplos apresentados, o nome científico de cada espécie é indicado por duas palavras. A **primeira palavra** indica o **gênero** a que o ser vivo pertence e deve começar com letra maiúscula. A **segunda palavra** deve começar com letra minúscula e sempre vir **acompanhada da primeira**. Perceba também que os nomes das espécies estão em *itálico*. Isso ocorre porque os nomes científicos devem aparecer destacados do resto do texto, podendo ser escritos em *itálico*, como no exemplo, em **negrito** ou grifados. (Para fins de padronização, vamos utilizar o *itálico* para fazer as indicações de espécies nesta coleção.)

Note também que, embora o leão, o tigre e a onça-pintada sejam espécies diferentes, eles pertencem ao mesmo gênero, o *Panthera*.

Quando se conhece apenas o gênero, costuma-se colocar "sp.", que significa uma 'espécie do gênero', e deve vir sem destaque (itálico, negrito ou grifado). Por exemplo, podemos nos referir ao leão, ao tigre e à onça utilizando apenas o nome *Panthera* sp. Contudo, ao fornecer apenas essa informação, não é possível identificar a espécie a que nos referimos, ou seja, podemos estar nos referindo a qualquer espécie pertencente ao gênero *Panthera*.

A ideia de o nome científico de cada espécie seguir a nomenclatura binomial, proposta por Lineu, é ainda hoje bem-aceita entre os cientistas e aplicada a todos os seres vivos, embora a ideia de um "sistema natural", como ele propôs, seja alvo de críticas.

Capítulo 4 • Agrupamento e classificação dos seres vivos 53

Para entender melhor o sistema natural de Lineu, veja um exemplo com três espécies brasileiras.

Nome popular	Raposa-do-campo
Tamanho	Cerca de 80 cm de comprimento sem a cauda
Massa	Entre 3 kg e 4 kg
Local onde vive	Planalto Central do Brasil
Hábitos	Predominantemente noturnos
Gênero	*Lycalopex*
Espécie	*Lycalopex vetulus*

Nome popular	Graxaim-do-campo
Tamanho	Cerca de 60 cm de comprimento sem a cauda
Massa	Entre 3 kg e 8 kg
Local onde vive	Centro-leste da América do Sul
Hábitos	Predominantemente noturnos
Gênero	*Lycalopex*
Espécie	*Lycalopex gymnocercus*

Nome popular	Cachorro-do-mato
Tamanho	Cerca de 80 cm de comprimento sem a cauda
Massa	Entre 6 kg e 7 kg
Local onde vive	Da bacia Amazônica até o norte da Argentina
Hábitos	Predominantemente noturnos
Gênero	*Cerdocyon*
Espécie	*Cerdocyon thous*

Fonte: SILVA, F. **Mamíferos silvestres**. Rio Grande do Sul: Fundação Zoobotânica do Rio Grande do Sul, 1994.

Note que o cachorro-do-mato pertence ao gênero *Cerdocyon*, que é diferente do gênero da raposa-do-campo e do graxaim-do-campo: *Lycalopex*. Isso indica que o cachorro-do-mato não apresenta características semelhantes o bastante para ser agrupado no mesmo gênero que as outras duas espécies. De acordo com essa classificação, a raposa-do-campo e o graxaim-do-campo apresentam mais características em comum entre si do que com o cachorro-do-mato.

Por outro lado, os gêneros a que pertencem a raposa-do-campo, o graxaim-do-campo e o cachorro-do-mato são semelhantes o suficiente para serem agrupados em uma mesma **família**, chamada Canidae (do latim *canis* = 'cão'; e o sufixo *idae* = 'relativo à família'), ou Canídeo (forma aportuguesada).

Para Lineu, além dessas três categorias de classificação — espécie, gênero e família —, é possível agrupar os seres vivos em outras categorias mais abrangentes: **ordem**, **classe**, **filo** e **reino**.

Nos casos da raposa-do-campo, do graxaim-do-campo e do cachorro-do-mato, as três espécies pertencem à ordem Carnívora, à classe Mammalia, ao filo Chordata e ao reino Animalia.

O esquema abaixo mostra a posição da raposa-do-campo nas diferentes categorias, junto a outros exemplos de espécies de seres vivos.

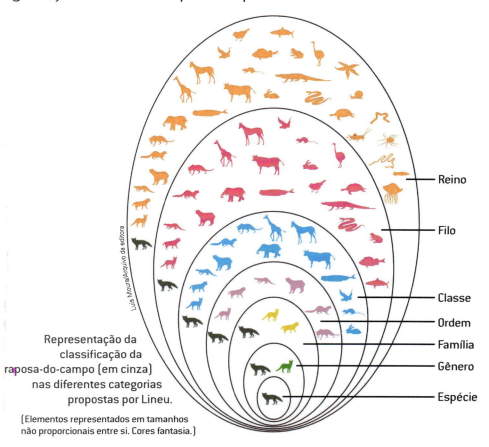

Representação da classificação da raposa-do-campo (em cinza) nas diferentes categorias propostas por Lineu.

(Elementos representados em tamanhos não proporcionais entre si. Cores fantasia.)

As fotografias a seguir mostram outros exemplos de classificação de alguns animais.

O louva-a-deus é um animal do filo Arthropoda (Artrópodes) e do reino Animalia (Animal). O louva-a-deus da fotografia é da espécie *Mantis religiosa*.

O ornitorrinco (*Ornithorhynchus anatinus*) é um animal originário da Austrália. Ele faz parte da classe dos Mamíferos e da ordem Monotremata, que é o grupo dos mamíferos que produzem ovos.

Capítulo 4 • Agrupamento e classificação dos seres vivos

❯ A classificação dos seres vivos em constante mudança

Até o início da década de 1960, a maioria dos cientistas dividia os seres vivos em dois grandes reinos: o reino Animal e o reino Vegetal. Agrupar todos os seres vivos apenas nessas duas categorias era bastante lógico, afinal as diferenças entre animais e plantas pareciam bem evidentes.

Com o avanço da tecnologia, pôde-se observar e descobrir características mais específicas nos seres vivos. Com o auxílio do microscópio óptico, por exemplo, foi possível verificar a existência de microrganismos. Em meados do século XX, já com microscópios eletrônicos, foi possível observar que os microrganismos apresentavam características diferentes das encontradas nos animais e nas plantas. Essas e outras descobertas tornaram necessária uma revisão de toda a classificação dos seres vivos.

Com tantas descobertas, os taxonomistas começaram a sentir necessidade de criar novas categorias. Algumas delas são intermediárias às propostas por Lineu. Entre uma ordem e uma classe, por exemplo, podem ser propostas subclasses. Outras categorias podem ser mais abrangentes, como é o caso do **domínio**, categoria que agrupa alguns reinos. São três os domínios conhecidos:

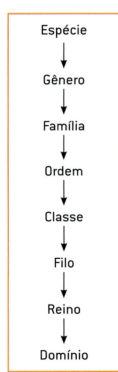

- **Domínio Bacteria (ou Bactéria)**: inclui as bactérias, seres procariontes, algumas das quais serão estudadas no capítulo 11.
- **Domínio Archaea (ou Arqueia)**: inclui outros organismos procariontes, como os chamados metanogênicos (vivem em ambientes ricos em gás metano), os halófilos (vivem em ambientes ricos em sal) e alguns termófilos (vivem em ambientes com altas temperaturas, por volta dos 100 °C).
- **Domínio Eukarya (ou Eucária)**: inclui todos os seres vivos eucariontes.

As mudanças provocadas pelos novos critérios adotados para a classificação dos seres vivos fizeram com que a categoria reino passasse por algumas alterações; é provável que, com novas descobertas científicas, outras modificações aconteçam.

Os reinos mais estudados pertencem a dois domínios: o Eukarya (reinos Animalia, Plantae, Protista e Fungi) e o Bacteria (reino Eubacteria). São esses os reinos que vamos estudar nesta coleção. Não vamos estudar, portanto, o domínio Archaea e seu reino Archaebacteria.

Reino Animalia

- São eucariontes.
- São multicelulares, ou seja, são compostos de mais de uma célula.
- Não são capazes de produzir o próprio alimento, dependendo de outros seres vivos para sua alimentação, ou seja, são heterótrofos (do grego *heteros* = = 'outro'; *trophos* = 'alimento').

Exemplos: esponjas, polvos, aranhas, peixes e aves.

Reino Plantae

- São eucariontes.
- São pluricelulares.
- São capazes de produzir o próprio alimento pelo processo de fotossíntese e, por isso, são chamados de autótrofos (do grego *autos* = 'por si próprio'; *trophos* = 'alimento').

  Exemplos: musgos, samambaias, pinheiros e laranjeiras.

Reino Protista

Para esses e outros organismos microscópicos, era um grande desafio classificá-los até a década de 1960, pois não se encaixavam em nenhum dos dois reinos de seres vivos existentes até então. A classificação desses seres vivos em um único reino ainda é muito controversa; há autores que os dividem em vários reinos. No entanto, vamos mantê-la dessa forma para simplificar a discussão.

A euglena (*Euglena gracilis*) é um protista autótrofo unicelular.
(Ampliação aproximada de 165 vezes. Cores fantasia.)

As algas pluricelulares conhecidas como sargaço (*Sargassum* sp.) podem formar grandes aglomerados que flutuam no mar. Foto tirada na República Dominicana, em 2018.

Os protistas são:
- seres eucariontes;
- seres unicelulares ou pluricelulares (sem tecidos verdadeiros, ou seja, as células não estão organizadas de forma que executem, em conjunto, uma função específica);
- seres autótrofos (ex.: euglenas, algas verdes e paradas) ou heterótrofos (ex.: plasmódios, tripanossomos e leishmânias).

Exemplos: euglenas, algumas algas e plasmódios (causadores da malária).

Os protistas unicelulares também são conhecidos como protozoários (do grego *protos* = 'primeiro'; *zoon* = 'animal'), por se considerar, na época, que eram "animais primitivos". As algas podem ser unicelulares ou pluricelulares e todas são autótrofas.

Reino Fungi

- São eucariontes.
- São heterótrofos.
- A maioria é pluricelular, mas há fungos unicelulares.
- As células não formam tecidos.

Existem fungos macroscópicos, ou seja, que podem ser vistos sem auxílio de instrumentos, como os cogumelos, e microscópicos, ou seja, que só podem ser vistos com o auxílio de um microscópio, como as leveduras.

Alguns organismos do reino Fungi: (**A**) *Champignon* (*Agaricus bisphorus*); (**B**) *Saccharomyces cerevisiae* (cada uma das estruturas alongadas da eletromicrografia é uma célula, com ampliação aproximada de 1 200 vezes.

Reino Eubacteria

- São procariontes.
- São unicelulares.
- Podem ser autótrofos ou heterótrofos.

Exemplos: *Leptospira* sp. e cianobactérias.

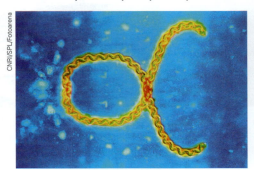

Eletromicrografia da bactéria heterótrofa *Leptospira* sp., causadora da leptospirose.
(Ampliação aproximada de 20 mil vezes. Cores artificiais.)

Eletromicrografia de uma colônia da cianobactéria autótrofa *Anabaena* sp.
(Ampliação aproximada de 2 640 vezes. Cores artificiais.)

NESTE CAPÍTULO VOCÊ ESTUDOU

- O sistema de classificação dos seres vivos.
- As bases do sistema natural proposto por Lineu no século XVIII.
- As regras de nomenclatura binomial para as espécies.
- As categorias taxonômicas propostas por Lineu e a categoria domínio.
- As principais características dos cinco reinos estudados nesta coleção.

ATIVIDADES

PENSE E RESOLVA

1 As figuras a seguir representam quatro espécies diferentes, todas do gênero fictício *Testex*. Forme grupo com dois colegas e observem-nas com atenção.

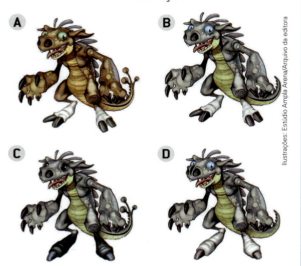

a) Leia as características listadas na tabela a seguir. Quais variações você consegue identificar para cada uma delas? Preencha a tabela.

Características	Variações
1. Número de dedos nos pés	Um ou dois
2. Cor dos pés	
3. Cor dos olhos	
4. Traço no nariz	
5. Cor do corpo	
6. Linha na cauda	
7. Bolinhas na cauda	

b) De acordo com a tabela do item anterior, você viu que há sete características que variam entre os indivíduos de cada espécie. Agora, tente formar agrupamentos identificando as características que são variáveis. Por exemplo, as espécies **A** e **B** têm pés com dois dedos e as espécies **C** e **D** têm pés com apenas um dedo.

Para cada característica, indique os agrupamentos possíveis e monte uma tabela como a do exemplo a seguir:

Características que agrupam	Agrupamento de espécies
Pés com dois dedos	**A** e **B**
Pés com um dedo	**C** e **D**

c) Nos indivíduos das espécies analisadas, também há características que são exclusivas, ou seja, que só aparecem em uma das espécies. É o caso dos olhos verdes, característica exclusiva da espécie **A**. Faça também o levantamento dessas características, montando uma tabela como a do exemplo a seguir:

Características exclusivas	Espécie
Olhos verdes	**A**

d) Agora que já analisamos as características das espécies, estabeleça critérios para separar os *Testex* em dois grupos, justificando a sua escolha. Por exemplo, você pode usar como critérios ter os pés brancos e com dois dedos – nesse caso, se encaixariam no grupo as espécies **A** e **B** e não se encaixariam as espécies **C** e **D**.

2 A mula e o burro são animais resultantes do cruzamento entre cavalos e jumentos, que pertencem a espécies diferentes. Mulas e burros são, geralmente, inférteis, ou seja, não conseguem se reproduzir.

Sabendo dessas características e considerando o que aprendeu no capítulo, mulas e burros pertencem a qual espécie: à dos cavalos, à dos jumentos, a outra espécie ou não pertencem a espécie alguma? Justifique a sua resposta.

3 Qual é a vantagem de haver uma nomenclatura universal para cada uma das espécies de seres vivos?

Capítulo 4 • Agrupamento e classificação dos seres vivos

4 Um pesquisador afirmou que, na família Felidae, as espécies *Leopardus pardalis* (jaguatirica) e *Leopardus wiedii* (gato-do-mato), encontradas no México, no Brasil e na Argentina, apresentam mais características em comum entre si do que com a espécie *Oncifelis geoffroyi* (gato-do-mato-grande), encontrada no sul do Brasil, na Argentina, no Uruguai, no Paraguai e na Bolívia. A afirmação do pesquisador está correta? Justifique.

5 Explique as alterações feitas nas categorias de classificação dos seres vivos a partir da invenção do microscópio.

6 Se um pesquisador descobrisse um novo ser vivo com as seguintes características: heterótrofo, eucarionte, multicelular e com tecidos verdadeiros, em qual domínio e em qual reino ele poderia ser classificado? Justifique sua resposta.

SÍNTESE

1 As classificações a seguir correspondem aos seguintes animais: cão doméstico, gato doméstico e jaguatirica. Porém não se encontram na ordem das categorias propostas por Lineu:

Cão	Canídeo	*Canis familiaris*	Carnívora
Gato doméstico	Carnívora	Felídeo	*Felis catus*
Jaguatirica	*Leopardus pardalis*	Carnívora	Felídeo

a) Escreva o nome da espécie e do gênero de cada um dos animais.

b) Escreva o nome da família e da ordem de cada um dos animais.

c) Agora, com as informações encontradas no capítulo, identifique qual é a classe, o filo e o reino desses três animais.

2 Determine as características de cada um dos reinos – Protista, Plantae, Fungi e Animalia –, em relação a ser procarionte ou eucarionte, unicelular e/ou multicelular e autótrofo e/ou heterótrofo e construa uma tabela. Antes de começar, veja o exemplo feito com o reino Eubacteria.

Reino Eubactéria	procarionte, unicelular, autótrofo ou heterótrofo.

Considerando as características que você apontou na tabela, responda ao que se pede:

a) Existem grupos de seres vivos distintos que apresentam todas as características em comum? Justifique.

b) Entre os seres vivos dos domínios Bacteria e Eukarya, qual característica é exclusiva do reino Eubacteria? Justifique.

c) Como é possível diferenciar representantes do reino Fungi dos do reino Protista?

d) Qual(is) característica(s) diferencia(m) o reino Plantae do reino Animalia?

e) Quais são os reinos que incluem seres vivos com formas diferentes de obter alimento?

DESAFIO

Imagine que o microscópio ainda não tivesse sido inventado. Nessa situação, qual seria o número de reinos que conseguiríamos definir? Quais seriam esses reinos? Justifique as respostas.

LEITURA COMPLEMENTAR

A história de Carl von Linné

Você [...] sabe que todos os animais e plantas possuem um nome científico. [...]

Quem [...] criou essa maneira de batizar os animais e plantas [foi] o botânico sueco Carl von Linné, que nasceu em 1707, ou seja, há [mais de] 300 anos.

Desde criança, Linné mostrou talento para a botânica. Aos cinco anos de idade, ele recebeu do pai, pastor de uma igreja luterana e botânico amador, um jardim para tomar conta sozinho. Com o passar do tempo, a vocação de Linné ficou mais evidente. Diferentemente da vontade de seus pais, que queriam que ele seguisse a carreira religiosa, no fim de seus estudos básicos, Linné decidiu fazer faculdade de Medicina. Isso tudo no ano de 1727, quando tinha 20 anos de idade.

Naquela época, os alunos de Medicina também estudavam plantas, já que recebiam ervas para seus pacientes. Durante seus estudos, Linné passou um bom tempo dedicando-se a colecionar e estudar espécies botânicas. Depois que terminou a faculdade, nosso jovem cientista resolveu fazer uma expedição pelo interior da Suécia. Expedição para quê? Para descobrir novas espécies de plantas numa região considerada desconhecida de seu país naquela época. Naquele tempo, muitas espécies não eram conhecidas, visto que a prática de descrever os seres vivos estava sendo popularizada pouco a pouco.

Carl von Linné — ou Lineu (1707-1778).

Embora não tenha se tornado padre, Linné era religioso — assim como a maioria das pessoas daquela época. O pesquisador acreditava que o estudo da natureza mostrava a organização da criação de Deus. Assim sendo, pensava ele, era seu trabalho, como botânico, construir uma classificação que mostrasse essa ordem do universo. Foi por isso que Linné teve a ideia de criar um sistema de classificação dos seres vivos, que acabaria se tornando o seu mais importante trabalho científico: o sistema binomial de nomeação das espécies. [...]

MATTOS, R. M. Carl Linné: um aniversário de 300 anos! Revista **Ciência Hoje das Crianças**. Publicado em: 11/8/2010. Disponível em: <http://chc.org.br/acervo/carl-linne-um-aniversario-de-300-anos/> (acesso em: jun. 2018).

Questão

▶ Escreva uma carta para Lineu, contando a ele o que o sistema de classificação que ele criou representa hoje para o meio científico. Mostre na carta exemplos da aplicação do sistema proposto e como eles interferem, ou não, na interpretação da natureza pelo ser humano.

Capítulo 5

Onde habitam os seres vivos?

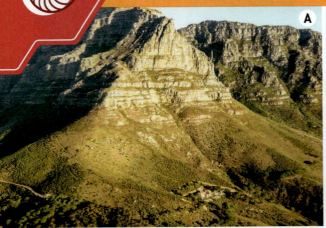

Foto A: Andrew Thompson/Shutterstock; Foto B: Andre Dib/Pulsar Imagens
Foto C: NSP-RF/Alamy/Fotoarena; Foto D: André Dib/Pulsar Imagens

(A) Paisagem africana, na África do Sul, 2018.
(B) Fotografia da Chapada dos Veadeiros, em Alto Paraíso de Goiás (GO), 2018.
(C) Impalas (*Aepyceros melampus*), na África do Sul.
(D) Veado-campeiro (*Ozotoceros bezoarcticus*), no Parque Nacional da Serra da Canastra (MG).

Observe as paisagens mostradas nas fotografias **A** e **B**. Elas são bem parecidas, você não acha? Ambas apresentam montanhas ao fundo e não há muitas árvores, porém algumas são de grande porte. Há predomínio de gramíneas e de algumas plantas de pequeno porte. Agora, observe as fotografias **C** e **D**, que mostram animais típicos dessas regiões.

As fotografias **A** e **C** correspondem a uma região da África, onde animais como os impalas são muito comuns. As imagens **B** e **D** mostram dois parques nacionais brasileiros que apresentam características semelhantes, nos quais vivem veados-campeiros.

Ao analisar um mapa-múndi, notamos que essas regiões são muito distantes entre si. Você consegue localizá-las? Você consegue explicar como é possível que essas regiões sejam tão semelhantes? Será que na Terra existem outras regiões, distantes, mas também parecidas?

Neste capítulo estudaremos esse assunto.

〉 Biosfera

Na Terra existem regiões com características semelhantes, como altitude, vegetação, tipos de solo e de **clima**, possibilitando que esses locais sejam classificados da mesma maneira, ainda que estejam distantes entre si. Ambientes terrestres que apresentam um tipo característico de vegetação, determinado principalmente por fatores climáticos, recebem o nome de biomas e fazem parte da biosfera.

A **biosfera** é a camada do planeta Terra onde existe vida. Ela varia de 5 km a 17 km de espessura. Essa camada é comparativamente fina em relação ao diâmetro total do planeta, que tem aproximadamente 13 000 km.

Na ilustração abaixo é possível identificar alguns dos limites para a sobrevivência de seres vivos: desde camadas superiores da atmosfera, nos picos de grandes montanhas (cerca de 8 mil metros acima do nível do mar), até as profundezas dos oceanos (cerca de 9 mil metros abaixo do nível do mar). As regiões mais próximas do nível do mar costumam apresentar maior abundância e diversidade de seres vivos. Por outro lado, quanto mais próximos os seres vivos estiverem dos limites superior e inferior da biosfera, mais raros são os que conseguem sobreviver, por causa das condições extremas.

Clima: conjunto das condições atmosféricas (e de suas variações) em determinado local ou região durante um período cronológico específico. A caracterização do clima de uma região resulta da análise do comportamento médio baseada em dados diários da condição atmosférica.

Se comparássemos a Terra a uma laranja, a biosfera seria mais fina do que a parte externa da casca da fruta.

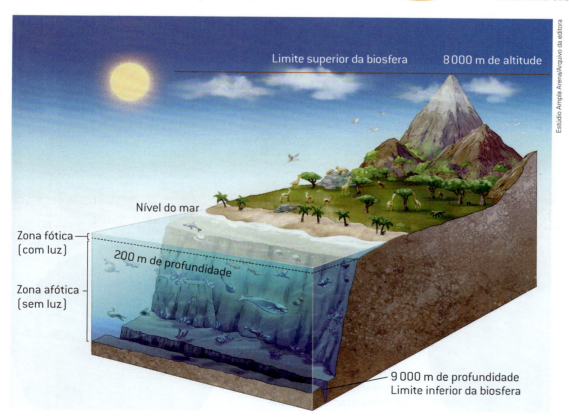

Representação artística dos limites superior e inferior da biosfera.
(Elementos representados em tamanhos não proporcionais entre si. Cores fantasia.)

Capítulo 5 • Onde habitam os seres vivos?   63

❯ Biomas

Os biomas são grandes áreas do planeta que apresentam clima bem definido, com flora (diversidade de vegetais) e fauna (diversidade de animais) bem características, além de outras condições ambientais próprias, como altitude, tipo de solo, alagamentos e queimadas naturais.

Os biomas são regiões bastante estáveis, ou seja, os seres vivos que os habitam tendem a permanecer em quantidade e diversidade relativamente constantes, a menos que ocorram eventos como terremotos, erupções vulcânicas, períodos de seca prolongados, inundações ou deslizamentos de terra.

Em um bioma, a biodiversidade, entendida como a variedade de seres vivos encontrada em um ambiente, se mantém.

Relevo: conjunto das variadas formas que a superfície terrestre pode apresentar, ou seja, áreas mais elevadas, menos elevadas, planas ou acidentadas. Exemplos: montanhas, planícies, vales e depressões.

❯ Ecossistemas

Em um mesmo bioma, é possível encontrar regiões com aspectos diferentes em relação a condições ambientais, como relevo, altitude e clima. Esses aspectos determinam **ecossistemas** diversos. O bioma representado abaixo é o Cerrado, e nele podemos observar regiões com características bastante diferentes.

Observe os diferentes ecossistemas que podem ser encontrados no Parque Nacional da Serra do Cipó (MG), bioma Cerrado. Fotografias tiradas em 2017.

Cada ecossistema é formado pelo conjunto de seres vivos (fatores bióticos) que habitam determinado local. Eles interagem entre si e também com os fatores abióticos, sofrendo ação direta deles, mas também os afetando. Essa dinâmica de funcionamento faz parte do que definimos como ecossistema. Os principais fatores abióticos, ou seja, não vivos, fundamentais para a determinação dos ecossistemas são: clima, relevo, tipo de solo, quantidade de chuvas, variações da temperatura ao longo do ano e intensidade dos ventos.

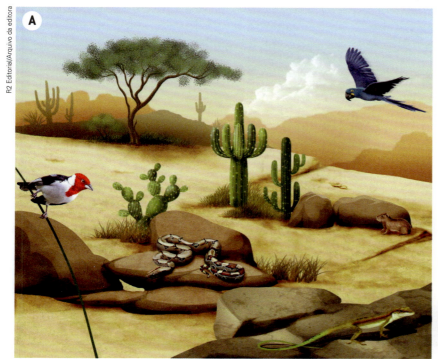

Os ecossistemas são formados pelo conjunto de seres vivos, que interagem entre si e com o ambiente, e pelos fatores abióticos (solo, relevo, luminosidade, etc.). As ilustrações representam um ecossistema da Caatinga (**A**), alguns dos seres vivos que ocupam esse ambiente (**B**) e os fatores abióticos (**C**).

(Elementos representados em tamanhos não proporcionais entre si. Cores fantasia.)

EM PRATOS LIMPOS

Ecologia, ambiente e ecossistema têm o mesmo significado?

O conjunto de todos os seres vivos de um ecossistema – ou seja, o conjunto dos fatores bióticos –, recebe o nome de **comunidade**.

Ecologia é uma área da Biologia que estuda as relações entre os seres vivos e a relação deles com o ambiente em que vivem.

Ambiente é o lugar que apresenta um conjunto de condições que atuam sobre os organismos vivos, por exemplo, o solo, a água, a luz, a temperatura, etc. Os seres vivos, por sua vez, podem alterar essas condições.

Ecossistema é o conjunto de todos os fatores bióticos (comunidade) e abióticos em determinada região e todas as relações entre eles, mostrando uma dinâmica de funcionamento.

Desta forma, ecologia, ambiente e ecossistema são termos diferentes!

Capítulo 5 • Onde habitam os seres vivos?

❯ Os biomas da Terra

Os biomas do planeta estão representados no mapa-múndi abaixo. O mapa está acompanhado de fotografias e da descrição de alguns desses biomas.

Mapa-múndi: biomas da Terra

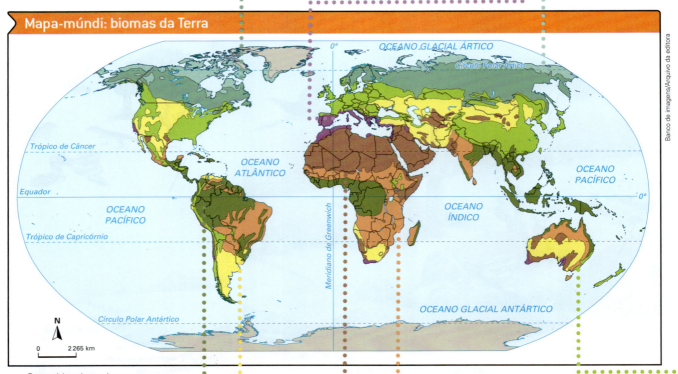

Fonte: elaborado com base em CAMPBELL, N. D.; REECE, J. B. **Biologia**. 8. ed. Porto Alegre: Artmed, 2010. p. 1166.

- ⬤ Geleira
- ⬤ Tundra
- ⬤ Taiga
- ⬤ Floresta temperada
- ⬤ Campos
- ⬤ Floresta mediterrânea
- ⬤ Floresta tropical
- ⬤ Deserto
- ⬤ Savana

FLORESTA TROPICAL

Fotografia aérea de região da Floresta Amazônica em Cruzeiro do Sul (AC), 2017.

Clima: temperaturas elevadas (geralmente entre 21 °C e 32 °C); grande quantidade de chuvas ao longo do ano.

Fauna e flora: as copas das grandes árvores se tocam, formando um "teto". Abaixo desse teto há várias camadas de herbáceas, arbustos, muitas espécies de samambaias, musgos, orquídeas, bromélias e árvores com frutos. Entre os animais, temos a maior biodiversidade do planeta, destacando-se insetos, aves, répteis, anfíbios e mamíferos.

CAMPOS

Região de Campos em Santana do Livramento (RS), 2017.

Clima: inverno com baixas temperaturas e períodos de seca, enquanto o verão é mais quente e úmido.

Fauna e flora: predomínio de gramíneas, além de algumas herbáceas. Entre os animais, há muitos roedores (como os tuco-tucos), além do perdigão, do graxaim e de insetos (principalmente besouros).

TUNDRA

Região de Tundra na Noruega, 2018.

Clima: temperaturas muito baixas. No inverno, a temperatura média é de aproximadamente −30 °C. Chove pouco, mas a umidade é alta porque o solo congelado retém água abaixo da vegetação.

Fauna e flora: predomínio de musgos e capins, sendo raros os arbustos. Entre os animais, temos: renas, raposas-azuis, perdizes-brancas, mosquitos e moscas. Há também a presença de **liquens**.

Líquen: associação entre fungos e algas, na qual os dois seres vivos são beneficiados.

FLORESTA MEDITERRÂNEA

Floresta mediterrânea na Espanha, 2017.

Clima: o inverno é moderado e úmido e o verão é moderado e muito seco.

Fauna e flora: a flora predominante é de arbustos de baixa estatura e plantas **herbáceas**; a fauna é constituída por muitas espécies de roedores, que armazenam sementes em tocas, e de répteis, como lagartos. Também é rica em insetos, especialmente abelhas.

Herbáceo: vegetal de pequeno porte, com caule e ramos pouco desenvolvidos, delicados e flexíveis.

TAIGA

Região de Taiga no Canadá, 2018.

Clima: invernos longos e rigorosos, porém com temperaturas e quantidade de chuvas um pouco mais elevadas que na Tundra.

Fauna e flora: predomínio de pinheiros, salgueiros e álamos. Entre os animais, temos: alces, ursos, lobos, raposas, lebres e esquilos. Há também a presença de muitos liquens.

DESERTO

Deserto do Saara no Marrocos, África, 2018.

Clima: os desertos quentes apresentam temperaturas extremamente elevadas durante o dia (às vezes, acima de 50 °C) e baixas durante a noite (em alguns casos, abaixo de 0 °C); nos desertos frios a temperatura média anual é inferior a 18 °C. Ambos têm baixos índices de chuva.

Fauna e flora: predomínio de plantas suculentas, cactos, capins, cobras, lagartos, ratos e insetos.

SAVANA

Região de Savana no Quênia, 2018.

Clima: costuma apresentar altas temperaturas no verão (até 40 °C) e índices de chuvas relativamente altos. No inverno, as temperaturas são mais amenas e ocorrem poucas chuvas.

Fauna e flora: predomínio de gramíneas, pequenos arbustos e árvores esparsas. Entre os animais, temos: na África — elefantes, zebras, girafas, rinocerontes e leões; na América do Sul — veados, onças, lobos-guarás e emas.

FLORESTA TEMPERADA

Floresta temperada na Lituânia, 2018.

Clima: estações do ano bem definidas. A temperatura flutua muito entre inverno e verão, embora as chuvas sejam relativamente bem distribuídas ao longo do ano.

Fauna e flora: carvalhos, bétulas e samambaias, além de muitos arbustos e herbáceas. Entre os animais, temos grande variedade de insetos, aves e mamíferos (veados, esquilos, raposas, entre outros).

Capítulo 5 • Onde habitam os seres vivos?

> **Visite também!**
>
> **Parques nacionais do Brasil.**
> Instituto Chico Mendes de Conservação da Biodiversidade (ICMBio). Disponível em: <www.icmbio.gov.br/portal/visitacao1/visite-os-parques> (acesso em: 22 jun. 2018).
>
> Nesse *link* você encontra uma lista dos Parques Nacionais existentes no Brasil abertos para visitação pública, com horários, locais e demais informações. Ao visitá-los, você poderá conhecer alguns biomas brasileiros.

❱ Os biomas brasileiros

Segundo o Instituto Brasileiro de Geografia e Estatística (IBGE), os biomas continentais brasileiros são: a **Floresta Amazônica** (ou **Amazônia**), a **Mata Atlântica**, o **Cerrado**, os **Campos** (ou **Pampa**), a **Caatinga** e o **Pantanal**. Nos próximos capítulos esses biomas serão estudados com mais detalhes.

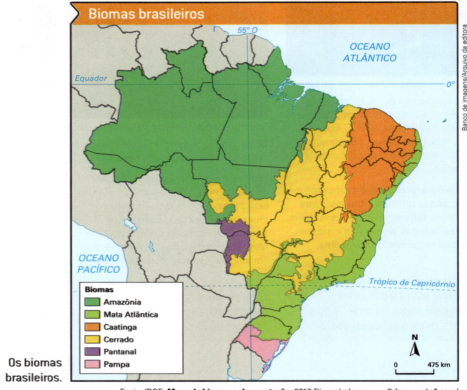

Os biomas brasileiros.

Fonte: IBGE. **Mapa de biomas e de vegetação**. 2017. Disponível em: <ww2.ibge.gov.br/home/presidencia/noticias/21052004biomashtml.shtm>. Acesso em: 29 ago. 2018.

> **Assista também!**
>
> **Biodiversidade brasileira**
> Instituto Chico Mendes de Conservação da Biodiversidade (ICMBio). Brasil, 2011, 11 min. Disponível em: <www.icmbio.gov.br/portal/atendimentoaocidadao-2/56-menu-comunicacao/videos/2683-icmbio-biodiversidade-brasileira> (acesso em: 13 set. 2018).
>
> Nesse vídeo, há a apresentação dos biomas brasileiros e da importância de sua preservação.

As formações florestadas do Brasil

No Brasil e no mundo existem vários tipos de florestas (matas). A ocupação humana nesses ambientes fez com que, atualmente, restassem poucas matas nativas. Conhecer melhor os biomas florestados é o primeiro passo para a conservação, fundamental para a sobrevivência do próprio ser humano.

Os biomas brasileiros que apresentam grandes áreas com predominância de algum tipo de floresta são: a **Floresta Amazônica** e a **Mata Atlântica**.

Na Mata Atlântica há uma região florestada na qual predomina a espécie *Araucaria angustifolia*, popularmente chamada de pinheiro-do-paraná. Por isso, essa área é conhecida por **Mata de Araucárias**.

No Brasil, há regiões de transição entre dois ou mais biomas vizinhos, que apresentam algumas características e espécies próprias desses ambientes. A **Mata dos Cocais** é uma área de transição entre a Floresta Amazônica, região úmida, e a Caatinga, região mais seca, e é classificada como uma formação florestal incluída dentro do bioma da Floresta Amazônica.

Ao longo de praticamente toda a costa brasileira, na foz de rios, encontramos uma vegetação de árvores mais baixas, formando o **Manguezal**. Alguns cientistas também classificam o Manguezal como um ecossistema marinho costeiro.

Observe os mapas do Brasil representados a seguir para localizar a área ocupada originalmente pelas formações florestadas e sua situação atual.

Manguezal em Jijoca de Jericoacoara (CE), 2017.

A Mata dos Cocais ou Zona dos Cocais em Jangada (MT), 2016.

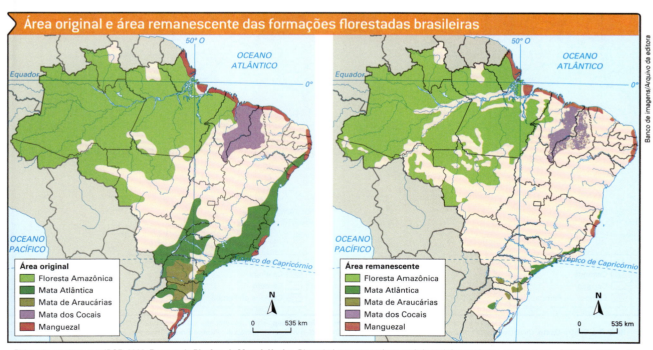

Elaborado com base em: IBGE, 2009. **Reserva da Biosfera da Mata Atlântica**. Disponível em: <www.rbma.org.br/anuario/images/mapa_dma_rem.jpg>; **Instituto de Pesquisa Ambiental da Amazônia**. Disponível em: <http://ipam.org.br/wp-content/uploads/2015/12/Amazonia-desmatamento-2013-ipam-1.jpg> (acesso em: 29 ago. 2018).

Mapas comparativos das formações florestadas brasileiras: ao longo dos anos, as coberturas das áreas originais vão diminuindo.

Capítulo 5 • Onde habitam os seres vivos?

As formações abertas do Brasil

As formações abertas são constituídas por uma vegetação em que predominam plantas de pequeno porte, como herbáceas (por exemplo, capins) e arbustos. Há também árvores, mas em uma quantidade bem menor que nas florestas.

As principais formações abertas brasileiras apresentam-se hoje muito reduzidas quando comparadas com sua área original, portanto, há necessidade de preservação desses ambientes. Os biomas brasileiros que apresentam formações abertas são: o **Cerrado**, a **Caatinga** e os **Campos** (ou **Campos sulinos**, ou **Pampa**).

Caatinga em Cabrobó (PE), 2018.

Campos sulinos em Santana do Livramento (RS), 2017.

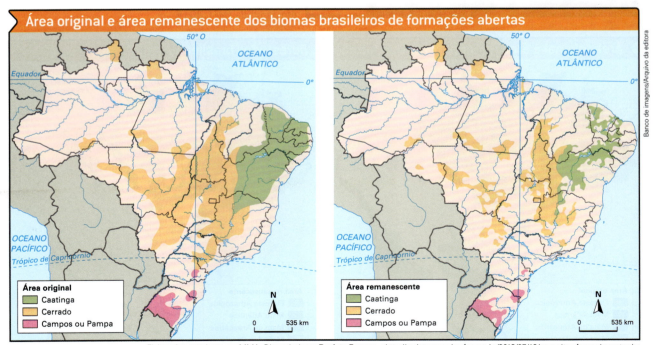
Área original e área remanescente dos biomas brasileiros de formações abertas

Elaborados com base em MMA. Disponível em: **Revista Fapesp**, <http://revistapesquisa.fapesp.br/2013/07/12/as-muitas-faces-do-sertao/>; **Rede Pró-Centro-Oeste**. Disponível em: <http://www.oeco.org.br/reportagens/22432-em-divida-com-o-cerrado/>; **Pampa Brasil**. Disponível em: <https://www.slideshare.net/ruralbr/monitoramento-do-bioma-pampa-09022012-11501450> (acesso em: 29 ago. 2018).

A vegetação original dos biomas brasileiros de formações abertas também diminuiu ao longo dos anos, como ocorreu com as áreas florestadas no país.

A formação mista do Brasil

É aquela em que há ambientes florestados e ambientes de formação aberta, como campos, e em quantidades similares. O **Pantanal** é o bioma de formação mista no Brasil.

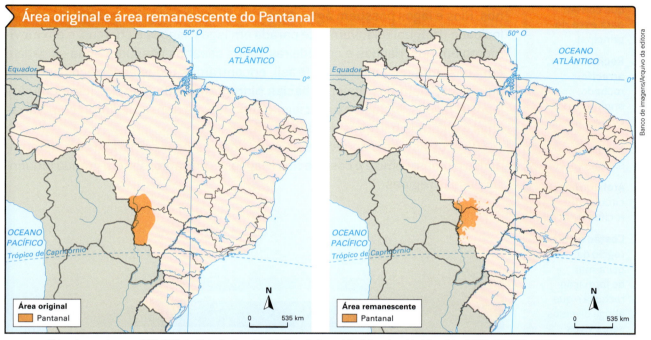

Elaborados com base em IBGE, 2009. **Instituto Socioambiental**. Disponível em: <http://pib.socioambiental.org/fotos/13008_20100608_152339.jpg>; Monitoramento do desmatamento nos biomas brasileiros por satélite 2008-2009. Disponível em: <www.mma.gov.br/estruturas/sbf_chm_rbbio/_arquivos/relatrio_tcnico_monitoramento_pantanal_2008_2009_72.pdf> (acesso em: 20 out. 2018).

Os mapas mostram a área do Pantanal original e o desmatamento ocorrido até 2009.

Vista parcial do Pantanal Mato-Grossense, Corumbá (MT), 2018.

› Ecossistemas e biomas aquáticos do Brasil

Bacia hidrográfica: área que abrange um rio, seus afluentes e as águas que correm para esse rio principal.

Recife ou **arrecife:** rochedo, originário de corais, que fica parcial ou completamente submerso.

Atol: formação circular de recifes de coral.

Costão rochoso: região da beira-mar de formação rochosa e que abriga diversos seres vivos fixos ou que se locomovem livremente sobre sua superfície, estando ela total ou parcialmente coberta pelas marés.

Os ecossistemas aquáticos são aqueles em que há grande predominância de água, seja doce ou salgada. Eles são representados pelos lagos, rios e oceanos. Rios e lagos possuem água doce e se diferenciam principalmente pela velocidade da água: relativamente parada em lagos, lagoas e charcos, e em movimento em rios, riachos e corredeiras. Já os oceanos possuem água salgada e em constante movimento. No Brasil, encontramos todos esses ecossistemas aquáticos, além das maiores bacias hidrográficas do planeta. Temos muitos lagos e lagoas, inclusive artificiais, e uma faixa extensa de litoral com várias ilhas e algumas barreiras de recifes e atóis.

Os ecossistemas aquáticos de água doce estão incorporados em determinados biomas, como é o caso de rios e lagoas e, portanto, sofrem grande influência dessas regiões.

Lago em Querência (MT), em 2018.

No caso dos oceanos, devido à grande extensão que ocupam, podem ser considerados **biomas marinhos** e têm alguns ecossistemas característicos, como as praias, os recifes de coral e os costões rochosos.

(A) Praia do Peró, Cabo Frio (RJ), em 2018, com vegetação de dunas; (B) costão rochoso da praia do Rosa, Imbituba (SC), em 2016.

❯ Preservação e desenvolvimento sustentável

Todos os seres vivos interagem com o ambiente, buscando obter dele tudo de que precisam para sobreviver. No caso dos seres humanos, essa interação está relacionada às mais variadas atividades, tais como:

- construção de habitações e outros tipos de edificações;
- cobertura de trilhas e estradas;
- produção de alimentos;
- exploração de recursos naturais, como os minérios.

Essas intervenções humanas podem provocar mudanças irreversíveis no ambiente ou alterações de difícil recuperação. Para manter a estabilidade dos ecossistemas e dos biomas, é preciso promover ações que respeitem a capacidade dos ambientes de se recuperar dos impactos causados pela ação humana. A recuperação de ambientes degradados também faz parte de uma política de preservação ambiental.

Entre as principais consequências da degradação ambiental, temos:

- a poluição do ar, da água e do solo;
- a extinção de espécies (devido ao abate indiscriminado de animais, à pesca predatória, à destruição das florestas, entre outros fatores).

Desde 1973, de acordo com a convenção realizada em Genebra, na Suíça, as nações começaram a se preocupar de maneira global com os impactos do ser humano no ambiente. Em 1992, ocorreu, no Rio de Janeiro, o Rio-92 ou Eco-92, um evento mundial no qual se propôs o conceito de **desenvolvimento sustentável**.

Segundo esse conceito, as interações do ser humano com a natureza devem ocorrer tendo em vista a preservação dos recursos do ambiente (água, solo, vegetação, petróleo, entre outros) para as gerações futuras. Outros encontros mundiais ocorreram posteriormente, sempre buscando estabelecer um equilíbrio entre o uso de recursos naturais com a preservação do ambiente.

Nos próximos capítulos, veremos que boa parte dos biomas brasileiros já foi degradada. Uma forma sustentável de utilização dos recursos naturais disponíveis deve ser adotada por todos e cobrada das instituições e dos governos, de forma a garantir a sobrevivência das futuras gerações.

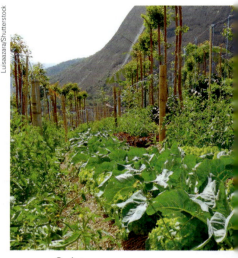

O sistema agroflorestal é aquele em que convivem culturas agrícolas de consumo dos seres humanos e espécies florestais. Essa associação traz benefícios econômicos e ecológicos, pois usa-se a terra para o plantio de alimentos, mas sem agredir nem poluir o solo. Fotografia tirada em Petrópolis (RJ), em 2018.

NESTE CAPÍTULO VOCÊ ESTUDOU

- Os conceitos e suas relações de biosfera, biomas, ecossistemas, fatores bióticos e abióticos.
- A localização e as características dos biomas do nosso planeta, especialmente do Brasil.
- A comparação entre a área original e atual ocupada pelos biomas brasileiros.
- O conceito de desenvolvimento sustentável e o porquê da preocupação com a preservação do ambiente para as futuras gerações.

ATIVIDADES

PENSE E RESOLVA

1 Os quatro exemplos a seguir podem ser considerados ecossistemas, mas não biomas. Explique por quê.

lagoa	pastagem	rio	pântano

2 Observe novamente o mapa dos biomas brasileiros com a divisão política do Brasil, na página 68. Em qual deles se situa a cidade onde você mora?

3 Cite três atividades que mostram a interação do ser humano com o ambiente e que justifiquem a frase:

> Podemos dizer que o ser humano tem suas raízes em um bioma.

4 Analise as fotografias:

Chapada Diamantina, em Palmeiras (BA), 2018.

Santa Maria (RS), 2016.

Rio Tapajós em Santarém (PA), 2016.

Lago Mamirauá, Tefé (AM), 2017.

a) Associe as fotografias aos respectivos biomas brasileiros que acabamos de conhecer.

b) Indique que tipo de formação vegetal (florestada, aberta ou mista) existe em cada uma das fotografias.

c) Pelo que você consegue observar nas fotografias, qual dos ecossistemas está, provavelmente, mais alterado pelo ser humano? Justifique sua resposta com elementos da imagem.

5 Leia o texto a seguir e responda ao que se pede.

Paulo, um piloto de avião experiente, fez uma viagem para observar alguns biomas e ecossistemas do país, sobrevoando desde Porto Alegre (RS) até Rio Branco (AC). A rota que ele seguiu está marcada em verde no mapa.

De acordo com essa rota, indique cada um dos biomas florestados, os de formações abertas e os de formação mista que ele observou nos seguintes trajetos:

a) De Porto Alegre (RS) a Campo Grande (MS).

b) De Campo Grande (MS) a Vitória (ES).

c) De Vitória (ES) a São Luís (MA).

d) De São Luís (MA) a Rio Branco (AC).

Fonte: IBGE. **Atlas geográfico escolar**. Rio de Janeiro, 2016. p. 90.

6 Por que os ambientes aquáticos foram apresentados neste capítulo como "ecossistemas" e também como "biomas"?

7 Por que o desenvolvimento sustentável é uma forma inteligente de o ser humano interagir com o ambiente?

SÍNTESE

Leia o texto e responda às questões, justificando suas respostas:

Fabíola adora viajar e conhecer lugares diferentes. Sua cidade fica num local de temperatura alta em boa parte do ano, quando também chove mais. No fundo de sua casa, Fabíola mantém um pomar com frutas típicas da região e vende o excedente para feirantes do bairro. É muito comum a visita de aves da região que habitam áreas abertas com árvores de porte médio (até 20 metros), rodeadas de campos de gramíneas com alguns arbustos.

Fabíola já notou que, desde que plantou seu pomar, há mais de 15 anos, a paisagem das áreas abertas próximas à sua casa mudou bastante. Agora há mais árvores frutíferas, muitas delas as mesmas do seu pomar. Ela gostaria de conhecer animais que fossem diferentes dos que habitam sua região. O animal de sua região de que Fabíola mais gosta é a onça-pintada.

a) Considerando o clima, em quais biomas mundiais Fabíola não deve morar?

b) Considerando a vegetação, em qual bioma Fabíola deve morar?

c) Considerando os aspectos do clima, da fauna e da flora, é possível identificar o bioma mundial onde Fabíola vive. Que bioma é esse?

d) Comparando o mapa da página 66 ("Mapa-múndi: biomas da Terra") com o da página 68 ("Biomas brasileiros"), em qual bioma brasileiro Fabíola deve viver? Justifique sua resposta.

e) Que aspecto do texto pode ser destacado como uma atitude que promove o desenvolvimento sustentável da região de Fabíola? Justifique a sua resposta.

LEITURA COMPLEMENTAR

A pluralidade dos biomas preservados pelo ICMBio

Compostos fauna e flora singulares, características físicas, climáticas, geográficas e litológicas (das rochas) importantes para o ecossistema, os seis biomas brasileiros – Amazônia, Caatinga, Cerrado, Mata Atlântica, Pampa e Pantanal – renderam ao Brasil o título de país com a maior biodiversidade do planeta. Para proteger e conservar esses ambientes tão diversos, o Instituto Chico Mendes de Conservação da Biodiversidade (ICMBio) atua nas 327 Unidades de Conservação (UCs) federais espalhadas por todos esses biomas, apresentando e editando normas e padrões de gestão das UCs, propondo a criação, regularização fundiária e apoiando a implementação do Sistema Nacional de Unidades de Conservação (SNUC). Cada bioma guarda um vasto patrimônio ecológico, que o ICMBio ajuda a preservar por meio da gestão das unidades de conservação, divididas entre os grupos de proteção integral e de uso sustentável. Cabe às UCs o papel de proteger os *habitat* e ecossistemas, atuando para manter a preservação das especificidades de cada uma dessas áreas naturais.

Amazônia

[...] Entre as UCs que compõem esse conjunto de riquezas naturais temos a Floresta Nacional (Flona) do Tapajós. Criada em 1974, a Flona está localizada às margens do rio Tapajós, na região do estado do Pará. De acordo com José Risonei, gestor da UC, "essa é a Floresta Nacional que mais abriga pesquisa científica no país". Risonei comenta, ainda, que a cobertura florestal preservada, o rio Tapajós com suas águas verdes e mornas, e a enorme beleza cênica da região tornaram a Flona uma das unidades de conservação mais visitadas na região Norte do Brasil.

Caatinga

[...] Faz parte desse bioma a Estação Ecológica (Esec) Raso da Catarina, que protege mais de 100 mil hectares da Caatinga. José Tiago dos Santos, gestor da UC, conta que essa é uma das poucas porções contínuas do bioma na região. Na Esec, que fica localizada nos municípios baianos de Paulo Afonso, Jeremoabo e Rodelas, podem ser encontradas algumas espécies ameaçadas de extinção, como a arara-azul-de-Lear e a onça-parda. [...]

Cerrado

[...] De todos os biomas brasileiros, esse é o que mais sofre com a ação humana e um dos motivos é que apenas uma parcela de seu território é protegida por UCs. Fernando Tatagiba, gestor do Parque Nacional da Chapada dos Veadeiros, explica que na atual realidade, com as altas taxas de devastação do Cerrado, gerando perda e fragmentação acelerada de *habitat*, o parque se torna fundamental para a manutenção da vida na região. [...]

Mata Atlântica

O bioma mais rico em biodiversidade é também o mais ameaçado do planeta. [...] Como aliada na conservação desse bioma, a Floresta Nacional de Ipanema foi criada em 1992. Localizada a 120 km da cidade de São Paulo, a UC está em uma área de tensão ecológica, entre Cerrado e Mata Atlântica. Proteger, conservar e restaurar os remanescentes do bioma é uma das importantes missões da unidade de conservação. [...]

Pampa

[...] A Área de Proteção Ambiental (APA) de Ibirapuitã é a única unidade de conservação federal desse bioma. Raul Coelho, gestor da UC, diz que Ibirapuitã protege parte dos 43% dos remanescentes campestres que existiam no sul, principalmente perdidos na conversão para áreas de agricultura e silvicultura [...].

Pantanal

[...] Nuno Silva, responsável por gerir o Parque Nacional do Pantanal Matogrossense, conta que a UC desempenha uma função fundamental na conservação das populações de peixes, pois apresenta alta diversidade de *habitat* para o crescimento, alimentação e reprodução das espécies, servindo como um repositório de recursos pesqueiros para o sistema pantaneiro. "No Parque Nacional do Pantanal Matogrossense são encontradas 70% das espécies de peixes existentes no Bioma Pantanal", comenta. O parque é considerado uma das regiões mais importantes do mundo para as aves aquáticas. [...]

Fonte: BRASIL. Ministério do Meio Ambiente. ICMBio. **A pluralidade dos biomas preservados pelo ICMBio**. Publicado em: 22/3/2017. Disponível em: <http://www.icmbio.gov.br/portal/ultimas-noticias/20-geral/8797-a-pluralidade-dos-biomas-preservados-pelo-icmbio> (acesso em: 29 ago. 2018).

Fonte: SNIF, 2018. Disponível em: <http://snif.florestal.gov.br/pt-br/dados-complementares/212-sistema-nacional-de-unidades-de-conservacao-mapas> (acesso em: 20 out. 2018).

Questões

O texto e o mapa trazem alguns exemplos de Unidade de Conservação (UC) e a distribuição delas no Brasil. Note que há áreas indígenas (não fazem parte de UC) e dois tipos de UC: as de Proteção Integral e as de Uso Sustentável. Responda:

a) Qual é o bioma que apresenta maior quantidade de UCs no Brasil?

b) Qual é o bioma que apresenta menor quantidade de UCs no Brasil?

c) Pesquise qual é a diferença entre as UCs de Proteção Integral e as de Uso Sustentável.

d) Qual é o bioma que mais está sofrendo com a ação humana atualmente, segundo o texto?

e) Qual é a UC mais próxima de onde você mora?

Capítulo 5 • Onde habitam os seres vivos? 77

Capítulo 6

Biomas brasileiros: formações florestadas

[A] Fabio Colombini/Acervo do fotógrafo; [B] Marcos Amend/Pulsar Imagens; [C] Ricardo Teles/Pulsar Imagens; [D] Cândido Neto/Opção Brasil Imagens; [E] Tales Azzi/Pulsar Imagens

Nas fotografias acima, é possível observar: (A) Floresta Amazônica em Barcarena (PA), 2018; (B) Mata Atlântica em Marliéria (MG), 2018; (C) Mata de Araucárias em Cambará do Sul (RS), 2018; (D) Mata dos Cocais em Timon (MA), 2016; (E) Manguezais em Santos (SP), 2018.

Pela observação das fotografias, você consegue identificar o que essas florestas têm em comum? E o que elas têm de diferente? Essas florestas estão em regiões com o mesmo relevo? A vegetação dessas florestas é densa, ou seja, com as árvores mais próximas umas das outras, ou é esparsa, com as árvores mais distantes umas das outras? As espécies vegetais predominantes são as mesmas em todas?

Neste capítulo, estudaremos os biomas florestados que são típicos das regiões tropicais do Brasil.

〉 Floresta Amazônica

A Floresta Amazônica, ou Amazônia, é considerada um dos biomas mais importantes da Terra. Ela é constituída por uma grande variedade de ecossistemas e apresenta imensa biodiversidade e extensão territorial. Estende-se pelo Norte do Brasil (em destaque no mapa) e por outros oito países da América do Sul: Bolívia, Peru, Equador, Colômbia, Venezuela, Guiana, Suriname e Guiana Francesa.

O mapa mostra a área de cobertura florestal na região amazônica em 2010 e a perda de cobertura florestal entre 2010 e 2014.

Elaborado com base em CONSERVATION INTERNATIONAL (CI). Disponível em: <http://blog.conservation.org/2017/01/these-7-maps-shed-light-on-most-crucial-areas-of-amazon-rainforest/> (acesso em: 30 jul. 2018).

Os principais ecossistemas da Amazônia são:
- **áreas inundadas (parcial ou permanentemente)**: regiões mais baixas, próximas a rios e que permanecem inundadas permanentemente, como as matas de igapó, ou apenas em certas épocas do ano, como as terras ou matas de várzea.
- **áreas de terra firme**: regiões mais altas, que nunca são inundadas.

Área inundada da Floresta Amazônica em canal do rio Amazonas. Almeririm (PA), 2017.

Área de terra firme da Floresta Amazônica. Tefé (AM), 2017.

Capítulo 6 • Biomas brasileiros: formações florestadas

Dossel: região mais alta das árvores em florestas densas, como a Floresta Amazônica.

> **Assista também!**
>
> **Tainá 3: a origem.** Direção: Rosane Svartman. Brasil, 2013 (80 min).
>
> O longa-metragem traz elementos da região amazônica e da cultura indígena. É uma boa reflexão sobre a diversidade cultural do país.

Endêmico: nativo de uma determinada região do país.

A Amazônia apresenta o maior sistema fluvial (de rios) do mundo. Os rios amazônicos geralmente são bem caudalosos (com grande quantidade de água) e sinuosos (com muitas curvas).

Na Amazônia, as temperaturas variam pouco durante o ano, geralmente entre 25 °C e 28 °C. As chuvas, intensas e constantes ao longo do ano, colaboram para a elevada umidade do ar na região.

As copas das árvores se tocam, formando o chamado **dossel** e conferindo à mata um aspecto denso.

A Amazônia é um dos locais do mundo com maior biodiversidade de fauna e flora, tanto no que se refere à quantidade de espécies como ao número de indivíduos de cada espécie coexistindo em um mesmo local.

A biodiversidade amazônica que conhecemos hoje representa apenas uma pequena parte daquela que realmente deve existir nesse ambiente. Para ter uma ideia, atualmente são conhecidas cerca de 30 mil espécies vegetais (10% de todas as plantas conhecidas no mundo).

A fauna também apresenta números impressionantes. Por exemplo, há mais de quatrocentas espécies de mamíferos, pouco menos de 1 300 espécies de aves, cerca de quatrocentas de répteis, 430 de anfíbios, cerca de 3 mil espécies de peixes e mais de 100 mil espécies de invertebrados, entre eles uma boa parcela de artrópodes, como insetos, borboletas, formigas e abelhas.

Uma das características sobre o solo da Amazônia é que ele é considerado pobre em matéria orgânica. É em geral constituído por minerais argilosos ou mesmo arenosos. Como então é possível manter uma biodiversidade tão grande na Amazônia, uma floresta tão exuberante, mas com um solo tão limitado em nutrientes?

A resposta está na fina camada de nutrientes que existe na região mais superficial do solo, decorrente da decomposição de folhas, galhos, frutos, sementes e animais mortos, feita por fungos e bactérias que vivem nesse solo. Para que a decomposição seja intensa, é preciso ter condições ambientais que sejam ótimas para esses microrganismos do solo, no caso, uma temperatura média e índice de chuvas alto, o que é comum na Amazônia.

Para que possamos preservar os seres vivos da Floresta Amazônica, é necessário conhecer melhor as particularidades desse importante bioma para que seja possível implantar planos de desenvolvimento sustentável na região.

(A) Castanheira-do-pará (*Bertholletia excelsa*);
(B) O macaco sauim-de-coleira (*Saguinus bicolor*) é uma espécie **endêmica** da região amazônica;
(C) Guaraná (*Paullinia cupana*, sua árvore chega a 12 m de altura).

Pesca na Amazônia

A pesca é uma atividade tradicional das comunidades indígenas e ribeirinhas nos rios da Amazônia. A pesca artesanal realizada por essas comunidades pode ser considerada uma atividade sustentável, mantida dessa forma por centenas de anos.

Peixes como o pirarucu, o pintado, o aruanã, o tucunaré, entre outros, sempre fizeram parte das fontes de proteínas dessas comunidades e também são uma importante fonte de renda. O pirarucu, por exemplo, é o maior peixe de água doce brasileiro e pode ser criado em cativeiro. No projeto desenvolvido pelo Instituto Mamirauá, na região de Tefé (AM), por exemplo, desde 1999 o manejo do pirarucu, de forma correta e sustentável, vem trazendo ótimos resultados: até 2017, houve um aumento na renda dos pescadores, bem como uma recuperação do estoque natural desse peixe em mais de 440%.

No entanto, nas últimas décadas, a pesca comercial (em larga escala) na Amazônia tem sido muito intensificada e realizada sem a fiscalização necessária, levando a uma pesca predatória e insustentável para o ambiente. O estoque de peixes nos lagos, lagoas, igarapés e rios da região tem diminuído ano após ano.

Essa prática está associada em geral à pesca clandestina, sem controle das autoridades e realizada em períodos de "defeso" (período de reprodução, quando a pesca é proibida).

Também outros fatores têm contribuído para essa queda na produtividade pesqueira. As margens dos rios, onde se situam alimentos de peixes, como frutos que caem nas águas e insetos que vivem ali, vêm sendo degradadas com a derrubada da mata ciliar de forma criminosa. Nessas áreas, a vegetação das planícies inundadas fornece aos peixes áreas de proteção e reprodução.

Mata ciliar: a vegetação localizada nas margens dos rios. Ela é muito importante para a manutenção dos ecossistemas aquáticos.

Pirarucu (*Arapaima gigas*).

Em geral, as comunidades ribeirinhas utilizam os recursos desses ecossistemas de maneira sustentável. Almeririm (PA), 2017.

O desmatamento da Floresta Amazônica ocorre em níveis preocupantes. Segundo o Instituto Nacional de Pesquisas Espaciais (Inpe), a parte brasileira da Floresta Amazônica, de área aproximada de 5 milhões de km², já teve, até 2016, uma área desmatada equivalente a 455 mil campos de futebol, em suas dimensões máximas (90 m × 120 m). Os principais fatores para os desmatamentos são as queimadas, a extração de madeira e a ampliação das áreas para agricultura. Estima-se que, mantendo esse ritmo, em 20 anos, 40% da Amazônia estará destruída e 20% estará bem diferente do aspecto original.

Desmatamento e queimadas

Desmatar significa retirar a vegetação de um local. Em grande parte, o desmatamento é causado por seres humanos.

O desmatamento de florestas brasileiras começou logo após a chegada dos portugueses ao Brasil, no século XVI. Havia interesse na exploração das árvores de pau-brasil da Mata Atlântica, pois a madeira tinha grande valor comercial na Europa. No Brasil, o desmatamento continua ocorrendo até hoje, com a finalidade de aproveitar a madeira e seus subprodutos.

Atualmente, restam menos de 10% da cobertura original da Mata Atlântica. A Floresta Amazônica e o Cerrado também sofrem com o desmatamento.

O uso de ferramentas modernas, como serra elétrica, guindastes e grandes caminhões para transporte, intensificou o desmatamento. Frequentemente, os rios da região amazônica são utilizados para transportar as toras de madeira. Ilha de Marajó (PA), em 2017.

O desmatamento também pode estar associado às queimadas ilegais, que têm como finalidade "limpar" uma área para o plantio ou para a criação de gado. Nesse processo, o fogo pode se espalhar, causando incêndios de grandes proporções. Esse tipo de queimada é diferente das queimadas naturais, que podem ocorrer na época das secas em algumas regiões.

As queimadas liberam fuligem e fumaça, que podem causar problemas de saúde, principalmente respiratórios. Entre os vários gases liberados nas queimadas está o gás carbônico, um dos responsáveis pelo aumento do efeito estufa, que em geral é relacionado às mudanças do clima, como o aumento da temperatura.

Queimadas ilegais também podem estar relacionadas a algumas práticas irresponsáveis, como soltar balões, jogar pontas de cigarro acesas nas margens das estradas e fazer fogueiras. Tanto o desmatamento como as queimadas deixam o solo exposto, facilitando sua degradação.

Queimada em Ourilândia do Norte (PA), 2017.

Extrativismo na Amazônia

A cultura de extrativismo na Amazônia é bem presente. Vários são os exemplos de produtos extraídos da floresta, como a borracha, o açaí, vários peixes, o guaraná, a castanha-do-Brasil e as madeiras. Inclui também óleo de plantas, como a copaíba, e artesanatos com sementes e outros produtos da floresta. Apesar disso, o potencial extrativista sustentável da Amazônia, segundo especialistas, é pouco explorado em comparação a outros países da Europa, por exemplo.

Fruto da copaíba, usado na produção de óleos com propriedades medicinais, cosméticos e até biodiesel. Sua árvore pode chegar a 30 m de altura.

Um dos problemas que se enfrenta hoje na Amazônia é justamente a falta de projetos que sejam viáveis do ponto de vista sustentável. Algumas formas de extração de produtos, como o açaí e a borracha (de seringueiras), são pouco impactantes ao ambiente e podem ser repetidas a cada ano. No entanto, a extração de madeira de forma sustentável é muito mais difícil e requer planejamento e fiscalização, o que muitas vezes não acontece como deveria. Isso tem contribuído para a má imagem do Brasil junto aos mercados consumidores, principalmente os da Europa. A extração de madeira, muitas vezes, é feita de forma ilegal, com desmatamentos não autorizados e por meio de trabalho infantil e escravo, e ambos precisam ser combatidos.

Portanto, temos a oportunidade de manter a "floresta em pé" e dela extrair, de forma sustentável, produtos que podem melhorar a qualidade de vida das pessoas. Para agirmos em busca de um desenvolvimento sustentável, devemos apoiar projetos que visem à sustentabilidade não apenas ambiental, mas também à social e econômica.

Extração do látex em seringueira (*Hevea brasiliensis*), usado na fabricação da borracha. A árvore pode chegar a 30 m de altura. Belterra (PA), 2017.

UM POUCO MAIS

Biopirataria

Uma das questões que está presente na Amazônia e causa grandes prejuízos é a existência da biopirataria, que consiste na apropriação de recursos e saberes tradicionais, principalmente dos povos da floresta, utilizados na produção de fármacos, cosméticos e outros produtos, sem nenhum retorno para essas comunidades. Sob o selo da "sustentabilidade", empresas levam da Amazônia (e de outros biomas), de forma ilegal, conhecimentos e produtos da floresta e, posteriormente, conseguem adquirir patentes desses produtos. Dessa forma, qualquer empresa, brasileira ou estrangeira, que queira utilizar esse produto patenteado, terá que pagar por isso. Parte dos lucros obtidos pelas empresas que patentearam o produto no exterior deveria retornar às comunidades detentoras desse patrimônio, mas, geralmente, isso não acontece.

O cupuaçu (*Theobroma grandiflorum*) é um exemplo de fruto silvestre da região amazônica que foi alvo da biopirataria.

❯ Mata dos Cocais

A chamada Mata dos Cocais, considerada pertencente ao bioma da Floresta Amazônica pelo Instituto Brasileiro de Geografia e Estatística (IBGE), ocorre no Maranhão e no Piauí (veja mapa da página 85), onde representa uma formação de transição entre a Floresta Amazônica e a Caatinga, mas também se distribui pelo Ceará e Tocantins. Ocupa cerca de 3% do território nacional e seu clima é caracterizado por uma quantidade elevada de chuvas e por apresentar altas temperaturas (média anual de 26 °C).

A Mata dos Cocais é menos densa que a Floresta Amazônica e apresenta áreas com **clareiras**. A vegetação desse bioma é composta, predominantemente, de palmeiras, como o babaçu, a carnaúba e o buriti, as quais despertam grande interesse comercial: delas são extraídas ceras, óleos, madeira e fibras, importantes fontes de renda das populações que vivem lá.

Clareira: região em que a vegetação se torna esparsa.

(**A**) Babaçu (*Attalea* sp.) é uma planta comum na Mata dos Cocais. (**B**) Destaque para seus frutos. (**C**) Frutos da carnaúba (*Copernicia prunifera*); sua árvore chega a 10 m de altura. (**D**) Frutos do buriti ou miriti (*Mauritia flexuosa*); sua árvore pode chegar a 30 m de altura.

A fauna da Mata dos Cocais é caracterizada por grande diversidade, sendo que alguns animais também habitam a Amazônia ou a Caatinga. Entre as espécies mais comuns encontram-se roedores, gambás, lagartos, serpentes, aves, macacos e insetos. Nas águas dos rios podem ser encontrados mamíferos como o boto e a ariranha, e peixes como o acará-bandeira.

Boto (*Inia geoffrensis*).

❯ Mata Atlântica

Quando os portugueses chegaram à costa brasileira, em 1500, encontraram uma exuberante floresta: a Mata Atlântica. Naquela época, ela se estendia por toda a costa brasileira, ocupando **planícies costeiras** e regiões montanhosas. (Veja os mapas a seguir.)

> **Planície costeira:** extensa área de terras baixas e planas situada ao longo do litoral.

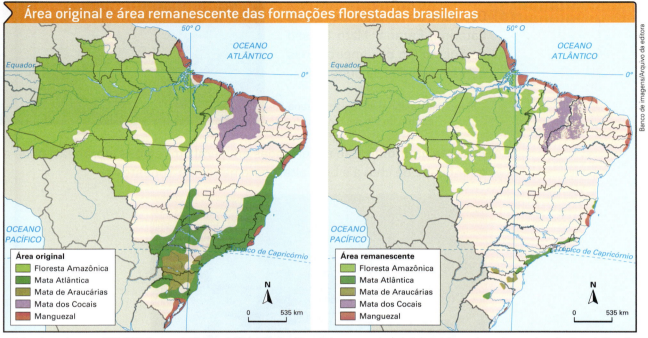

Elaborado com base em: IBGE, 2009. **Reserva da Biosfera da Mata Atlântica**. Disponível em: <www.rbma.org.br/anuario/images/mapa_dma_rem.jpg>; **Instituto de Pesquisa Ambiental da Amazônia**. Disponível em: <http://ipam.org.br/wp-content/uploads/2015/12/Amazonia-desmatamento-2013-ipam-1.jpg> (acesso em: 29 ago. 2018).

Mapas comparativos das formações florestadas brasileiras: ao longo dos anos, as coberturas das áreas originais vão diminuindo.

Inicialmente, houve a extração do pau-brasil; depois, a substituição de parte da mata nativa por plantações de cana-de-açúcar, café, cacau e eucalipto, além do uso do solo para a pecuária.

O clima da Mata Atlântica é muito variável: pode ser muito úmido, na região tropical do país, mais ao Sul, ou até semiárido, onde se encontra com a Caatinga, ao Norte. De forma geral, as temperaturas médias são elevadas durante o ano todo. A grande quantidade de chuvas também é característica: os ventos que sopram do oceano em direção ao continente trazem massas de ar úmidas que, ao encontrarem as montanhas que cercam a Mata Atlântica, se condensam e provocam chuvas.

Árvore de pau-brasil. (*Paubrasilia echinata*).

Capítulo 6 • Biomas brasileiros: formações florestadas

Alguns ecossistemas podem ser encontrados na Mata Atlântica, como:

- **Floresta estacional**: são florestas que possuem, em geral, duas estações do ano bem marcadas: a da seca e a chuvosa. As folhas das árvores podem cair nas épocas mais secas. Ocorrem no interior de Santa Catarina, Paraná, Mato Grosso do Sul, no Rio de Janeiro e nos demais estados do Sudeste.

Floresta estacional na região serrana do estado do Rio de Janeiro, 2018.

- **Floresta ombrófila**: são encontradas em geral em regiões litorâneas, onde a quantidade de chuva é bem alta, como na região Sudeste.

Floresta ombrófila em Parati (RJ), 2017.

- **Restinga**: é um tipo de vegetação costeira, de ambientes em geral muito planos e com solos arenosos, onde se formam dunas, com vegetação rasteira e árvores relativamente baixas, até médio porte, e que sofre muita influência marinha.

> **Acesse também!**
>
> **SOS Mata Atlântica.** Disponível em: <https://www.sosma.org.br/> (acesso em: 20 jun. 2018).
>
> O SOS Mata Atlântica é uma organização não governamental com o objetivo de promover a conservação e a preservação da biodiversidade da Mata Atlântica. Para saber mais, acesse o *site*.

Restinga em Guamaré (RN), 2018.

Um solo raso, porém habitado

O relevo da Mata Atlântica vai desde regiões planas, como no interior do estado de São Paulo, até regiões onduladas e montanhosas, como na serra do Mar, na região Sudeste. Por isso, o solo é bem variável, mas em geral é bem raso, isto é, existe apenas uma fina camada de solo depois da rocha-mãe. Além disso, é um solo bem encharcado, com grande retenção de umidade. Essas características, solo raso e encharcado, fazem com que seja um solo favorável ao desbarrancamento e à erosão. Os deslizamentos de terra podem ser muito comuns na região, expondo em encostas a rocha-mãe.

Mesmo com um solo tão raso, existem árvores de maior porte que, por possuírem raízes tabulares (em forma de tábua vertical), conseguem formar uma espécie de "mata de raízes" que lhes permite fixar ao solo.

A cobertura das copas das árvores da floresta forma um dossel que deixa o interior da mata mais escuro e a temperatura mais amena. O solo úmido nessas condições favorece a decomposição da serapilheira (restos de plantas, como folhas, galhos, sementes, frutos, etc. sobre o solo das florestas) por fungos e bactérias, enriquecendo essa camada de solo com nutrientes aproveitados pelas plantas.

Ainda nesse solo se encontram outros organismos que facilitam a ação dos decompositores, como minhocas, besouros e piolhos-de-cobra ou gongos.

Ao se alimentar, as minhocas engolem partículas do solo, de onde aproveitam a matéria orgânica e liberam os restos na forma de pequenas bolas (bolotas fecais). Essas bolotas, junto com a terra, formam um material chamado **húmus de minhoca**, rico em nutrientes (matéria orgânica e sais minerais), que contribui para o desenvolvimento das plantas. Assim, as fezes das minhocas constituem um adubo orgânico.

Misturados ao húmus, há também muitos ovos de minhoca. Dessa forma, ao utilizá-lo como adubo, são introduzidas mais minhocas, o que beneficia o solo.

A movimentação das minhocas também permite a aeração e a entrada de água no solo, facilitando o cultivo da maioria das plantas.

Deslizamento de terra ocorrido na encosta de Mata Atlântica na serra do Rio do Rastro (SC), 2017.

Raiz tabular de árvore na Mata Atlântica. Boipeba (BA), 2016.

Minhoca de jardim (*Lumbricus terrestris*).

A biodiversidade da Mata Atlântica é uma das mais ricas do planeta. Existem, em números aproximados, cerca de 20 mil espécies de vegetais, 260 de mamíferos, mil espécies de aves, 200 de répteis, 400 de anfíbios e cerca de 350 espécies de peixes. Entre as plantas bem características desse bioma estão o pau-brasil, o jacarandá-da-baía, a jabuticabeira, o manacá-da-serra, a araucária, o cajueiro, a pitangueira, a peroba, orquídeas, begônias e o palmito-juçara. Dentre os animais, a pererequinha-da-Jureia, o jacaré-de-papo-amarelo, a gralha-azul, o papagaio-de-peito-roxo, o tiê-sangue, o araçari-banana, o tangará, a irara, o mico-leão-dourado e o mono-carvoeiro.

Araçari-banana (*Pteroglossus bailloni*).

Tiê-sangue (*Ramphocelus bresilius*), ave-símbolo da Mata Atlântica.

Samambaiaçu da Mata Atlântica (*Dicksonia sellowiana*), conhecida popularmente por xaxim.

Algumas de suas espécies são endêmicas. Em todos os biomas existem espécies endêmicas, mas na Mata Atlântica o número delas é alto, apesar de todas as alterações já sofridas. Das espécies de vegetais, por exemplo, estima-se que 40% sejam endêmicas da Mata Atlântica!

Muriqui-do-norte ou mono-carvoeiro (*Brachyteles hypoxanthus*), o maior macaco das Américas.

Bromélias e sua fauna associada

Entre as plantas epífitas (que vivem sobre outras plantas) mais comuns da Mata Atlântica temos as orquídeas e as bromélias. Apesar de estarem crescendo sobre árvores, não são plantas parasitas, pois não extraem nenhum recurso da planta hospedeira. As epífitas se beneficiam dessa associação com as plantas hospedeiras por poderem estar mais alto na floresta e, dessa forma, terem mais chance de receber luz. Para as plantas hospedeiras, as epífitas não causam prejuízos ou benefícios, sendo uma relação neutra. Esse tipo de relação ecológica, quando um ser vivo se beneficia da relação que para o outro é neutra, chamamos de comensalismo. Nesse caso específico, de uma planta sobre outra, pode-se chamar de epifitismo.

As bromélias, em especial, ainda podem possuir uma fauna associada dentro de suas folhas, que formam uma espécie de cálice que retém água da chuva. Nesse pequeno "poço" de água podem viver uma série de microrganismos, como bactérias e algas, e uma fauna de invertebrados, como larvas e adultos de besouros, formigas, percevejos, libélulas, moscas, além de aranhas, entre outros. Também se encontram anfíbios, como pequenas pererecas diversas e em diferentes estágios da vida, desde ovos até adultos. Lagartos e serpentes também podem usar as bromélias na busca de alimento. Algumas aves chegam às bromélias para formar ninhos ou conseguir alimento. Pequenos mamíferos roedores e marsupiais, como as cuícas, podem usar as bromélias na busca de água e abrigo.

(A) Bromélias e (B) orquídea em tronco de uma árvore, evidenciando o epifitismo.

A ocupação humana na Mata Atlântica, ao longo de mais de 500 anos, degradou a floresta, restando, em 2016, por volta de 7% da sua formação original.

Por toda a sua riqueza e fragilidade, a Mata Atlântica está entre as cinco áreas que a comunidade científica internacional considera de **preservação prioritária**, ou *hotspot*.

O tanque de água das bromélias pode ser abrigo ou fonte de alimentos para alguns animais, como a perereca (*Bokermannohyla caramaschii*).

Capítulo 6 • Biomas brasileiros: formações florestadas

UM POUCO MAIS

Hotspots globais

A Mata Atlântica faz parte dos chamados *hotspots* globais (do inglês *hotspots* = 'locais de risco'). Esse termo é utilizado para se referir a regiões ecologicamente ameaçadas que apresentam grande quantidade de espécies endêmicas.

Cerca de 50% de todas as espécies de plantas e 43% de aves, répteis, mamíferos e anfíbios conhecidos são endêmicos e estão concentrados em apenas 2,3% da superfície terrestre, em 34 *hotspots*. A Mata Atlântica faz parte do grupo dos cinco *hotspots* dotados de maior biodiversidade. O Cerrado brasileiro também está nesse grupo.

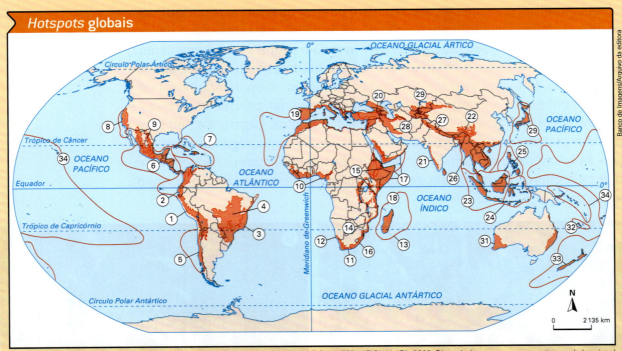

Hotspots globais

Elaborado com base em CONSERVATION INTERNATIONAL (CI), 2005. Disponível em: www.conservation.org.br/arquivos/Mapa%20Hotspots%202005.pdf> (acesso em: 30 jul. 2018).

1 Andes Tropicais
2 Tumbes-Chocó-Magdalena (Panamá, Colômbia, Equador e Peru)
3 Mata Atlântica (Brasil, Paraguai e Argentina)
4 Cerrado
5 Florestas Valdívias (Chile)
6 Mesoamérica (Costa Rica, Nicarágua, Honduras, El Salvador, Guatemala, Belize e México)
7 Ilhas do Caribe
8 Província Florística da Califórnia
9 Floresta de Pinho-Encino de Sierra Madre (México e EUA)
10 Florestas da Guiné (África Ocidental)
11 Região Florística do Cabo (África do Sul)
12 Karoo das Plantas Suculentas (África do Sul e Namíbia)
13 Madagascar e Ilhas do Oceano Índico
14 Montanhas do Arco Oriental
15 Florestas de Afromontane (África Oriental)
16 Maputaland-Pondoland-Albany (África do Sul, Suazilândia, Moçambique)
17 Chifre da África
18 Florestas costeiras do leste da África
19 Bacia do Mediterrâneo
20 Cáucaso
21 Ghats Ocidentais (Índia e Sri Lanka)
22 Montanhas do Centro-Sul da China
23 Sunda (Indonésia, Malásia e Brunei)
24 Wallacea (Indonésia)
25 Filipinas
26 Região Indo-Birmânia
27 Himalaia
28 Região Irano-Anatólica
29 Montanhas da Ásia Central
30 Japão
31 Sudoeste da Austrália
32 Nova Caledônea
33 Nova Zelândia
34 Ilhas da Polinésia e Micronésia (incluindo Havaí)

❯ Mata de Araucárias

A Mata de Araucárias está localizada, dentro do bioma da Mata Atlântica, principalmente no sul do Brasil, mas sua espécie vegetal mais representativa, a araucária, pode ser encontrada em São Paulo, no sul de Minas Gerais e no norte do Rio Grande do Sul. Nessa faixa, ela ocupa, principalmente, regiões do Paraná e de Santa Catarina. (Reveja o mapa "Área original e área remanescente das formações florestadas brasileiras" apresentado na página 85.)

O clima da região é temperado, ou seja, apresenta chuvas regulares e estações relativamente bem definidas (em geral, o inverno é frio e o verão é quente).

A fauna da Mata de Araucárias é muito parecida com a da Mata Atlântica, com algumas espécies endêmicas.

Além da araucária, estão presentes a imbuia, o sassafrás, a canela, a erva-mate, o jacarandá, a guabiroba, a pitanga, alguns tipos de bromélias, orquídeas e cactos.

A araucária é uma árvore muito resistente às baixas temperaturas. O órgão reprodutor da araucária é conhecido como **pinha**, e suas sementes são os **pinhões**, muito apreciados como alimento.

(**A**) Araucária, conhecida também por pinheiro-do-paraná (*Araucaria angustifolia*), em Tamarana (PR), em 2018, planta que predomina na Mata de Araucárias e, por isso, dá nome a essa região. (**B**) Pinha de araucária. A pinha é um conjunto de pinhões.

A Mata de Araucárias já ocupou cerca de 2% do território nacional, mas sofre com o desmatamento, principalmente pela expansão da agricultura e das madeireiras. Como consequência, há redução do número de onças-pardas, onças-pintadas, cutias e pacas. Só no Paraná, segundo a Fundação de Pesquisas Florestais do Paraná, resta menos de 0,8% da cobertura original.

A Mata de Araucárias apresenta grande biodiversidade de animais e conta com espécies de aves ameaçadas de extinção, como a jacutinga (*Pipile jacutinga*).

Capítulo 6 • Biomas brasileiros: formações florestadas

❯ A Floresta Amazônica e a Mata Atlântica

A Floresta Amazônica e a Mata Atlântica são reconhecidas no mundo todo graças, principalmente, à sua grande biodiversidade. Dos biomas brasileiros, são os que apresentam maior diversidade de plantas. Esses dois biomas apresentam algumas características que os diferenciam, como:

- a Mata Atlântica abrange as regiões Nordeste, Sudeste e Sul, enquanto a Floresta Amazônica, as regiões Norte e Centro-Oeste;
- na Mata Atlântica, as chuvas são menos frequentes e abundantes, em comparação com a Floresta Amazônica;
- na Amazônia, as temperaturas médias são superiores às encontradas na Mata Atlântica;
- de maneira geral, as árvores da Mata Atlântica são mais finas e apresentam raízes mais profundas do que as das árvores da Amazônia.

UM POUCO MAIS

Expansão da fronteira agrícola

Em 2014, o Programa das Nações Unidas para o Meio Ambiente (Pnuma) apontou que, se a agricultura mundial continuar se expandindo na proporção dos últimos anos, uma área quase do tamanho do Brasil de biomas nativos, principalmente nas florestas da América Latina, da Ásia e da África Subsaariana, corre o risco de desaparecer até 2050.

Para o Pnuma, isso só pode ser impedido caso práticas sustentáveis de uso da terra sejam adotadas. Entre elas pode-se destacar: medidas para aumentar a produtividade nas atuais regiões agrícolas, melhorias no uso do solo, o incentivo da produção com práticas ecológicas, investimentos na recuperação de terras degradadas, integração dos conhecimentos locais e científicos e a diminuição nos subsídios de culturas destinadas à fabricação de combustíveis, como as de cana-de-açúcar. O consumo excessivo também tem contribuído para essa expansão das **fronteiras agrícolas**; isso deve ser atacado, de forma a estimular o consumo mais sustentável possível.

Fronteira agrícola: terras agrícolas que avançam sobre regiões, geralmente de vegetação nativa, que ainda não eram destinadas para essa finalidade.

Entre os investimentos para a recuperação de áreas degradadas destaca-se o plantio de árvores nativas. Fotografia tirada em Rio das Ostras (RJ), 2018.

❯ Manguezais

Os Manguezais são encontrados em áreas onde ocorre o encontro da água do mar (salgada) e da água de rios (doce). A água torna-se salobra graças à mistura da água doce com a salgada. No mapa da página 85 é possível associar os Manguezais a diferentes biomas, como a Amazônia e a Mata Atlântica.

Cerca de 15% dos Manguezais presentes no mundo estão no Brasil, ocupando grande parte da faixa litorânea. Por causa da extensão territorial dos Manguezais brasileiros, a temperatura desse bioma pode variar muito: em um mesmo dia, chega a 38 °C na região Nordeste e a 10 °C na região Sul. A quantidade de chuvas também varia.

Os Manguezais apresentam algumas condições inapropriadas para a sobrevivência de muitas espécies de seres vivos: a umidade é elevada; o teor de oxigênio na água é baixo, por causa do solo lamacento e compactado; há elevada concentração de sal no solo — proveniente das águas marinhas; e, em algumas regiões, as temperaturas são muito altas. No entanto, os Manguezais são verdadeiros berçários, pois são lugares onde ocorre desova de peixes, camarões, siris, caranguejos, etc.

A vegetação dos Manguezais brasileiros tem alturas médias entre 3 m e 6 m, mas algumas plantas podem chegar a mais de 12 m de altura. As espécies predominantes são mangue-vermelho, mangue-branco e mangue-preto. Algumas características permitem a essas espécies viver e se fixar nesse tipo de ambiente, como os caules escora, que ajudam na fixação da planta no solo, e as raízes respiratórias ou pneumatóforos, que, por ficarem acima do solo, permitem que as plantas captem o gás oxigênio diretamente do ar.

Os animais mais característicos dos Manguezais são os caranguejos, mas também há outros, principalmente aves.

O caranguejo guaiamum (*Cardisoma guanhumi*) (A) e a ave guará-vermelho (*Eudocimus ruber*) (B) são animais típicos de áreas de manguezal.

Os caules que auxiliam na fixação do vegetal ao solo são chamados caules escora (A), em Camocim (CE), em 2016; as raízes que captam o gás oxigênio diretamente do ar são chamadas pneumatóforos (B), em Florianópolis (SC), em 2016.

Aterro: obra que consiste na deposição de terra ou de material granuloso solto sobre um terreno natural.

Nos últimos 50 anos, os Manguezais têm sofrido rápida degradação, devido, principalmente, à ocupação humana desordenada e à utilização dessas regiões como **aterros**. Em muitas cidades litorâneas, nas quais existem Manguezais, são comuns moradias humildes, sustentadas sobre estacas (palafitas), em bairros conhecidos como alagados. Essa situação é bastante precária e muitas vezes poderia ser evitada, caso não houvesse no país uma carência de políticas públicas de habitação. Essas comunidades retiram parte de seu sustento dos Manguezais, em atividades como o comércio de lenha e de caranguejos.

Os aterros, por sua vez, causam diminuição das populações de seres vivos, principalmente peixes e camarões, que passam a fase inicial do seu desenvolvimento nos Manguezais. Consequentemente, há diminuição da produtividade e da pesca desses animais, causando desequilíbrio ambiental e econômico.

Outro fator mais recente para a degradação dos Manguezais são as fazendas de criação de camarões, pois elas destroem áreas de abrigo de mariscos, de peixes e de outros organismos marinhos. Além disso, essas fazendas ocupam áreas que são o meio de sobrevivência dos que praticam a pesca artesanal.

Casas sobre palafitas em área de mangue, em Raposa (MA), 2018.

UM POUCO MAIS

Manguezais: berçário de vida

Nos Manguezais, os sedimentos trazidos pelos rios e pelo oceano criam pequenos flocos de matéria orgânica que se depositam no fundo do mangue, formando a lama. Como esses sedimentos são ricos em matéria orgânica e a região é protegida da ação das ondas do mar, os Manguezais acabam sendo locais propícios para alimentação e desova de vários organismos aquáticos.

NESTE CAPÍTULO VOCÊ ESTUDOU

- A localização e as principais características da Floresta Amazônica, da Mata dos Cocais, da Mata Atlântica, da Mata de Araucárias e dos Manguezais brasileiros.
- A situação atual de parte dos biomas florestados brasileiros em relação ao seu estado original.
- Desmatamento: conceito, causas e consequências.
- Aspectos socioambientais envolvendo os biomas estudados.
- O extrativismo e suas implicações socioambientais.
- A importância dos Manguezais e os impactos verificados após intensas explorações de recursos.

ATIVIDADES

PENSE E RESOLVA

1 Escreva quais são as características da Amazônia em relação a:
- Temperatura.
- Chuvas.
- Ecossistemas.
- Situação atual (desmatamento e preservação).
- Exemplos de flora típica.
- Exemplos de fauna típica.

2 Leia o texto a seguir sobre o fenômeno da evapotranspiração na Amazônia:

A floresta amazônica funciona como uma bomba d'água. Ela puxa para dentro do continente a umidade evaporada pelo oceano Atlântico e carregada pelos ventos [...]. Ao seguir terra adentro, a umidade cai como chuva sobre a floresta. Pela ação da **evapotranspiração** das árvores sob o sol tropical, a floresta devolve a água da chuva para a atmosfera na forma de vapor de água. Dessa forma, o ar é sempre recarregado com mais umidade, que continua sendo transportada rumo ao oeste para cair novamente como chuva mais adiante. [...]

Evapotranspiração: é o total de água que evapora do solo e da transpiração (perda de água pelo corpo) dos organismos, principalmente das plantas.

Fonte: FENÔMENO dos rios voadores. Disponível em: <http://riosvoadores.com.br/o-projeto/fenomeno-dos-rios-voadores/>. Acesso em: 26 jun. 2018.

Explique qual a possível relação entre o desmatamento e o clima da floresta.

3 Por que no texto sobre a *Pesca na Amazônia*, na página 81, afirma-se que os cientistas preveem que, em 20 anos, 40% da Amazônia será destruída e outros 20% ficarão bem diferentes do aspecto original?

4 Qual é a relação entre os rios da Amazônia e os tipos de floresta que existem nesse bioma?

5 Considerando o tipo de vegetação da Amazônia, como deve ser a luminosidade no interior de suas florestas? Explique.

6 Tendo em vista as condições do solo amazônico, o que deve acontecer com ele depois dos desmatamentos? Justifique.

7 Como o desmatamento da Amazônia e a redução dessas áreas de várzea inundáveis, associadas à pesca clandestina, afetam diretamente as comunidades aquáticas?

8 Analise o gráfico que resume o desmatamento ocorrido na Amazônia entre 1977 e 2016 e responda às questões.

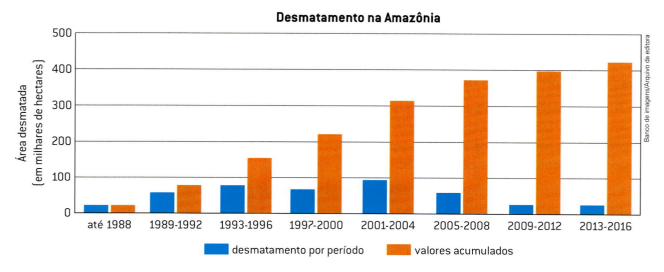

a) A partir de 1988, cada período foi dividido em quantos anos?

b) Qual foi o período em que houve maior desmatamento?

c) Qual foi o período no qual o desmatamento foi menor?

d) Se houvesse dados referentes ao período 2017-2020, qual das barras poderia diminuir: a azul, a laranja ou as duas? Justifique.

9 Escreva as seguintes características da Mata Atlântica:

- Temperatura.
- Chuvas.
- Ecossistemas.
- Situação atual (desmatamento e preservação).
- Exemplos de flora típica.
- Exemplos de fauna típica.

10 A seguir, estão listadas, na coluna I, as principais características dos ecossistemas ou biomas brasileiros e, na coluna II, seus nomes. Faça a correspondência correta entre as duas colunas.

	I		II
A	Um ecossistema que apresenta clareiras e muitas palmeiras.		Floresta Amazônica
B	Um dos ecossistemas mais ameaçados do Brasil, tendo menos de 1% de sua cobertura nativa ainda preservada.		Mata dos Cocais
C	Bioma com muitos ecossistemas diferentes, tendo os rios como fatores importantes na sua caracterização.		Mata Atlântica
D	Bioma com muitos ecossistemas diferentes, tendo a variação na distribuição geográfica e no relevo como um dos principais fatores que o caracterizam.		Mata de Araucárias

11 Os biomas brasileiros e mundiais vêm sofrendo agressões contínuas, como queimadas, desmatamentos e exploração do solo e de outros recursos naturais. A Mata Atlântica está entre os biomas mais ameaçados do planeta. Usando seus conhecimentos, apresente dois argumentos a favor da preservação do que resta da Mata Atlântica.

12 A importância das minhocas para o ambiente é conhecida há muito tempo. O filósofo grego Aristóteles (384-322 a.C.) definia as minhocas como "arados da terra". As minhocas eram protegidas por lei pelos antigos egípcios, principalmente na região do vale do rio Nilo. Como você justificaria essa importância atribuída às minhocas?

13 Qual é a importância dos Manguezais para o ciclo de vida de certos peixes e crustáceos?

14 Os Manguezais são lugares que podem facilmente ser poluídos por vazamentos de petróleo e por contaminação de metais pesados, como mercúrio. Levante uma hipótese sobre as implicações que a contaminação desse bioma pode provocar.

SÍNTESE

1 O mapa abaixo mostra áreas de desmatamento na Amazônia em 2013.

Com base no que foi estudado e em pesquisas em livros, jornais ou na internet, elabore um texto com as seguintes informações:
- as principais causas do desmatamento amazônico e sua abrangência;
- a relação entre as queimadas e o aquecimento global;
- o perigo da desertificação.

Fonte: INSTITUTO DE PESQUISA AMBIENTAL DA AMAZÔNIA. Disponível em: <http://ipam.org.br/biblioteca/desmatamento-na-amazonia-ate-2013/> (acesso em: 20 out. 2018).

2 Retomando as questões da abertura do capítulo, você mudaria as respostas que deu para essas questões:

a) o que há em comum nas imagens **A** e **C**?

b) o que há em comum e o que há de diferente nas imagens **B** e **D**?

3 Em uma área de mangue brasileiro foi feito um aterro para a construção de casas. Com o passar dos anos, os pescadores locais tiveram de se mudar, pois a pesca tornou-se cada vez mais ineficiente. Cite uma provável explicação para a necessidade de mudança dos pescadores.

DESAFIO

1 Apesar da beleza da vegetação, os solos da Amazônia podem ser muito pobres em nutrientes. Pesquise (em livros e na internet) e explique como esse solo pode sustentar uma floresta tão exuberante.

2 Uma pesquisadora, interessada em reflorestar uma área de Mata Atlântica que havia sido devastada há muitos anos, plantou diretamente no solo algumas sementes de espécies endêmicas da região. As sementes estavam em excelentes condições, prontas para germinar. No local onde foram plantadas, tomou-se o cuidado para que recebessem água e estivessem protegidas de seres vivos que pudessem utilizá-las como alimento. Porém, a pesquisadora observou que pouquíssimas delas germinaram e que mesmo estas acabaram morrendo.

a) Como você explicaria o fracasso do reflorestamento?

b) Dê duas sugestões que auxiliariam a pesquisadora a ter sucesso no reflorestamento.

3 Retorne ao mapa dos biomas mundiais, apresentado no capítulo anterior (páginas 66 e 67), compare-o com o mapa deste capítulo que indica os *hotspots* (página 90) e responda:

a) Quais *hotspots* estão presentes na América do Sul? Relacione-os com o bioma a que cada um pertence.

b) Nas Filipinas, qual bioma está em perigo?

c) O bioma Tundra está incluído em algum *hotspot*?

d) Em Madagascar, qual(is) bioma(s) apresenta(m) *hotspots*?

e) Qual é a importância da classificação de certos biomas como *hotspots*?

LEITURA COMPLEMENTAR

Bichos em perigo

A Amazônia tem a maior diversidade de peixes de água doce do mundo. Esses animais, porém, estão ameaçados pela pesca sem controle e planejamento. Tanto os peixes que servem de alimento como os ornamentais são pescados em grande quantidade. Mas as espécies não se reproduzem na mesma velocidade e quantidade com que são pescadas. Resultado: podem desaparecer.

Com os animais que costumam ser caçados, ocorre algo parecido. A caça é uma atividade ilegal no Brasil desde 1967. Entretanto, uma grande parcela da população caça regularmente. Não apenas por gosto, mas porque essa é uma forma de obter alimento. Porém, quando se começa a comercializar carne obtida em caçadas é que iniciam os problemas de verdade. A quantidade de consumidores torna-se enorme e, para atendê-la, é preciso retirar um número cada vez maior de animais da natureza, só que muitas espécies não se reproduzem em taxas compatíveis com as taxas de retiradas. Então, encontram-se ameaçadas, porque seu número diminui cada vez mais.

Para conhecer os riscos a que a Amazônia está submetida, é preciso analisar as transformações como um todo. Por exemplo, a caça do uacari-preto (*Cacajao melanocephalus*) pode causar mudanças na paisagem da floresta, uma vez que esses animais podem transportar sementes de várias árvores, atuando como agentes de dispersão. Sem eles, a reprodução de várias espécies de plantas pode ficar comprometida, o que, após décadas, pode mudar a composição da floresta.

Outro problema que afeta várias espécies de animais, tanto aquáticas como terrestres, é o fato de elas serem consideradas perigosas. É o que acontece com os jacarés, por exemplo. As pessoas veem nesses animais, sem qualquer justificativa real e comprovada, uma ameaça à sua vida ou à de seus familiares e resolvem, então, matá-los. Atitudes como essa, porém, podem gerar problemas sérios, como o que ocorreu com as ariranhas, abatidas entre 1950 e 1960 até quase a extinção pelo alto valor de suas peles.

Você, agora, já tem ideia de quantas ameaças rondam a Amazônia, uma região extremamente rica e diversa, paradisíaca para biólogos e outros especialistas em meio ambiente. No entanto, não basta proteger a grande diversidade de plantas e animais ou mantê-la intocada. A Amazônia tem de ser utilizada de maneira adequada, planejada e responsável. Precisa ser conservada para o bem das pessoas que vivem ali e para o bem do país, do continente e, mesmo, do planeta.

Fonte: QUEIROZ, Helder de Lima. Amazônia sob ameaça.
Ciência Hoje das Crianças, v. 20, n. 179, p. 21, maio 2007. Disponível em: <http://capes.cienciahoje.org.br/viewer/?file=/revistas/pdf/chc_179.pdf> (acesso em: 27 set. 2018).

Questões

1 Do ponto de vista do autor do texto, as caçadas são um problema para a preservação das espécies? Cite argumentos mencionados no texto.

2 A proposta apresentada pelo autor no último parágrafo pode ser considerada uma forma de desenvolvimento sustentável? Explique.

Capítulo 7 — Biomas brasileiros: formações abertas

Foto A: Tales Azzi/Pulsar Imagens; Foto B: Alex Tauber/Pulsar Imagens

As imagens mostram duas atividades humanas: a agricultura e a pecuária. Essas duas práticas estão cada vez mais presentes no Brasil, principalmente em regiões de biomas de formações abertas: o Cerrado, a Caatinga e o Pampa. No entanto, devido a esse tipo de atividade, grande parte da cobertura original dessas formações abertas já se perdeu.

Converse com seus colegas e troque com eles opiniões sobre as vantagens e desvantagens desse tipo de atividade nesses locais. Você acha que é possível equilibrar a produção de alimentos com a preservação desses e de outros ambientes?

Em (A), pode-se observar área de agricultura em região de Caatinga do sertão do Seridó, em Cerro Corá (RN), 2018; em (B), pecuária em região de Cerrado em Bela Vista da Santíssima Trindade (MT), 2018.

Gramínea: planta também conhecida como capim, muito comum em campos, em geral com folhas alongadas e compridas.

Arbusto: planta de porte maior do que o das gramíneas, mas que não chega a formar árvores. Em geral, as ramificações de galhos dos arbustos aparecem muito próximas do solo.

› Cerrado

O Cerrado é o segundo maior bioma brasileiro (o maior é a Amazônia) e ocupa, principalmente, o Distrito Federal, Goiás, o Maranhão, Mato Grosso, Mato Grosso do Sul, Minas Gerais, a Bahia, São Paulo e o Tocantins, mas existem, também, áreas remanescentes do bioma em outros estados.

É formado por áreas relativamente planas, de clima quente, com temperaturas que variam de 20 ºC a 30 ºC. Apresenta inverno seco e verão bastante chuvoso.

Vegetação típica do Cerrado na Chapada dos Veadeiros (GO), 2018.

O Cerrado é um bioma rico em espécies vegetais, com gramíneas, arbustos e árvores. As árvores apresentam folhas endurecidas, galhos tortuosos e cascas grossas.

A área ocupada pelo Cerrado é grande e heterogênea em termos de solo, relevo e regime de chuvas. Em virtude disso, as características da vegetação, de acordo com a maior ou menor cobertura vegetal, recebem diferentes denominações: campo limpo (sem árvores e com predominância de gramíneas), campo sujo (com mais cobertura vegetal) e cerradão (com presença de árvores altas em maior número).

O solo tem poucos nutrientes e apresenta baixa capacidade de reter água em sua superfície. Após as chuvas, a água penetra no solo e alcança regiões mais profundas, aumentando o volume dos aquíferos (reservatórios de água subterrânea). Grande parte das árvores do Cerrado apresenta raízes profundas, que chegam aos aquíferos, evitando a desidratação.

A flora do Cerrado apresenta espécies usadas pela indústria farmacêutica, como a arnica, componente de alguns anti-inflamatórios; frutas típicas, como o pequi, a gabiroba e a pitanga; plantas ornamentais, como o rabo-de-tucano, a douradinha e o ipê-amarelo; e outras, como a carne-de-vaca e a sucupira-preta, usadas para confeccionar utensílios, como cabos de faca.

Leia também!

Chapeuzinho Vermelho e o lobo-guará. Ângelo Machado. São Paulo: Melhoramentos, 2009.

Esse livro busca tratar sobre a preservação da natureza. A fábula da Chapeuzinho Vermelho é recontada no Cerrado brasileiro, apontando para a diversidade do bioma e destacando a figura do lobo-guará, animal em perigo de extinção.

Frutos do pequi (*Caryocar brasiliense*), com sua casca verde e por dentro um caroço que apresenta minúsculos espinhos, cuja polpa amarela é a parte comestível. É também conhecido como piquiá. O piquizeiro chega a atingir 12 m.

Rabo-de-tucano (*Vochysia tucanorum*), também conhecido por pau-de-tucano. As árvores dessa espécie medem entre 8 e 12 m de altura.

Entre a grande variedade de animais, é importante destacar algumas espécies ameaçadas de extinção, como a onça-pintada, o tatu-canastra, o lobo-guará, o tamanduá-bandeira e o cachorro-do-mato-vinagre (mamíferos) e a águia-cinzenta (ave).

Tatu-canastra (*Priodontes maximus*).

Tamanduá-bandeira (*Myrmecophaga tridactyla*).

O cachorro-do-mato-vinagre (*Speothos venaticus*) é nativo do Brasil.

Águia-cinzenta (*Harpyhaliaetus coronatus*).

UM POUCO MAIS

Fogo no Cerrado

A queda de raios no início da estação chuvosa é uma das formas mais comuns relacionadas com o início de incêndios naturais no Cerrado.

O fogo que ocorre naturalmente é um elemento muito importante para a reciclagem de nutrientes no solo do Cerrado, pois ele ajuda a devolver os nutrientes ao solo.

As plantas e os animais deste bioma lidam de diferentes formas com as queimadas. Muitas árvores apresentam uma casca grossa que impede o fogo de chegar ao seu interior, mantendo a planta viva. Outras plantas, após o incêndio, rebrotam rapidamente e produzem flores, permitindo a reprodução. Muitos animais, por sua vez, vivem em tocas profundas, que os protegem do fogo.

Queimada no Cerrado, Chapada dos Veadeiros, 2016.

Há pesquisadores que defendem o manejo do fogo no Cerrado (queimadas controladas, induzidas pelo ser humano) como forma de preservação. Como não é possível controlar a ocorrência natural do fogo, queimadas programadas impediriam a formação de grandes incêndios e seriam importantes para os animais que vivem em áreas de Cerrado delimitadas por cercas, pois possibilitaria a fuga e o repovoamento das áreas queimadas.

A baixa fertilidade do solo do Cerrado foi, por muito tempo, um fator limitante para a atividade agrícola nesse bioma. Porém, o rápido aumento populacional da região, impulsionado pela transferência da capital federal do Brasil para o Centro-Oeste, levou à maior exploração de terras e à expansão das fronteiras agrícolas. Isso foi possível graças a um conjunto de fatores, como novas tecnologias, novos fertilizantes e o uso de espécies vegetais mais bem adaptadas à região. O solo tornou-se cada vez mais produtivo, ampliando o desenvolvimento da pecuária pela formação de pastos e a produção de grãos como a soja. No estado de São Paulo, por exemplo, a cana-de-açúcar e a laranja ocupam grandes áreas de Cerrado.

Área de plantação de grãos em região anteriormente ocupada por vegetação típica de Cerrado, em Canarana (MT), em 2018.

O Cerrado é o segundo bioma mais ameaçado no Brasil. Cerca de 80% de sua área original já foi alterada por atividades humanas, principalmente devido à expansão da atividade agropecuária. O desmatamento do Cerrado é alarmante, chegando a 3 milhões de hectares por ano, segundo o Programa Cerrado da Conservação Internacional – Brasil. Isso equivale a aproximadamente 2,6 campos de futebol por minuto de área desmatada. A situação é tão grave que, atualmente, esse bioma é considerado uma área de preservação prioritária (*hotspot* – reveja no capítulo 6, na página 90, o mapa "Hotspots globais").

EM PRATOS LIMPOS

A agricultura valorizou o Cerrado?

A agricultura no Cerrado aumentou as áreas de produção de alimentos em uma região antes considerada pouco produtiva. No entanto, o avanço da fronteira agrícola trouxe impactos ao ambiente, como erosão, compactação (rigidez) do solo, contaminação ambiental por agrotóxicos e perda da biodiversidade.

Percebe-se que o crescimento econômico possibilitado pela exploração do Cerrado ocorreu para um pequeno grupo de pessoas, que são os proprietários da terra. Os resultados positivos não são igualmente distribuídos entre os moradores da região, mas ficam concentrados nas mãos dos empresários que exploram os recursos desse bioma.

É no Cerrado que o agronegócio mais se desenvolve no Brasil. Na fotografia, colheita de soja em Tupirama (TO), 2017.

UM POUCO MAIS

Erosão

O fator que mais prejudica a fertilidade do solo é a erosão, um processo natural que provoca o desgaste do solo pela remoção de suas camadas superficiais. A erosão pode ser provocada pela chuva, pela água dos rios, pelo vento e até pelo gelo.

As chuvas são a principal causa da erosão. Durante as chuvas fortes, podem formar-se enxurradas que arrastam a camada superficial do solo. Esse fenômeno é particularmente prejudicial em solos que não estão cobertos por vegetação; em casos mais violentos, pode ocorrer a formação de grandes fenda no solo.

A água que se infiltra no solo pode provocar mudanças em sua consistência e, em terrenos acidentados, podem ocorrer grandes deslizamentos de terra.

Erosão do solo no Cerrado na serra da Canastra, São Roque de Minas (MG), 2018.

Como combater a erosão – curvas de nível

Terrenos muito inclinados, como as encostas de morros, são mais suscetíveis à erosão, o que dificulta seu uso para a agricultura.

Para evitar esse problema, utiliza-se uma técnica conhecida como plantio em **curva de nível**, que consiste em dividir o terreno em vários níveis, ou degraus, que acompanham a curvatura do morro.

As curvas de nível diminuem a perda dos elementos que compõem o solo, porque reduzem a força da enxurrada, permitindo que a água se infiltre no solo.

A erosão também pode ocorrer devido ao movimento intenso das águas de um rio. A correnteza arrasta o solo das margens, principalmente quando estas estão sem cobertura vegetal, alterando o contorno e o curso do rio.

No Vietnã, no continente asiático, em terrenos muito inclinados, as plantações podem ser feitas em grandes degraus, como nesta plantação de arroz. Fotografia de 2018.

A erosão provocada pelos rios, como esta no rio Tocantins, em Baião (PA), pode ocasionar deslizamentos de terra em regiões habitadas, provocando o soterramento de casas e a morte de pessoas. Fotografia de 2017.

Capítulo 7 • Biomas brasileiros: formações abertas **103**

Você pode estar pensando: "E para onde vai toda essa terra?". Ela é levada para os rios, lagos e mesmo para os oceanos. Quando esses sedimentos se acumulam nos leitos dos rios, fazem com que eles fiquem mais rasos e o movimento da água mais lento. Dizemos, então, que o rio sofreu **assoreamento**.

Processo de assoreamento em riacho sem mata ciliar, em São Gabriel (RS), 2016.

O assoreamento dos rios reduz a vazão da água e torna-a turva. A **turbidez** da água pode dificultar a passagem da luz e impedir a fotossíntese. Reduções na vazão e nas taxas de fotossíntese estão relacionadas com a diminuição da quantidade de gás oxigênio dissolvido na água, necessário para a sobrevivência de algas, plantas, peixes e outros seres vivos. Esse processo pode causar o desaparecimento de rios e de lagos, assim como das comunidades de organismos que vivem neles. As melhores ações para evitar o assoreamento são minimizar e controlar as erosões do solo próximo aos rios e lagos, além de manter as matas ciliares intactas.

O vento é outro fator que pode contribuir para a erosão do solo. Ele pode arrastar suas camadas mais superficiais, alterando a distribuição de nutrientes. Esse fenômeno fica evidente em tempestades de areia.

A erosão pode ser intensificada pela ação humana. Por exemplo, pela agricultura praticada sem os devidos cuidados com o solo e também pela retirada da mata ciliar.

Turbidez: medida de transparência da água.

Nas tempestades de areia, uma grande quantidade de partículas sólidas é suspensa e deslocada por ventos fortes e turbulentos. China, 2018.

❯ Caatinga

A Caatinga, um bioma exclusivamente brasileiro, estende-se do Ceará até o norte de Minas Gerais e Piauí, entre a Floresta Amazônica e a Mata Atlântica. (Reveja no capítulo 5, na página 70, o mapa "Área original e área remanescente dos biomas brasileiros de formações abertas".)

O clima da região é quente e seco: apresenta pouca quantidade de chuvas e as temperaturas, geralmente, variam de 27 °C a 29 °C. Durante cerca de oito meses por ano, de maio a dezembro, não chove ou chove muito pouco – é o chamado verão.

Paisagem de Caatinga em Cabaceiras (PB), 2018.

Quando chega o período marcado pelas chuvas, ressurgem as folhas e forma-se uma mata baixa e verde. Nessa época do ano, a pluviosidade na Caatinga é, em média, três vezes menor que na Amazônia.

A paisagem da Caatinga é mais complexa do que se imagina e é constituída por ecossistemas bem diferentes. Além das áreas planas, encontram-se alguns morros isolados, os lajedos (terrenos com rochas em sua superfície), os açudes (lagos formados por represamento de água) e os brejos (pontos altos onde a umidade do ar é maior, a temperatura média é menor e as chuvas são mais frequentes).

A maioria dos rios presentes na Caatinga são intermitentes, isto é, ocorrem apenas durante o período de chuvas e praticamente desaparecem durante a estação seca. Entre os rios perenes, ou seja, que não secam no verão, o principal é o rio São Francisco. Ele forma uma das três principais bacias hidrográficas do país, as outras duas são a do Amazonas e a do rio Paraná-Paraguai.

EM PRATOS LIMPOS

Uma planta sem folhas está morta?

Na Caatinga, a ausência de folhas não necessariamente indica que as plantas estejam mortas.

Assim como você, as plantas também transpiram. Esse processo ocorre em células que ficam nas folhas do vegetal. Por isso, a queda das folhas ajuda a reduzir a perda de água pela transpiração. Apesar do aspecto morto, um pequeno corte em um pedaço de caule é suficiente para observar que a planta está viva e que, ao chegar a época de chuvas, ela poderá rebrotar.

Ainda que apresentem essa característica, secas muito prolongadas podem levar essas plantas à morte, pois sem folhas não há produção de alimento (não há fotossíntese). Uma exceção são as plantas que realizam fotossíntese pelo caule (os cactos, por exemplo).

Na Caatinga, muitas plantas perdem suas folhas durante o período de seca e voltam a brotar com a chegada das chuvas. Cabrobó (PE), 2017.

Capítulo 7 • Biomas brasileiros: formações abertas 105

A Caatinga já foi vista como um bioma muito parecido com o deserto, pobre em biodiversidade. Considerava-se que havia um predomínio de vegetais sem folhas, de alguns lagartos e de insetos. Porém, essa ideia não corresponde à realidade e surgiu do pouco conhecimento que se tinha da flora e da fauna desse bioma. Cerca de 40% das espécies de plantas da Caatinga são endêmicas.

Entre as espécies vegetais mais frequentes na Caatinga, temos a catingueira, as juremas, diversos cactos (como o mandacaru e o xiquexique), além de árvores como o cajueiro, o umbuzeiro e o marmeleiro.

Entre animais típicos da Caatinga estão diferentes espécies de lagartos e de cobras, além de ratos, raposas, suçuaranas, tatus e aves como o carcará, o arribação (ou avoante) e o cardeal.

Da área original da Caatinga, parte foi devastada para agricultura e pecuária. Atualmente, outra causa de devastação é a retirada de árvores para uso como combustível ou em construções.

> **Acesse também!**
>
> **Amigos da Onça.** Disponível em: <http://procarnivoros.org.br/index.php/projetos/programa-amigos-da-onca-grandes-predadores-e-sociobiodiversidade-na-caatinga/> (acesso em: 25 jun. 2018).
>
> O *site* apresenta o projeto "Onças do Brasil – Grandes Predadores e Sociobiodiversidade na Caatinga", que busca promover a conservação da onça-parda (*Puma concolor*) e da onça-pintada (*Panthera onca*) no bioma Caatinga.

> **Acesse também!**
>
> **Bichos da Caatinga.** Disponível em: <https://twitter.com/bichoscaatinga> e <https://www.instagram.com/bichosdacaatingaoficial> (acesso em: 25 jun. 2018).
>
> Os *links* são do projeto Bichos da Caatinga, que divulga imagens e experiências com os animais desse bioma em redes sociais, visando inspirar as pessoas para o cuidado com a Caatinga. O cadastro nas principais redes sociais só é permitido a partir dos 13 anos, mas é possível acessar as fotos mesmo sem cadastro.

Suçuarana ou onça-parda (*Puma concolor*).

Mandacaru (*Cereus jamacaru*).

Carcará (*Polyborus plancus*).

UM POUCO MAIS

Ofidismo

O ofidismo é o nome que se dá ao estudo das serpentes (ofídios). Todas as serpentes têm glândulas de veneno, isto é, são **venenosas**, porém a maioria delas não é **peçonhenta**, ou seja, não consegue injetar seu veneno em outro animal.

As serpentes não peçonhentas não apresentam um órgão inoculador de veneno. Entretanto, podem causar acidentes. Deve-se tomar cuidado e nunca se aproximar. Acidentes com serpentes não peçonhentas são raros, mas podem ocorrer, por exemplo, com mordidas de sucuri, boipeva e jiboia, que causam inchaço e muita dor.

Jiboia (*Boa constrictor*).

Diversas serpentes peçonhentas, como as jararacas, cascavéis e surucucus, apresentam um órgão chamado **fosseta loreal**, um orifício localizado entre o olho e a narina. A única serpente peçonhenta brasileira que não tem fosseta loreal é a cobra-coral verdadeira.

A fosseta loreal é um órgão bastante sensível, capaz de perceber diferenças muito pequenas de temperatura. Essa característica permite às serpentes localizar animais endotérmicos, como aves e mamíferos, mesmo que estejam em um ambiente totalmente escuro.

Fotografia mostrando a fosseta loreal e a narina de uma jararaca (*Bothrops moojeni*), que mede cerca de 1,5 m.

Cobras-coral: falsas e verdadeiras

As cobras-coral verdadeiras apresentam anéis pretos, vermelhos e brancos ou amarelos ao redor do corpo. No entanto, existem serpentes com colorido muito similar ao delas e que não são peçonhentas: são as chamadas falsas corais. A diferença entre ambas é muito sutil, e mesmo especialistas podem se confundir.

Cobra-coral verdadeira (*Micrurus lemniscatus*).

Falsa cobra-coral (*Oxyrhopus petola*).

Ao deparar-se com uma serpente, não se deve agir impulsivamente e correr, atraindo sua atenção, mas andar calmamente e afastar-se devagar.

Capítulo 7 • Biomas brasileiros: formações abertas

Acidentes com colubrídeos

Os colubrídeos são serpentes pertencentes à família *Colubridae* e, em geral, raramente causam acidentes. No entanto, em algumas localidades, uma boa parte dos acidentes pode ser causada por esse grupo. Em geral, essas serpentes não conseguem inocular o veneno no ser humano, mas para algumas delas isso é possível, como é o caso das muçuranas (*Boiruna maculata* e *Clelia plumbea*), da cobra-verde (*Philodryas olfersii*) e da parelheira (*P. patagonienses*).

Cobra-verde (*Philodryas olfersii*).

O que fazer em casos de acidentes com serpentes

É importante saber como proceder quando uma pessoa é picada por uma serpente peçonhenta e como ela deve ser tratada.

O Instituto Butantan de São Paulo — o maior centro brasileiro de pesquisa sobre ofídios — sugere uma série de procedimentos no caso de acidentes:

- manter a calma, pois os efeitos do veneno só se agravam após três horas;
- não fazer sangramentos ou sucções no local da picada;
- não colocar esterco, urina ou qualquer outra substância sobre a picada;
- nunca fazer torniquetes (forma de amarrar de alguma maneira a área próxima do local da picada para impedir o fluxo de sangue), pois isso pode agravar seriamente a situação. O uso do torniquete é geralmente recomendado para diminuir o sangramento em caso de acidentes com hemorragia externa;
- dirigir-se imediatamente a um hospital ou a um posto de saúde.

O tratamento para picadas de **serpentes peçonhentas** é feito com a aplicação de soro antiofídico, na dosagem adequada de acordo com a gravidade do quadro.

Atualmente, existem soros antiofídicos para picadas de jararaca, cascavel, surucucu e cobra-coral verdadeira. Quando a serpente não é identificada, usa-se um soro polivalente.

Instituto Butantan, em São Paulo (SP), 2016.

❯ Campos ou Pampa

Apesar de existirem Campos em quase todo o Brasil, daremos atenção especial aos Campos do Rio Grande do Sul, conhecidos como Pampa ou Campos sulinos (reveja no mapa da página 70). Além do Brasil, o Pampa está presente na Argentina e no Uruguai.

Paisagens típicas do Pampa. Em (A) observamos uma área com relevo suave em Santana do Livramento (RS), 2017; em (B), uma região serrana em São José dos Ausentes (RS), 2017.

O inverno do Pampa é frio, com temperaturas que variam de 10 °C a 14 °C. No verão, as temperaturas ficam entre 20 °C e 23 °C. O clima da região é úmido ao longo de todo o ano, porém, no verão, há predominância de clima seco.

Em áreas onde o relevo é suave e pouco ondulado, a vegetação é formada por campos com matas nas margens dos riachos (mata ciliar). Nas regiões de serras, há uma mistura de campo e floresta um pouco semelhante às florestas tropicais.

A paisagem do Pampa é dominada pela presença de gramíneas e de arbustos, especialmente leguminosas, plantas que produzem frutos na forma de vagens, como a pega-pega (ou carrapicho) e o trevo-branco.

Trevo-branco (*Trifolium repens*).

Pega-pega ou carrapicho (*Desmodium tortuosum*).

A fauna típica é constituída, entre outros animais, por aves como ema, perdiz e marreco; por cobras como urutu, cotiara e jararaca; por mamíferos como ratão-do-banhado, capivara, tuco-tuco e gato-mourisco. Entre as espécies animais ameaçadas de extinção, podemos citar o gato-palheiro (mamífero) e a águia-cinzenta (ave).

A devastação de aproximadamente 60% da área ocupada originalmente pelo Pampa é resultado do uso das pastagens naturais para a criação de gado e do desmatamento para a agricultura de alta produtividade, como arroz, milho, trigo e soja.

Gato-do-mato-pequeno (*Felis tigrina*).

Capítulo 7 • Biomas brasileiros: formações abertas

UM POUCO MAIS

Desertificação

O desmatamento, as queimadas, a mineração (extração de minérios do solo) e as variações climáticas são alguns dos fatores que facilitam a ocorrência da erosão.

Se o solo permanece exposto, pode ocorrer a perda total de sua camada fértil, tornando a área completamente improdutiva. Esse processo, chamado **desertificação**, ocorre com maior facilidade em regiões onde chove pouco e o solo é arenoso, o que dificulta a retenção de água.

Veja, no mapa a seguir, as regiões do bioma brasileiro Caatinga onde a desertificação é mais intensa.

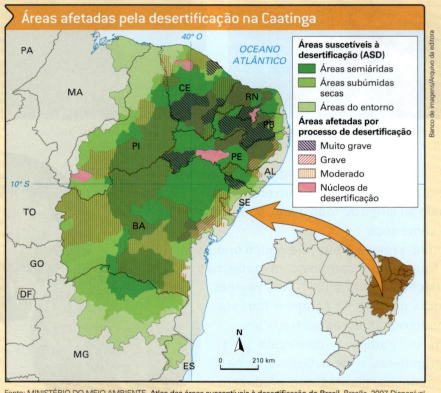

Fonte: MINISTÉRIO DO MEIO AMBIENTE. *Atlas das áreas susceptíveis à desertificação do Brasil*. Brasília, 2007. Disponível em: <http://www.mma.gov.br/estruturas/sedr_desertif/_arquivos/129_08122008042625.pdf> (acesso em: 30 jun. 2018).

Em regiões da Caatinga, o processo de desertificação tem alcançado níveis que podem se tornar irreversíveis. Essas regiões estão indicadas como núcleos de desertificação.

A desertificação pode ser provocada pelas atividades humanas, como o mau uso de terras na agricultura, ou por causas naturais, por meio de mudanças no clima de uma região. Os desertos que se originam pela ação humana são formados, algumas vezes, em poucos anos. Já os desertos naturais, formados por mudanças climáticas, demoram dezenas, centenas e até milhares de anos para se formar.

Processo de desertificação em Custódia (PE). Fotografia tirada em 2018.

❱ Como combater a desertificação

Estima-se que, a cada ano, sejam formados no mundo cerca de 60 mil km² de novos desertos. Essa área equivale, aproximadamente, à área do estado da Paraíba!

Algumas ações têm sido propostas para tentar reverter esse processo. Em 1996, na Convenção Internacional de Combate à Desertificação, foram propostas as seguintes ações:

- eliminar as práticas de **agricultura** que causam a **erosão** do solo;
- diminuir ao máximo o **desmatamento** para a agricultura ou pecuária;
- evitar as **queimadas**;
- evitar o uso prolongado de **agrotóxicos**, pois causam o envenenamento do solo;
- diminuir a **poluição**, que envenena o solo e torna-o infértil;
- evitar a **salinização**, ou seja, o acúmulo de sais no solo. A principal causa da salinização é a irrigação de solos áridos sem o devido cuidado. Com a evaporação, os sais que estavam dissolvidos na água se acumulam no solo, tornando-o infértil.

Até 2014, 193 países, entre eles o Brasil, já haviam assinado essa convenção, que tem como objetivo desenvolver sustentavelmente áreas rurais que estejam em terras secas.

Cartaz do Dia Mundial de Combate à Desertificação e à Seca, que acontece no dia 17 de junho de cada ano.

NESTE CAPÍTULO VOCÊ ESTUDOU

- A localização e as principais características dos biomas de formações abertas brasileiros (Cerrado, Caatinga e Campos).
- A importância da preservação desses biomas brasileiros.
- Erosão do solo: causas e consequências.
- Desertificação: conceito, causas, consequências e formas de combate.
- Ações que podem reduzir as agressões ao solo.

Capítulo 7 • Biomas brasileiros: formações abertas   111

ATIVIDADES

PENSE E RESOLVA

1. Por que se pode afirmar que a falta de água no Cerrado não é um fator que limite o crescimento da maioria das plantas que ali existem?

2. Uma tentativa de preservar o bioma do Cerrado é o manejo do fogo de maneira controlada. De que forma isso poderia auxiliar na sua preservação?

3. A fotografia ao lado mostra uma erosão no solo causada por água, principalmente da chuva.
   Como se explica a erosão? O que ocorre com os nutrientes do solo e quais as consequências para a agricultura?

Erosão em morros desmatados, em Aparecida (SP), 2017.

4. Com base na imagem abaixo e no que foi discutido neste capítulo, responda:

a) Qual é o nome da técnica empregada nessa plantação?

b) Com qual finalidade essa técnica é empregada?

c) Comparando-se essa imagem com a da página 103 (que mostra uma plantação no Vietnã), como se pode explicar a diferença dos tamanhos dos degraus nas duas imagens?

Plantação de café acompanhando as curvas de nível no Alto Caparaó (MG), em 2015.

5. A frase a seguir é verdadeira ou falsa? Justifique a sua resposta.

> A Caatinga é um bioma com vegetação "esbranquiçada" durante o ano todo.

6. O texto a seguir é um fragmento da canção brasileira "Paraíba", de Luiz Gonzaga e Humberto Teixeira, que retrata um dos biomas brasileiros. Se necessário, utilize um dicionário para orientá-lo com relação ao significado das palavras desconhecidas.

> Quando a lama virou pedra
> E Mandacaru secou
> Quando a ribaçã de sede
> Bateu asas e voou
> Foi aí que eu vim-me embora
> Carregando a minha dor
> Hoje eu mando um abraço
> Pra ti pequenina
> Paraíba masculina
> Muié macho, sim sinhô

Fonte: GONZAGA, Luiz; TEIXEIRA, Humberto. Paraíba. Intérprete: Luiz Gonzaga. In: GONZAGA, Luiz. *Meus sucessos com Humberto Teixeira*. [s.l.]: RCA, Camden, 1968. 1 LP. Faixa 7.

Ribaçã, arribação ou avoante (*Zenaida auriculata*), ave citada na canção de Luiz Gonzaga e Humberto Teixeira.

a) O que significa a frase "Quando a lama virou pedra"?

b) Qual bioma estudado está retratado no texto?

c) Identifique os elementos do texto que fizeram com que você chegasse à resposta anterior.

d) Que fenômeno climático está sendo tratado no texto e acontece frequentemente nesse bioma?

e) Cite pelo menos três estados brasileiros que abrigam esse bioma.

7 Cite um motivo pelo qual as áreas de Caatinga que restam atualmente devem ser preservadas.

8 Imagine uma situação em que uma pessoa encontra uma serpente em seu jardim. Essa pessoa se assusta e, em vez de chamar os bombeiros para remover a cobra em segurança, tenta fazer isso por conta própria e acaba sendo picada por ela. Agora, responda:

a) Por que, provavelmente, a serpente atacou a pessoa?

b) Podemos considerar a serpente a causadora do acidente? Justifique a sua resposta.

c) Cite uma provável causa para a presença da serpente no jardim.

9 Na tabela a seguir estão listados, na coluna I, as principais características dos biomas brasileiros de formações abertas e, na coluna II, seus nomes. Analise as informações e faça a correspondência correta entre as duas colunas.

	I		II
A	Predomínio de gramíneas, sendo a biodiversidade destas a maior do país.		Cerrado
B	As raízes das árvores costumam ser profundas e seus troncos tortuosos e com casca grossa.		Caatinga
C	As árvores perdem folhas na época da seca como forma de evitar a perda de água por transpiração.		Pampa

10 Qual é o principal fator natural que leva à formação de desertos em áreas anteriormente cobertas de vegetação?

SÍNTESE

1 Crie um pequeno texto sobre os biomas de formações abertas. Para isso, utilize as palavras que aparecem ao lado de cada bioma.

a) Cerrado: agricultura – soja – exportação – novas tecnologias.

b) Cerrado: casca espessa – fogo – aspecto tortuoso.

c) Caatinga: esbranquiçado – folhas – seca.

d) Pampa: pecuária – gramíneas.

2 Compare a biodiversidade da vegetação encontrada no bioma do Pampa com aquela apresentada pelos biomas da Floresta Amazônica e da Mata Atlântica. Inclua em sua resposta as prováveis condições que determinam maior ou menor biodiversidade em um bioma.

3 Retomando a questão da abertura deste capítulo, depois de termos estudado o que vem acontecendo com os biomas de formações abertas brasileiros, aponte pelo menos uma sugestão que permita equilibrar atividades humanas, como a agricultura e a pecuária, com a preservação dos ambientes naturais.

DESAFIO

Reúna-se com um colega e, juntos, respondam às questões a seguir sobre o Cerrado, bioma que nas últimas décadas vem sendo ocupado pela pecuária e pela agricultura. É provável que para algumas dessas respostas vocês precisem fazer uma pesquisa. Para isso, busquem em livros e na internet o tema "Cerrado" associado a "agricultura", "pecuária" e "preservação/conservação" do ambiente.

a) Por que uma planta como a soja tem alcançado um sucesso tão grande em plantações no Cerrado, uma vez que o solo desse bioma apresenta pouca quantidade de nutrientes para essa cultura agrícola?

Capítulo 7 • Biomas brasileiros: formações abertas **113**

Vida e Evolução

b) Destaquem dois pontos que considerem positivos do uso do Cerrado para a agropecuária.

c) Agora, destaquem pontos que considerem negativos do uso do Cerrado para a agropecuária.

PRÁTICA

> **ATENÇÃO!**
> Use luvas ao mexer com terra e faça essa atividade acompanhado de um adulto.

Proteção do solo

Objetivo

Em grupos de estudantes formados sob orientação do professor, construir um modelo para verificar como a vegetação pode preservar o solo de um processo de erosão.

Material

- 2 caixas grandes e rasas, de madeira ou papelão duro
- 1 placa de grama
- Terra
- 2 sacos plásticos
- 1 jarra com água
- 2 pratos
- Objetos que sirvam de calço

Procedimento

1. Peça a um adulto que faça um corte em V no centro de um dos lados de cada caixa (por onde sairá a água) (**figura 1**).
2. Coloque um prato embaixo do corte de cada caixa e ponha calços de modo que as caixas fiquem inclinadas sobre o prato. Coloque um saco plástico sobre cada uma das caixas (**figura 2**).
3. Coloque um pouco de terra em cada caixa. Cubra com grama apenas uma delas (**figura 3**).
4. Responda à questão 1 proposta na Discussão final.
5. Após a elaboração da hipótese, despeje a água lentamente nas caixas (**figuras 3 e 4**) e observe.

Discussão final

1. Antes de despejar a água sobre as caixas, elabore uma hipótese sobre o que deverá ocorrer em cada uma e por quê.
2. Como a água escorreu nas duas caixas?
3. A que você atribui tais resultados?
4. A hipótese que você elaborou antes de despejar a água foi confirmada? A que conclusão podemos chegar a respeito da relação entre erosão do solo e cobertura vegetal?
5. Em que situação real o plantio de grama pode ser utilizado para proteger o solo?

Capítulo 8 — Biomas brasileiros: formações mistas

Cesar Diniz/Pulsar Imagens

Vista do rio Cuiabá. Observe as casas próximas à margem do rio. Poconé (MT), 2018.

Observe a fotografia. Ela apresenta parte do bioma Pantanal. Esse bioma é o representante brasileiro dos biomas de formações mistas. Quais características você nota na paisagem apresentada na foto?

Ao final do estudo deste capítulo, você poderá rever seu conhecimento e esclarecer as características desse tipo de bioma.

Capítulo 8 • Biomas brasileiros: formações mistas   115

❱ Pantanal

O Pantanal se localiza nos estados de Mato Grosso e Mato Grosso do Sul. Ocupa também a região conhecida como Chaco, que se estende por Paraguai, Bolívia e Argentina. Sua formação vegetal é do tipo mista, isto é, um bioma que apresenta ambientes florestados e de formação aberta, com a presença de herbáceas e alguns arbustos e em quantidades similares.

Esse bioma apresenta uma vasta região plana que sofre grandes inundações no período das chuvas. Há formação de muitos córregos e vazantes, conhecidos regionalmente por corixos (riachos permanentes que deságuam em um rio maior).

O clima da região é quente, com temperatura média em torno de 32 °C no verão (época das chuvas) e de 21 °C no inverno (época da seca).

O Pantanal é comandado pelo ciclo das águas: de novembro a março, no período de chuvas, os rios das montanhas vizinhas tornam-se muito volumosos e alagam grandes extensões de terra. Com as cheias, grandes quantidades de sedimentos e de nutrientes são carregadas até o solo, fertilizando-o e criando um ambiente muito propício para o desenvolvimento de plantas. As áreas alagadas são ocupadas por diversas espécies de seres vivos, ao mesmo tempo em que outras espécies da fauna têm de se deslocar para pontos mais altos e secos.

Na época de seca, a região se altera completamente. As áreas que antes estavam alagadas ficam com aspecto seco e as águas se concentram em pequenos lagos, riachos e corixos. Esses ecossistemas aquáticos abrigam muitos peixes, moluscos, crustáceos e plantas aquáticas, além de jacarés.

Acima, o Pantanal na época das cheias. Poconé (MT), 2018. À direita, no período seco. Poconé (MT), 2017.

O Pantanal se caracteriza por ser um bioma em que sua fauna é relativamente fácil de ser observada. Em seus corixos, lagos e rios, podem-se observar jacarés, capivaras, lontras, ariranhas e peixes, como dourados, pintados e piranhas. Nas áreas não alagadas também se observam tatus, veados, raposas, onças-pintadas, suçuaranas, tamanduás, cotias, catetos, queixadas, lagartos, cascavéis, jiboias, etc. A fauna de aves é muito bem representada, com garças, tuiuiús, araras-azuis, araras-canindé, papagaios, biguás, colhereiros, jaçanãs e muitos outros pássaros. Várias aves nidificam (fazem ninhos) em árvores no Pantanal, formando verdadeiros ninhais.

Muita gente confunde o Pantanal com um pântano, mas são coisas diferentes. O Pantanal é uma região de planícies, ou seja, apresenta terreno plano, sem muitas ondulações. Os alagamentos são periódicos e ocorrem no verão. Os pântanos são regiões constantemente alagadas, que formam atoleiros e lodaçais. Há pântanos no Pantanal, mas ocupam menos de 2% de sua área total.

Da área original do Pantanal brasileiro, cerca de 80% permanece com boa conservação, porém ações humanas como desmatamento, pecuária, agricultura, pesca e caça predatórias, tráfico de animais silvestres e produção ilegal do carvão vegetal ameaçam, constantemente, esse equilíbrio ecológico.

Existem algumas iniciativas sustentáveis ocorrendo na área, como o projeto de produção de artesanato com o couro de peixe, que antigamente era descartado; o estímulo à criação de reservas particulares, uma solução menos burocrática e mais atraente para os proprietários rurais; e projetos de preservação de **animais silvestres**.

Raposa-caranguejeira (*Cerdocyon thous*), no Pantanal (MT), em 2018.

Arara-azul-grande (*Anodorhynchus hyacinthinus*).

Animal silvestre: animal de espécie nativa ou migratória que tenha sua vida, ou parte dela, ocorrendo de forma natural (e não apenas em confinamento) no bioma.

EM PRATOS LIMPOS

Garimpo e poluição: um problema pantaneiro?

A atividade ilegal de garimpo de ouro e de pedras preciosas em rios causa imenso impacto ambiental. No Pantanal isso não é diferente: é frequente o uso do mercúrio, um metal pesado, para extrair o ouro que está na água. A ligação entre o mercúrio e o ouro forma a amálgama. Os garimpeiros recolhem a amálgama e a aquecem, causando a separação do ouro. O mercúrio pode ser recuperado, mas parte dele polui o ambiente, principalmente a água, e pode se acumular nos organismos dos seres vivos quando ingerido (por meio do consumo de animais e plantas contaminados ou de água contaminada). No organismo humano, o mercúrio pode causar danos ao sistema nervoso e levar à perda da coordenação motora. Nas mulheres grávidas, pode causar má-formação dos fetos.

INFOGRÁFICO

❯ Biomas brasileiros

Os biomas brasileiros apresentam fauna e flora características. Algumas espécies aparecem em mais de um bioma, outras são endêmicas, isto é, vivem apenas em determinado local. O infográfico a seguir permite reconhecer algumas dessas espécies mais comuns e outras endêmicas em cada bioma brasileiro.

(Elementos representados sem proporção de tamanho entre si.)

① Amazônia

Bioma florestado com grande variedade de ecossistemas, apresenta imensa biodiversidade e extensão territorial.

Arara-canindé (*Ara ararauna*).
Sagui-imperador (*Saguinus imperator*).
Vitória-régia (*Victoria amazonica*).
Castanheira-do-pará (*Bertholletia excelsa*).

② Pantanal

Bioma misto que se estende nos estados de Mato Grosso e Mato Grosso do Sul e que se caracteriza por períodos de inundação que formam grandes áreas alagadas em suas planícies.

Tuiuiú (*Jabiru mycteria*).
Jacaré-do-pantanal (*Caiman yacare*).
Anta (*Tapirus terrestris*).
Manduvi (*Sterculia apetala*).

③ Pampa

Formação aberta que ocorre no estado do Rio Grande do Sul, caracterizada por uma vegetação predominante de gramíneas.

Graxaim-do-campo (*Lycalopex gymnocercus*).
Coruja-buraqueira (*Athene cunicularia*).
Jacutinga (*Aburria jacutinga*).
Capim-dos-pampas (*Stipa borysthenica*).

Crédito das fotografias do mapa:
[1] Ricardo Teles/Pulsar Imagens
[2] David Duarte I Photo/Shutterstock
[3] Luciano Queiroz/Pulsar Imagens
[4] Ricardo Teles/Pulsar Imagens
[5] Andre Dib/Pulsar Imagens
[6] Gerson Gerloff/Pulsar Imagens

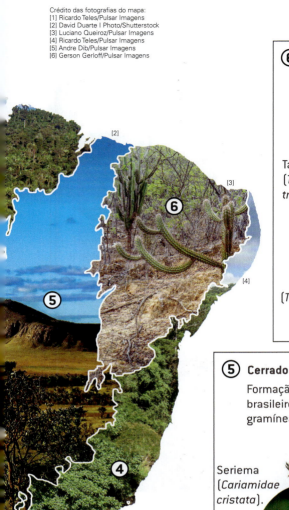

6 Caatinga

Formação aberta que ocorre na região Nordeste brasileira, com uma vegetação que pode ficar sem folhas em boa parte do ano, levando a um aspecto esbranquiçado característico.

Tatu-bola (*Tolypeutes tricinctus*).

Semente de faveleira (*Cnidoscolus quercifolius*).

Serpente corre-campo (*Thamnodynastes pallidus*).

Xique-xique (*Pilosocereus polygonus*).

5 Cerrado

Formação predominantemente aberta que se estende pelo planalto central brasileiro, caracterizada por uma vegetação variada, com predominância de gramíneas e árvores com troncos tortuosos.

Seriema (*Cariamidae cristata*).

Tatu-canastra (*Priodontes maximus*).

Tamanduá-bandeira (*Myrmecophaga tridactyla*).

Buritizeiro (*Mauritia flexuosa*).

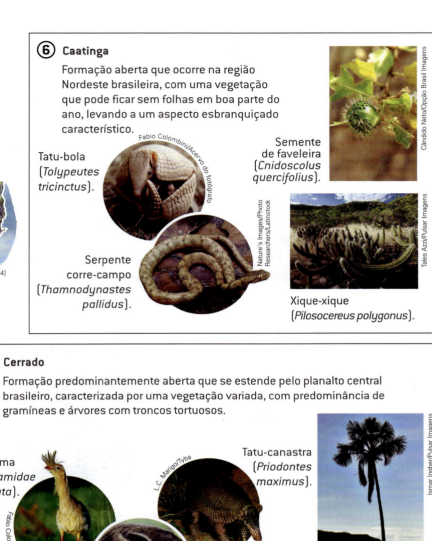

4 Mata Atlântica

Floresta que se estende por toda a costa brasileira, ocupando planícies costeiras e regiões montanhosas, com alta biodiversidade e muitas espécies endêmicas.

Mico-leão-dourado (*Leontopithecus rosalia*).

Manacá-da-serra (*Tibouchina mutabilis*).

Sapo-pingo-de-ouro (*Brachycephalus ephippium*).

Pau-brasil (*Caesalpinia echinata*).

Fonte dos dados: IBGE, 2017.

EM PRATOS LIMPOS

A hidrovia Paraguai-Paraná e a ameaça ao Pantanal

A hidrovia Paraguai-Paraná é um projeto que tem como objetivo ampliar a calha do rio Paraguai, possibilitando aumento na navegação comercial que já existe. Esse projeto é uma das maiores ameaças ao delicado equilíbrio do bioma pantaneiro. Por conta dos riscos ao bioma, que incluem causar a **drenagem** de boa parte da água que inunda o Pantanal — acarretando sérias mudanças ao ambiente —, o projeto está parado, aguardando um parecer judicial.

No Pantanal existem ecossistemas variados, alguns deles semelhantes aos que ocorrem em outros biomas brasileiros. São florestas e formações abertas que se distribuem pela extensa **planície** pantaneira. Por esse motivo, encontramos no Pantanal fauna e flora presentes também na Floresta Amazônica, no Cerrado e na Caatinga.

Entre as espécies vegetais do Pantanal está a piúva-pantaneira (ou ipê-roxo), que floresce de junho a setembro e é a espécie preferida para a construção de ninhos dos tuiuiús.

Drenagem: escoamento de águas de um terreno úmido ou alagado.

Planície: grande extensão geográfica de terreno plano, sem muita variação em seu relevo.

Tuiuiú (*Jabiru mycteria*), ave-símbolo do Pantanal.

Hidrovia Paraguai-Pantanal. Paraguai, 2016.

UM POUCO MAIS

Espécie exótica e invasora

Um dos problemas que os biomas brasileiros enfrentam atualmente são as espécies exóticas e invasoras.

Todas as espécies de seres vivos têm uma distribuição geográfica, ou seja, um lugar onde são naturalmente encontradas. No entanto, populações desses seres vivos podem ser levadas de um lugar para outro pela ação humana, intencionalmente ou de maneira acidental. Ao se estabelecerem nos novos destinos, essas espécies são chamadas **espécies exóticas**.

Quando uma espécie exótica passa a ter um efeito negativo sobre o ambiente, como competir com as espécies nativas por recursos (luz e água, por exemplo), passa a se chamar **espécie exótica invasora**.

O javali (*Sus scrofa*) é originário da Europa, da Ásia e da África. No Brasil, ele é considerado uma espécie exótica invasora e pode trazer inúmeros problemas para as populações nativas de outras espécies e para os agricultores.

120

Turismo ecológico e educação ambiental

O turismo ecológico, ou ecoturismo, tem como objetivo apresentar os ecossistemas (em geral, ecossistemas naturais) aos visitantes, de modo que desenvolvam consciência e respeito ao ambiente e às culturas das populações locais.

Essa atividade, por princípio, prega ações que conscientizam o ser humano a respeito da necessidade de preservação do ambiente em que vive.

Para o Ministério do Turismo do Brasil, o turismo sustentável é a atividade que satisfaz as necessidades dos visitantes e as necessidades socioeconômicas das regiões receptoras, enquanto os aspectos culturais, a integridade dos ambientes naturais e a diversidade biológica são mantidos para o futuro.

O turismo ecológico e a educação ambiental contribuem para evitar a degradação do Pantanal e de todos os ambientes naturais. Pantanal, Poconé (MT), em 2017.

> **Acesse também!**
>
> **Biomas do Brasil.** Disponível em: <www.biomasdobrasil.com/> (acesso em: 22 jun. 2018).
>
> Nesse *site*, há a descrição dos biomas brasileiros e são representados os "mascotes" de cada bioma e os animais em perigo de extinção.

> **Veja também!**
>
> **Experimente o Brasil.** Revista produzida pelo Ministério do Turismo. Disponível em: <http://www.turismo.gov.br/images/pdf/REVISTA_COMPLETA_Partiu_Brasil_2017_B.pdf> (acesso em: 18 jun. 2018).
>
> Essa revista apresenta diversos atrativos turísticos das cidades brasileiras.

A **educação ambiental** pretende:

"Fazer com que os indivíduos e as coletividades compreendam a natureza complexa tanto do meio ambiente natural como do criado pelo homem — resultante da integração de seus aspectos biológicos, físicos, sociais, econômicos e culturais — e adquiram os conhecimentos, os comportamentos e as habilidades práticas para participar responsável e eficazmente da preservação e da solução dos problemas ambientais".

Fonte: Conferência Intergovernamental sobre Educação Ambiental aos Países-Membros (Tbilisi, Geórgia, em 1977). Disponível em: <http://www.mma.gov.br/informma/item/8065-recomenda%C3%A7%C3%B5es-de-tbilisi>. Acesso em: 27 set. 2018.

NESTE CAPÍTULO VOCÊ ESTUDOU

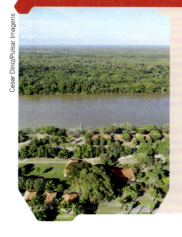

- A localização do Pantanal brasileiro.
- As principais características geográficas e biológicas desse bioma.
- A importância do Pantanal para a sobrevivência de muitas espécies e os impactos verificados nesses biomas após as intensas explorações de recursos.
- O que são espécies exóticas e espécies exóticas invasoras.
- Os efeitos de uma espécie exótica invasora (javali) no Pantanal.
- A importância da preservação desse bioma, considerando suas características.

Capítulo 8 • Biomas brasileiros: formações mistas

ATIVIDADES

PENSE E RESOLVA

1 Qual é a importância dos sedimentos trazidos pelos rios para a vida no Pantanal?

2 Entre as ameaças listadas para o Pantanal, algumas delas podem começar fora dos limites desse bioma, mas causar sérias consequências a ele. Quais seriam essas ameaças? Justifique a sua resposta.

3 Sobre os efeitos da invasão do javali no Pantanal, responda:

Javali (*Sus scrofa*) deitado na lama em região do Pantanal Mato-Grossense (MS).

a) Quais desses efeitos são de impacto direto nas populações nativas que competem pelo mesmo ambiente?

b) Como o hábito de vida do javali pode, em parte, beneficiar o ambiente que ele invadiu?

SÍNTESE

Na coluna **I**, estão as principais características dos biomas brasileiros e, na coluna **II**, seus nomes. Faça a correspondência correta entre as duas colunas.

	I		II
A	Vegetação tipicamente rasteira, formada principalmente por gramíneas.		Manguezais
B	Floresta do Sul do país onde há predominância de um tipo de árvore, que dá nome ao bioma.		Pantanal
C	Matas baixas, sempre localizadas na região litorânea, definindo-se pelo encontro de rios e do mar.		Floresta Amazônica
D	Floresta com rica biodiversidade e ampla extensão, desde o Sul até o Nordeste do país.		Pampa
E	Região plana que inunda em determinadas épocas do ano.		Cerrado
F	Extensa região de formações abertas que, por causa da maior ou menor cobertura vegetal, recebe diferentes denominações.		Caatinga
G	Floresta do Nordeste brasileiro, rica em palmeiras.		Mata Atlântica
H	Floresta mais preservada do país, mas que está ameaçada pelas queimadas e pela extração ilegal de madeira.		Mata dos Cocais
I	Formação aberta que obriga espécies altamente especializadas a viver em ambientes com pouca água.		Mata de Araucárias

LEITURA COMPLEMENTAR

Especialistas veem ameaça a peixes do Pantanal com expansão do tucunaré

Tucunaré (*Cichla* sp.).

[...]

Peixe carnívoro da Bacia Amazônica, o tucunaré foi introduzido por acidente no Pantanal em 1982, pelo rompimento de uma represa na Fazenda Santo Antônio do Piquirí, localizada na área rural de Corumbá (MS), entre os rios Itiquira e Piquirí, na divisa de Mato Grosso com Mato Grosso do Sul.

[...]

O tucunaré é glutão, devora peixes pequenos e grandes. "Qualquer peixe que passar em sua frente o tucunaré vai predar, desde que menor. [...], explica o professor-adjunto da UFMS (Universidade Federal de Mato Grosso do Sul) Fernando Rogério de Carvalho [...].

[...]

De acordo com relatório de 2005 da Embrapa Pantanal, desde 1992 o tucunaré tem sido pescado em outras regiões, deixando clara a sua dispersão.

Além de ameaça direta à ictiofauna (conjunto de peixes de uma região), não se conhecem as influências do tucunaré para a economia local, abrangendo toda a cadeia de pesca profissional e amadora.

Fora isso, de acordo com pesquisadores, espécies exóticas podem introduzir novas doenças ao ambiente, além da **hibridação** com peixes nativos, alterando significativamente o *habitat* natural e causando um desastre ambiental de proporções inimagináveis.

> **Hibridação:** cruzamento de uma espécie com outra similar de modo a formar descendentes, que, em geral, não conseguem se reproduzir.

[...]

Em nota, a Embrapa Pantanal informou que não houve relatos de impactos negativos no ecossistema pantaneiro causados especificamente pelo tucunaré que exigissem trabalhos imediatos por parte da equipe de pesquisa a respeito da espécie.

A Embrapa Pantanal, vinculada ao Ministério da Agricultura, Pecuária e Abastecimento, considera como impactos negativos alterações sensíveis ao ambiente, como a diminuição drástica de determinadas espécies de peixes, por exemplo, que pudesse ter sido comprovadamente causada pelo tucunaré.

[...]

Fonte: COELHO NETTO, Paulo Renato. Especialistas veem ameaça a peixes do Pantanal com expansão do tucunaré. **UOL Notícias**. Publicado em: 20/12/2017. Disponível em: <https://noticias.uol.com.br/meio-ambiente/ultimas-noticias/redacao/2017/12/20/especialistas-veem-falta-de-controle-com-expansao-do-tucunare-no-pantanal.htm> (acesso em: 23 jun. 2018).

Questões

1. Qual foi o motivo da introdução do tucunaré no Pantanal?
2. Quais são os possíveis impactos que o tucunaré pode provocar nas bacias pantaneiras?
3. Em sua opinião, o fato de os tucunarés já serem pescados em locais a mais de 200 km de onde foram introduzidos é motivo para a Embrapa Pantanal reconsiderar a posição defendida no texto?

Capítulo 9
Lixo: um problema socioambiental

Ed Ferreira/Brazil Photo Press/Agência France-Presse

Lixão da Estrutural, localizado em Brasília, 2018.

O Lixão da Estrutural, localizado em Brasília, foi desativado em 2018. Durante muito tempo, ele foi considerado não só o maior lixão da América Latina, mas também o segundo maior do mundo. Além dos aspectos ambientais, a desativação do lixão envolveu questões sociais, pois, para sobreviver, muitas pessoas são obrigadas a disputar, com ratos, baratas e outros animais transmissores de doenças, restos de alimentos e materiais que possam ser reutilizados ou mesmo vendidos. Os lixões não são considerados a melhor forma de destinação para o lixo e, infelizmente, nem todos eles tiveram o mesmo destino do Lixão da Estrutural, uma vez que ainda há muitos lixões espalhados pelo país.

Tudo isso nos faz refletir sobre a origem de tanto lixo e qual é o seu destino. Será que todo lixo recolhido vai para um lixão como esse? Será que uma parte desse lixo pode ser reaproveitada? O que poderia ser reciclado? Quem são essas pessoas que sobrevivem do lixo? Afinal, o que é lixo?

Este capítulo vai ajudá-lo a responder a essas perguntas e a entender por que o lixo é um problema muito sério para a sociedade e para o meio ambiente.

❱ O que é lixo?

Durante muito tempo, o ser humano viveu da caça, da pesca e da coleta de vegetais. Nessa época, tudo o que era proveniente de atividade humana ou de processo natural, como restos de alimentos, pedaços de madeira ou excrementos de animais, não se acumulava no ambiente por muito tempo, pois era incorporado pela natureza por meio da ação dos microrganismos decompositores. Com isso, não havia a produção do que hoje chamamos de lixo. Nesse estágio da civilização, podemos dizer que o ser humano vivia em equilíbrio com o ambiente.

Ao longo do tempo, a humanidade aprendeu a explorar os diversos recursos da natureza, como a argila, a areia e os metais. Isso provocou o aparecimento de **resíduos** que não podiam mais ser incorporados pela natureza com a mesma velocidade com que eram produzidos.

> **Resíduo:** tudo o que sobra de qualquer atividade, seja ela humana, seja de outros seres vivos. Se não forem aproveitados ou reciclados, os resíduos passam a ser chamados de lixo.

Além disso, com a Revolução Industrial ocorrida no século XVIII, houve muitas mudanças no padrão de consumo da sociedade. As indústrias começaram a produzir mais, a um custo mais baixo e em um tempo cada vez menor, e, com isso, passaram a gerar um novo tipo de lixo: o lixo industrial.

A industrialização também promoveu o surgimento de grandes indústrias, que atraíram maior número de pessoas vindas de diferentes regiões, em busca de trabalho. Assim, formaram-se as grandes cidades e, consequentemente, novos hábitos de consumo foram criados, o que contribuiu para o aumento da concentração do lixo gerado nessas regiões.

Uma característica da sociedade de consumo é a aquisição, em um intervalo de tempo cada vez menor, de novos produtos, como os aparelhos eletrodomésticos da foto, com o descarte dos equipamentos mais antigos.

Atualmente, devido ao desenvolvimento tecnológico, as indústrias conseguem produzir uma enorme quantidade e variedade de novos produtos de forma cada vez mais rápida e com preços acessíveis a um maior número de pessoas. Por isso, ficou mais fácil comprar, usar, descartar e substituir produtos usados e obsoletos.

Essa retomada histórica deixa evidentes as principais mudanças pelas quais a nossa sociedade passou até se tornar o que chamamos de **sociedade de consumo**.

> **Sociedade de consumo** é uma expressão que surgiu com as mudanças que ocorreram na sociedade a partir da Revolução Industrial, transformando o ato de consumir em um dos principais valores da sociedade contemporânea.

Nesse novo cenário, com a substituição mais rápida de produtos, a quantidade de lixo produzida é cada vez maior. Para ter ideia dessa quantidade, só no Brasil são produzidas 240 mil toneladas (240 milhões de quilogramas) de lixo por dia.

E para onde vai todo esse lixo? Antes de saber o que fazer com ele, é necessário classificá-lo, pois, dependendo de sua origem, a composição do lixo muda e ele pode ter destinos diferentes.

Capítulo 9 • Lixo: um problema socioambiental   125

❯ Classificação do lixo

Estima-se que, no Brasil, cada pessoa produza cerca de 1 kg de lixo por dia. De maneira geral, o conceito de lixo é muito abrangente, pois se refere a tudo aquilo que é descartado e considerado inútil. Contudo, é importante saber que nem todo lixo é igual, pois, como já foi dito, o tipo de lixo é determinante para se definir qual é a melhor forma de lidar com ele. Dessa forma, podemos classificar o lixo de diversas maneiras. Uma delas é classificá-lo em função de sua origem. Vejamos os principais tipos:

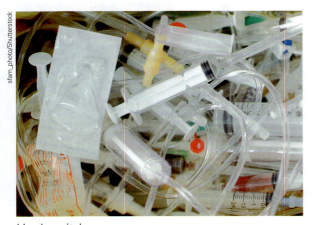

Coleta de lixo em Belém (PA), 2018.

Lixo hospitalar.

- **Lixo domiciliar**: é formado pelos resíduos sólidos gerados nas casas e nos edifícios residenciais. É constituído basicamente por restos de comida (matéria orgânica), papéis, embalagens (plástico, isopor, papelão, vidro, etc.), fraldas descartáveis, objetos dos mais diferentes materiais e muitos outros itens.
- **Lixo comercial**: é gerado em estabelecimentos comerciais, como supermercados, restaurantes, escritórios, bancos, etc. Sua composição pode variar muito, dependendo do tipo de estabelecimento. É composto, geralmente, de matéria orgânica, papéis, madeira e vários tipos de plástico.
- **Lixo público**: é aquele proveniente da limpeza das áreas públicas. É composto de restos de vegetais, papéis, embalagens plásticas, latas e outros objetos e materiais encontrados nos locais públicos.
- **Lixo industrial**: é todo aquele produzido por meio de processos industriais. O lixo industrial é bastante variado, podendo conter: cinzas, lodos, óleos, ácidos, plásticos, papéis, madeiras, fibras, borrachas, metais, vidros e cerâmicas. Nessa categoria, inclui-se a maioria do lixo considerado tóxico, como pilhas, baterias, embalagens de agrotóxicos e de combustíveis.
- **Lixo hospitalar**: produzido em hospitais, clínicas médicas e veterinárias, postos de saúde e farmácias. Exemplos: agulhas, seringas, algodões, tecidos e órgãos extraídos de pacientes, sangue, luvas e restos de medicamentos. É um tipo de lixo muito perigoso porque pode conter muitos microrganismos capazes de provocar doenças.
- **Lixo espacial**: é composto de satélites abandonados, restos de equipamentos gerados de explosão e choque, partes de foguetes, cintas metálicas (junções) e ferramentas.
- **Entulho**: é o resíduo do material utilizado pela construção civil (casas, edifícios, estradas, pontes, etc.). Ele é formado por restos de madeira, ferro,

Ouça também!

Entrevista do astrônomo Roberto Costa à Rádio USP (5 min 59 s). Disponível em: <http://jornal.usp.br/wp-content/uploads/LIXO-ESPACIAL-SIMONE.mp3> (acesso em: 25 jun. 2018).

O professor do Instituto de Astronomia, Geofísica e Ciências Atmosféricas da USP (IAG-USP) fala sobre lixo espacial e os riscos de queda na órbita terrestre ou de colisão com satélites e aeronaves.

tijolos, concreto, latas de tinta, cacos de azulejos, etc. O descarte do entulho é um dos grandes problemas ambientais das cidades. São poucas as cidades que dispõem de locais apropriados para a disposição desse tipo de resíduo.

Além dos já mencionados, existem vários outros tipos de lixo, como o lixo radioativo, que é produzido, principalmente, nas usinas nucleares, onde se utilizam substâncias radioativas para a geração de energia elétrica.

Caçamba para coleta de entulho.

UM POUCO MAIS

Lixo eletrônico

É considerado lixo eletrônico todo e qualquer tipo de equipamento elétrico e eletrônico ou partes deles que são descartados sem a finalidade de serem reutilizados. Fazem parte desse tipo de lixo, por exemplo, telefones celulares, computadores, televisores e uma gama de outros aparelhos eletrodomésticos.

Atualmente, a quantidade de lixo eletrônico tem crescido em uma velocidade espantosa. Em 2016, por exemplo, quase 45 milhões de toneladas de lixo eletrônico foram gerados no mundo todo e estima-se que, até 2021, esse número ultrapasse a marca de 50 milhões de toneladas. Só no Brasil, em 2016, foi gerado 1,5 milhão de tonelada de lixo eletrônico, sendo considerado o país que mais gerou lixo eletrônico na América Latina.

Isso se deve, principalmente, aos rápidos avanços tecnológicos e ao aumento do número de usuários desses equipamentos. Em um mundo onde quase metade da população possui acesso à internet e uma boa parte dela tem mais de um dispositivo eletrônico que o garanta, é de se esperar que muito lixo eletrônico seja gerado. Ao mesmo tempo, os ciclos de substituição desses equipamentos têm se tornado cada vez mais curtos.

Quando não recebem o destino adequado, assim como qualquer outro lixo, o lixo eletrônico pode desencadear problemas ambientais e representar um perigo à saúde humana, pois as peças e os componentes de muitos desses equipamentos possuem substâncias que são consideradas tóxicas para nós.

Telefones celulares, computadores, geladeiras e televisores, quando descartados sem a pretensão de ser reutilizados, são exemplos de lixo eletrônico.

Elaborado com base em BALDÉ, C. P. et al. **The Global E-Waste Monitor 2017:** Quantities, Flows, and Resources. United Nations University (UNU), International Telecommunication Union (ITU) e International Solid Waste Association (ISWA). Disponível em: <www.itu.int/en/ITU-D/Climate-Change/Documents/GEM%202017/Global-E-waste%20Monitor%20 2017%20.pdf> (acesso em: 18 jun. 2018).

Destino do lixo

Alagamento causado por bueiro entupido com lixo. São Paulo (SP), em 2017.

Você sabe para onde vai todo o lixo produzido por uma cidade?

Segundo a última pesquisa sobre saneamento básico, realizada pelo Instituto Brasileiro de Geografia e Estatística (IBGE), em 2008, grande parte dos municípios brasileiros tinha coleta de lixo. Porém, muitas vezes, o lixo coletado não tem destinação adequada. Além disso, há pessoas que jogam o lixo em qualquer lugar: rios, terrenos baldios e até em ruas e estradas. O lixo jogado nas ruas e rios pode entupir os bueiros, que são parte do sistema de escoamento da água das chuvas. Essa é uma das principais causas de enchentes nas cidades. Em 2016, o Panorama dos Resíduos Sólidos no Brasil, publicado pela Associação Brasileira das Empresas de Limpeza Pública e Resíduos Especiais (Abrelpe), mostrou que cerca de 60% das cidades brasileiras encaminham anualmente 30 milhões de toneladas de lixo para locais inadequados.

O problema da destinação do lixo é tão importante que existe uma legislação que procura, entre outras coisas, orientar os municípios sobre como elaborar um plano de gestão para seus resíduos sólidos, além de regulamentar a coleta, o destino final e o tratamento de resíduos urbanos, perigosos e industriais. Essa lei instituiu a Política Nacional de Resíduos Sólidos (PNRS) e foi aprovada em agosto de 2010. Contudo, ela não trouxe ao longo dos últimos anos mudanças significativas. A lei previa, por exemplo, que até 2014 fossem desativados todos os lixões no Brasil; no entanto, em julho de 2017, ainda foram identificados 3 000 lixões no país, que afetavam a vida de 76,5 milhões de pessoas.

Além disso, de acordo com a Abrelpe, 41,6% de todo o lixo coletado em 2016, o equivalente a mais de 81 mil toneladas de resíduos por dia, foram destinados a lixões e aterros controlados que existem em todas as regiões do país, os quais são considerados formas inadequadas de disposição do lixo por provocarem grandes problemas ambientais e de saúde pública. O restante do lixo coletado é enviado para aterros sanitários, que, por sua vez, possuem medidas de proteção ambiental e não agravam os problemas de saúde pública.

> **Leia também!**
>
> **Cartilha da Política Nacional de Resíduos Sólidos para crianças.** Associação Brasileira de Engenharia Sanitária e Ambiental (Abes); Sindicato das Empresas de Limpeza Urbana no Estado de São Paulo (Selur). São Paulo: Limiar. 2015. Disponível em: <http://abes-sp.org.br/arquivos/Cartilha_PNRS_para_Criancas_ABES_SP_SELUR.pdf> (acesso em: 18 jun. 2018).
>
> A cartilha procura explicar em uma linguagem acessível para as crianças o que é a Política Nacional de Resíduos Sólidos. Ela traz informações e dicas com o intuito de promover a conscientização das crianças sobre a importância da preservação ambiental.

Em 2016, um pouco mais da metade (58,4%) de todo o lixo produzido e coletado por dia no país teve uma destinação adequada, no caso, os aterros sanitários. Os outros 41,6% foram enviados para lixões e aterros controlados.

Fonte: ABRELPE. **Panorama dos resíduos sólidos no Brasil 2016**. Disponível em: <www.abrelpe.org.br/Panorama/panorama2016.pdf> (acesso em: 29 jun. 2018).

Os lixões: lixo a céu aberto

Quando o lixo é acumulado a céu aberto, formando depósitos gigantescos sem nenhum tratamento ou cuidado, chamamos esse local de "lixão". Nos lixões, não há medidas de proteção ambiental e, por isso, são considerados uma forma inadequada de disposição do lixo. Geralmente, os lixões ficam afastados dos centros das cidades, distantes dos olhos da população, que não percebe os danos causados ao ambiente e ao ser humano.

Um dos problemas causados à população que mora perto desses locais é o acúmulo de matéria orgânica (restos de comida, cascas de frutas, etc.), que atrai diversos animais, como ratos, baratas, moscas e microrganismos, que se alimentam desses materiais. Afinal, vários desses organismos podem transmitir e provocar inúmeras doenças.

Além disso, a decomposição da matéria orgânica produz vários gases que se espalham pela atmosfera, alguns deles com cheiro muito ruim. Um desses gases é o **metano**, conhecido como gás do lixo ou biogás, um dos responsáveis pelo aumento do efeito estufa.

Parte dessa matéria orgânica decomposta, misturada a outras substâncias provenientes de embalagens, pilhas, baterias e outros objetos, origina um líquido de cor escura e cheiro forte, chamado **chorume**. Esse líquido é muito tóxico para o ser humano e outros animais. Um dos maiores problemas ambientais que o chorume pode causar é que ele pode se infiltrar no solo e atingir os lençóis freáticos e os aquíferos, provocando a contaminação da água.

A existência de lixões, portanto, além de causar problemas ambientais, é uma questão de saúde pública, pois pode disseminar doenças tanto para a população que vive no entorno dos lixões como para as pessoas que dependem do lixo desses locais para sobreviver. Muitas dessas pessoas são os chamados "catadores", que coletam materiais recicláveis para vender. Para essas pessoas, o lixo representa uma fonte de renda e, por isso, a desativação de um lixão não implica apenas oferecer outra destinação para o lixo, mas deve envolver também medidas sociais que atendam a essas pessoas.

Lixão com chorume. Ribeirópolis (SE), em 2015.

Assista também!

A ilha das flores. Curta-metragem. Direção: Jorge Furtado. Brasil, 1989 (13 min).

O filme mostra o percurso de um tomate estragado, desde o momento de sua compra em um supermercado até seu destino em um lixão. A narrativa é uma crítica ao consumismo e à distribuição desigual de renda na sociedade contemporânea.

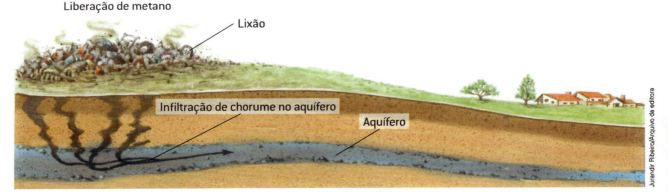

Representação esquemática de um lixão e da infiltração do chorume, com contaminação do aquífero e liberação de gás metano na atmosfera.

(Elementos representados em tamanhos não proporcionais entre si. Cores fantasia.)

Capítulo 9 • Lixo: um problema socioambiental

Enterrando o lixo: os aterros

Os aterros constituem uma das alternativas para a destinação do lixo e tem substituído alguns lixões pelo país. Existem dois tipos de aterro: os controlados e os sanitários. Contudo, apenas os aterros sanitários atendem às recomendações da Política Nacional de Resíduos Sólidos e, portanto, são considerados uma alternativa adequada ao descarte de lixo.

O **aterro controlado** é uma forma de disposição dos resíduos sólidos feita em terrenos afastados dos centros urbanos. Nesses aterros, o lixo depositado é coberto por terra e as camadas de terra são compactadas. Em seguida, uma nova camada de lixo coberta por terra é compactada. Assim, sucessivamente, são feitas as camadas alternadas de lixo e terra. Esse processo dificulta a liberação de gases tóxicos e diminui a proliferação dos animais que são geralmente atraídos pelos lixões. Dessa forma, os aterros controlados diminuem os riscos e danos à saúde pública. Porém, mesmo oferecendo algum tipo de controle ambiental, ainda existem desvantagens nesse tipo de aterro: além de uma parte dos gases produzidos ser liberada e poluir o ar, assim como nos lixões, o chorume produzido ainda pode se infiltrar e atingir os aquíferos, causando a poluição do solo e da água.

O **aterro sanitário**, por sua vez, é considerado uma forma adequada de destinação do lixo, principalmente para o de origem doméstica e que não é considerado reciclável. Assim como os demais, os aterros sanitários também são feitos em áreas distantes dos centros urbanos. Na sua construção, o solo é inicialmente compactado e forrado por uma manta plástica impermeável, que tem a função de impedir a infiltração do chorume no solo. O processo de deposição do lixo é muito parecido com o do aterro controlado, em que as camadas de terra e de lixo são colocadas de forma alternada e, depois, compactadas. Além disso, nesses aterros são instaladas tubulações para drenar a água da chuva e o chorume. Com isso, o material coletado é encaminhado para uma estação de tratamento, onde é transformado em **água de reúso**, que pode ser usada em banheiros, na jardinagem ou para limpeza.

Aterro controlado da Muribeca, Jaboatão dos Guararapes (PE), em 2016.

Hans Von Manteuffel/Pulsar Imagens

Há ainda um sistema de tubulações para recolher o biogás. Ele pode ser recolhido e tratado e, depois, usado para a produção de energia elétrica ou como combustível em indústrias, residências ou automóveis.

Alguns dos problemas dos aterros é que eles ocupam uma grande área e têm um tempo limitado de uso, que varia de acordo com o tamanho, as condições do solo e a quantidade de lixo depositado. Encerrado o tempo de uso de um aterro, embora a área possa ser aproveitada para a construção de parques, bosques ou outros espaços de interesse público, é preciso procurar outro local para a construção de um novo aterro.

Além disso, a construção e a manutenção dos aterros sanitários exigem muito investimento por parte dos municípios – principalmente, para aqueles de pequeno porte –, uma vez que precisam da cobertura diária dos resíduos, da impermeabilização do solo, do monitoramento de águas subterrâneas e do tratamento do chorume. Dessa forma, diante do que dispõe a Política Nacional de Resíduos Sólidos, o governo federal prevê medidas que podem viabilizar e impulsionar a implantação e a operação de aterros sanitários no país, como a possibilidade da gestão compartilhada dos resíduos sólidos, em que os municípios podem compartilhar, por exemplo, um aterro sanitário.

> **Acesse também!**
>
> **Plataforma Educares.** Ministério do Meio Ambiente (MMA). Disponível em: <http://educares.mma.gov.br/index.php/main> (acesso em: 19 jun. 2018).
>
> A plataforma *on-line* reúne diversos exemplos de gestão de resíduos sólidos no país. A proposta é que as instituições relatem suas experiências com a gestão de resíduos sólidos e inspirem novas iniciativas.

Queimando o lixo: a incineração

A **incineração** é uma técnica de tratamento de lixo bastante utilizada em cidades que não têm grandes áreas disponíveis para a construção de aterros sanitários. Nesse processo, o lixo é colocado em um equipamento chamado incinerador e é queimado em altas temperaturas. Com a queima, o lixo se transforma em cinzas e, portanto, diminui de tamanho. Além disso, as cinzas podem ser transportadas para aterros sanitários a fim de não poluírem o ambiente.

É importante destacar que a incineração não se refere à simples queima do lixo. Esse processo utiliza equipamentos específicos que evitam que os gases tóxicos produzidos com a queima sejam liberados na atmosfera e poluam o ar.

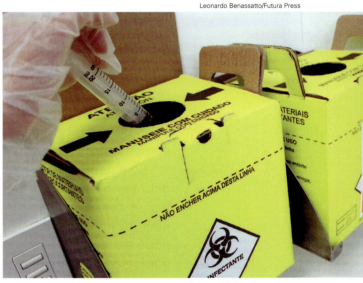

Caixa utilizada no processo de descarte de lixo hospitalar.

Uma das vantagens de se utilizar esse processo é o fato de que o incinerador pode ser instalado em pequenas áreas, até mesmo próximas às cidades. Com isso, há uma redução do custo do transporte de lixo.

No entanto, por questões técnicas, a incineração não é indicada para a maior parte do lixo produzido no país. Além do custo elevado de instalação, há o risco de liberar gases tóxicos e poluentes que podem ser prejudiciais à saúde, se a unidade de incineração não apresentar as condições adequadas para o seu funcionamento.

De qualquer forma, essa técnica é um procedimento obrigatório usado para o descarte do lixo hospitalar, que precisa de condições adequadas e não pode ser misturado a outras categorias de lixo em razão dos riscos de contaminação.

❯ Lixo e consumo

Como vimos, o lixo é um dos principais problemas da sociedade e está relacionado ao padrão de consumo atual. Esse padrão de consumo, embora bastante desigual entre as pessoas no Brasil e no mundo, tem provocado o aumento da exploração dos recursos naturais, pondo em risco o bem-estar e até a sobrevivência das futuras gerações.

Além das estratégias já apresentadas de como lidar com o lixo, vamos agora estudar outras alternativas para o seu tratamento e a sua destinação.

Mudando o conceito de lixo

Além dos lixões, dos aterros e da incineração, há outras formas de tratamento e destinação do lixo que envolvem ações mais voltadas para a redução da produção de lixo e dos impactos que ele causa no ambiente. Essas outras formas são decorrentes de uma mudança no conceito do que realmente é o lixo. O que antes podia ser visto apenas como sujeira, restos, sobras e materiais sem valor passou a ser matéria-prima para a produção de novos produtos.

Essa mudança de olhar foi, e ainda é, muito interessante para a economia e para o ambiente. Vamos estudar algumas formas que podem ser adotadas para retirar, de tudo o que é descartado, materiais que possam ser reutilizados.

Compostagem

Estima-se que a maior parte do lixo domiciliar, ou seja, produzido nas residências, seja constituída de restos de alimentos, isto é, de matéria orgânica. Essa matéria orgânica, como você já estudou, pode sofrer a ação de microrganismos, como fungos e bactérias, que atuam como decompositores.

Se a decomposição da matéria orgânica ocorrer de maneira controlada pelo ser humano, ela pode dar origem a um material chamado **composto**. Isso é conseguido por meio da **compostagem**, uma prática relativamente comum nos ambientes rurais do campo, mas que, nos centros urbanos, pode ser feita em usinas de compostagem. Nessas usinas, a matéria orgânica é inicialmente separada de outros materiais e, então, colocada em grandes recipientes, nos quais ocorre a decomposição controlada, sob a ação desses microrganismos.

Produção de composto orgânico em usina de compostagem em Toledo (PR), em 2017.

Em 2015, segundo dados da associação Compromisso Empresarial para Reciclagem (Cempre), somente cerca de 5% do resíduo sólido orgânico urbano gerado no Brasil foi reciclado, ou seja, utilizado na produção de composto. Nas poucas cidades brasileiras que têm usinas de compostagem, o composto é utilizado como adubo para jardins e praças ou é vendido para pequenos agricultores.

Além de o composto ser um excelente adubo, as usinas podem utilizar e comercializar o gás metano produzido durante a decomposição da matéria orgânica como fonte de energia e reduzir os gastos com os derivados de petróleo (como gasolina e óleo *diesel*).

Embora o custo de implantação de uma usina de compostagem e o do transporte do composto sejam altos, ela ainda é a alternativa mais indicada para os resíduos orgânicos por trazer benefícios para o ambiente, como o aumento da vida útil dos aterros — já que há diminuição do volume de lixo domiciliar que chega até eles — e a redução da poluição do solo, da água e do ar.

Mas o que fazer com o restante do lixo?

A parte do lixo que não é material orgânico também sofre decomposição. Porém, a decomposição desses materiais demora muito para ocorrer. O esquema a seguir mostra o tempo aproximado que alguns desses materiais levam para se decompor na natureza.

Papel
de 3 a 6 meses

Pano
de 6 meses a 1 ano

Ponta de cigarro
cerca de 2 anos

Chiclete
5 anos

Madeira pintada
14 anos

Náilon
cerca de 30 anos

Plástico
cerca de 450 anos (varia com o tipo de plástico)

Metal
mais de 100 anos (varia com o tipo de metal)

Borracha
tempo indeterminado

Vidro
estima-se que cerca de 4 mil anos

Náilon: material produzido pelo ser humano e utilizado na fabricação de meias, calças, etc.

Jurandir Ribeiro/Arquivo da editora

Além de ser um processo lento, a decomposição de alguns desses materiais libera substâncias tóxicas que podem poluir o ambiente. Em razão desses problemas, outras medidas são indicadas para esses resíduos. Essas medidas fazem parte da "Política dos Rs", que reúne um conjunto de ações e procedimentos que envolve a mudança de hábitos da população com a finalidade de preservar o ambiente e os recursos naturais. Essa política se baseia em princípios que visam à redução do consumo e ao reaproveitamento de materiais, que podem ser representados por diferentes Rs. Existem muitos Rs, porém os mais comuns são: **reduzir**, **reutilizar**, **reciclar** e **repensar**. Vamos estudar o significado de cada um deles.

> ## Assista também!
>
> **WALL-E.**
> Direção: Andrew Stanton. Estados Unidos, 2008 (97 min).
>
> Animação que traz a história de um robô que trabalha como compactador de lixo em um planeta totalmente desabitado. Na história, a Terra foi abandonada pelos seres humanos após ter sido completamente poluída. A reviravolta na vida de WALL-E começa quando ele conhece um outro robô, Eva, que foi enviado à Terra para procurar evidências de vida no planeta.

Vida e Evolução

Capítulo 9 • Lixo: um problema socioambiental **133**

> **Leia também!**
>
> **O bonequeiro de sucata.**
> Eliana Martins. São Paulo: Saraiva, 2013.
>
> Esse livro narra a realidade de um menino que trabalha no lixão para ajudar a família e como ele transforma os sonhos em arte.

Reduzir

Para reduzir a geração de lixo, devemos procurar diminuir o nosso consumo e optar por produtos que produzam menos resíduos e durem mais. Cada um de nós pode contribuir para isso adotando alguns hábitos, como:

- não desperdice alimentos: coloque no prato só o que realmente for comer;
- cuide melhor de suas roupas para que elas possam durar mais;
- quando embrulhar um presente, evite utilizar embalagens em excesso;
- doe roupas e brinquedos que não são mais usados;
- reforme e conserve objetos e aparelhos, em vez de substituí-los.

Reutilizar

Reutilizar significa usar para uma nova finalidade algo que você já tem. Um dos exemplos mais comuns é a reutilização de embalagens de vidro e plástico. A reutilização é importante porque diminui a quantidade de lixo que pode vir a poluir o ambiente. Além disso, ela permite que você economize ao evitar a compra de novos produtos que poderiam ser utilizados para o mesmo fim.

Com criatividade, resíduos dos mais variados materiais podem ser reutilizados e transformados em novos objetos. **(A)** Fotografia de horta vertical feita com garrafas plásticas reutilizadas.
(B) Fotografia de alimentos armazenados em frascos de vidro reutilizados.

UM POUCO MAIS

Reutilizando o óleo de fritura

Muitas pessoas não sabem o que fazer com o óleo usado para fritura e acabam despejando esse óleo na pia, nos ralos ou mesmo no lixo comum. O óleo jogado nos ralos pode causar entupimentos nos encanamentos, refluxo de esgoto e até rompimento da tubulação nas redes de coleta de água. Quando chega aos rios e às represas, ele se espalha pela superfície e dificulta a passagem de luz e a oxigenação da água, causando danos aos seres aquáticos que vivem no local. Para se ter uma ideia do problema que isso pode causar, um litro de óleo pode contaminar um milhão de litros de água.

O ideal é que todo óleo seja enviado a uma empresa ou entidade que o reutilize para fabricar sabão ou biodiesel. Já existem cidades, como Curitiba (PR), que fazem a coleta domiciliar do óleo usado em frituras para fabricar sabão.

Existem muitas organizações não governamentais (ONGs) que recolhem o óleo de fritura, trocando-o por pedaços de sabão. Informe-se se na sua cidade há esse tipo de serviço e, se houver, divulgue-o na sua escola e na sua comunidade.

Reciclar

A reciclagem é um conjunto de técnicas que permite que determinados materiais descartados sejam usados como matéria-prima para a produção de novos produtos. Trata-se de uma das alternativas mais vantajosas no que diz respeito ao tratamento de resíduos sólidos e, por isso, é uma das principais ações da gestão de resíduos.

As vantagens são muitas e vão desde aspectos ambientais até os sociais. Além de reduzir a geração de lixo e, consequentemente, a necessidade de aterros, a reciclagem poupa recursos naturais, uma vez que a matéria-prima é obtida a partir de materiais que já foram retirados do meio ambiente. Do ponto de vista social, a reciclagem pode gerar empregos para os catadores e se tornar uma atividade econômica rentável.

Contudo, ela também tem limitações que fazem com que uma pequena parte dos resíduos seja reciclada. De acordo com o Instituto de Pesquisa Econômica Aplicada (Ipea), em 2011, apenas 13% dos resíduos sólidos urbanos no país foram reciclados. O principal fator que dificulta a reciclagem é a falta de incentivo para que pessoas separem o lixo e garantam sua coleta e disposição corretas, o que depende das autoridades públicas.

Parte do processo de reciclagem do vidro envolve triturá-lo até se tornar pó, como na foto.

Atualmente, os principais materiais recicláveis são: o vidro, o metal, o plástico e o papel.

O **vidro** é o material mais fácil de ser reciclado e seu reaproveitamento é de 100%. Ele deve ser inicialmente triturado até se transformar em pó. Depois, ele é aquecido até derreter e colocado em moldes para adquirir a nova forma desejada.

O **metal** mais conhecido e utilizado pelo ser humano é o ferro. Ele pode ser obtido de vários minérios, sendo o principal a hematita. Sua utilização mais importante é na produção de aço, matéria-prima para a fabricação de ferramentas, máquinas, veículos de transporte, panelas, latas de conserva de alimentos, latas de bebidas gaseificadas e uma infinidade de outros produtos. Na reciclagem do ferro, os objetos são derretidos e depois moldados de acordo com a sua nova funcionalidade.

Outro metal muito utilizado é o alumínio, obtido de um minério chamado bauxita. Atualmente, o uso mais comum do alumínio é visto na produção de panelas e latinhas de refrigerantes e cervejas.

Para que o ferro possa ser reciclado, é preciso derretê-lo para depois moldá-lo novamente.

> **Leia também!**
>
> **O saci e a reciclagem do lixo.** Samuel Murgel Branco. São Paulo: Moderna, 2002.
>
> Nesse livro, o saci, famoso personagem do folclore, resolve aprontar algumas travessuras e, sem querer, acaba por dar muitas ideias que envolvem a reciclagem e seus benefícios para a natureza.

UM POUCO MAIS

De latinha em latinha...

O Brasil é um dos países que mais recicla latas de alumínio. Em 2015, segundo a associação Compromisso Empresarial para Reciclagem (Cempre), 97,9% do total das latas de alumínio disponibilizadas no mercado brasileiro foram recicladas. Foram 292,5 mil toneladas, o que corresponde a 23,1 bilhões de unidades, ou 63,3 milhões por dia ou 2,6 milhões por hora.

Infelizmente este fato não pode ser atribuído à maior conscientização da população sobre o problema do lixo, mas ao grande número de pessoas de baixa renda que se beneficiam da reciclagem como um fonte de renda.

Embora muitos catadores de material reciclável tenham condições de trabalho precárias, cada vez mais a atuação desses profissionais é valorizada, pois são vistos como parceiros importantes na coleta seletiva. Isso é resultado, principalmente, de diversas iniciativas governamentais e de movimentos sociais que apoiam esses profissionais e buscam fortalecer a organização produtiva dos catadores em cooperativas e associações. Essas iniciativas, além de contribuírem para a implementação da Política Nacional de Resíduos Sólidos, promovem a geração de renda e melhores condições de trabalho para esses profissionais.

O trabalho dos catadores é tão importante que se estima que eles sejam responsáveis pela coleta de aproximadamente metade das latinhas de alumínio do país. A outra metade é proveniente de supermercados, escolas, empresas e entidades filantrópicas.

Após esse primeiro recolhimento, o caminho percorrido pelas latinhas até virarem outras latinhas é bem longo. As latinhas são encaminhadas para sucateiros, cooperativas de catadores e centros municipais de reciclagem. Desses locais, dirigem-se para indústrias de fundição. As indústrias de fundição podem vender os pedaços de alumínio produzidos (chamados de lingotes) para diversos setores. Em se tratando da produção de novas latinhas, os lingotes seguem para fabricantes de lâminas de alumínio, que são vendidas para as indústrias que fabricam latinhas e só então voltam para as indústrias que fazem o envase de bebidas.

As latas vazias de alumínio são amassadas, formando grandes fardos que vão para a reciclagem. Taquaritinga (SP), 2017.

Em seu dia a dia, há muitos objetos feitos de **plástico** e existem vários tipos desse material. A matéria-prima utilizada para produzir a grande maioria dos plásticos são as substâncias obtidas do petróleo.

Um dos plásticos mais comuns é o PET, utilizado principalmente na produção de garrafas de água, de refrigerantes e de óleos vegetais. No Brasil, segundo dados de 2015, 51% de todas essas embalagens eram recicladas, o que representou uma queda, quando comparado com o ano de 2012, cujo percentual foi de 59%.

Os objetos feitos de plásticos recicláveis são indicados por símbolos usados em todo o mundo. Cada tipo de plástico também é identificado com um número.

Esses símbolos também são utilizados para outros materiais recicláveis e visam facilitar o descarte correto desses materiais para a reciclagem. Contudo, nem todos os plásticos são recicláveis. Nesses casos, o plástico pode ter dois destinos: ser incinerado ou encaminhado para um aterro sanitário.

O **papel** é feito a partir da celulose, uma fibra vegetal obtida do caule de árvores como o eucalipto e o pinheiro. Sua produção consome muita água e energia, e várias substâncias utilizadas na sua fabricação podem provocar danos ao ambiente. Esse tipo de material pode ser reciclado a partir de jornais, livros, caixas de papelão e aparas (sobras de papel cortado).

> **Leia também!**
>
> **Lixo: problema nosso de cada dia.** Neide S. Mattos e Suzana F. Granato. 2. ed. São Paulo: Saraiva, 2014.
>
> O livro traz uma reflexão sobre assuntos como produção de lixo, reciclagem, consumo responsável, reutilização de materiais e todos os outros temas daí decorrentes.

A reciclagem de papel evita a derrubada de eucaliptos (na foto) e pinheiros, ou seja, reduz a extração de recursos naturais do meio ambiente. Para a produção de uma tonelada de papel, por exemplo, são cortadas aproximadamente trinta árvores. Na foto, plantação de eucaliptos em Itutinga (MG), 2016.

Como você pode perceber, a reciclagem abrange diversas esferas e você também pode fazer a sua parte para contribuir com ela. Uma das formas é separar o seu lixo reciclável em recipientes próprios (sacos de lixo diferentes) e colocá-los em lixeiras que existem em áreas públicas, destinadas à coleta seletiva e identificadas por cores diferentes.

Além da contribuição individual, é necessário investimento do governo para que haja dois tipos de coleta do lixo: a coleta do lixo comum e a coleta seletiva. A **coleta seletiva** consiste em recolher os materiais recicláveis já separados e embalados. Muitos municípios brasileiros oferecem esse tipo de serviço, que exige a participação ativa dos moradores da cidade na separação do próprio lixo, em casa.

As cores usadas nos coletores de lixo reciclável são: amarelo para metal, azul para papel, cinza para resíduos não recicláveis, vermelho para plástico e marrom para materiais orgânicos. Além das cores, os coletores também podem apresentar os símbolos que representam os diferentes tipos de materiais recicláveis e orgânicos. Na foto, coletores em Araçatuba (SP), 2016.

Capítulo 9 • Lixo: um problema socioambiental 137

Apesar de favorecer a reciclagem, o processo de coleta seletiva é mais caro do que o da coleta tradicional. Todavia, seu custo pode ser compensado com a venda dos materiais recicláveis e também, em longo prazo, haverá o aumento do tempo de vida útil dos aterros e dos lixões.

Repensar

Vimos que é possível reduzir a quantidade de lixo que produzimos e o consumo de materiais supérfluos, reutilizar tudo o que for possível, evitando o desperdício, e reciclar os materiais, diminuindo a exploração de recursos naturais e o consumo de energia. Mas, talvez, o mais importante seja **repensar** nossos hábitos, nosso comportamento social e o padrão de consumo, que pode se tornar insustentável ao longo do tempo, com risco para a sobrevivência das futuras gerações.

UM POUCO MAIS

O que fazer com pilhas e baterias?

As pilhas e baterias apresentam em sua composição substâncias tóxicas, como o chumbo, o cádmio e o mercúrio, que podem contaminar o solo e a água se não forem descartadas de forma adequada. Essas substâncias são classificadas como lixo perigoso pela Associação Brasileira de Normas Técnicas (ABNT). Elas são geralmente utilizadas em aparelhos de telefonia móvel ou fixa, câmeras fotográficas e alguns aparelhos eletroeletrônicos, como jogos e brinquedos.

Por apresentarem essas substâncias tóxicas, quando as pilhas e as baterias perdem a sua função, elas não devem ser descartadas no lixo comum. Nesses casos, o correto é entregar as pilhas e as baterias para os estabelecimentos que as comercializam ou à rede de assistência técnica autorizada pelas respectivas indústrias. Recomenda-se também ler a embalagem do produto antes de abri-la, pois nela devem constar orientações de como proceder com o correto descarte desses materiais.

NESTE CAPÍTULO VOCÊ ESTUDOU

- O motivo de o lixo ter se tornado um grave problema socioambiental.
- Os diferentes tipos de lixo e seus principais destinos e impactos causados.
- O que é a compostagem, como pode ser realizada e os seus benefícios para o ser humano e o ambiente.
- Os conceitos reduzir, reutilizar, reciclar e repensar.
- Os principais materiais que são recicláveis e os benefícios proporcionados pela reciclagem.
- A importância econômica, ambiental e social da coleta seletiva.
- A importância de repensar hábitos de consumo e de adotar atitudes que ajudem a preservar o ambiente.

ATIVIDADES

PENSE E RESOLVA

1 A figura a seguir mostra o esquema de uma cidade onde será instalado um aterro sanitário. As opções de locais escolhidas pelos governantes e outras autoridades estão indicadas por letras. Analise as vantagens e as desvantagens de cada local indicado e escolha os mais apropriados para a instalação do aterro.

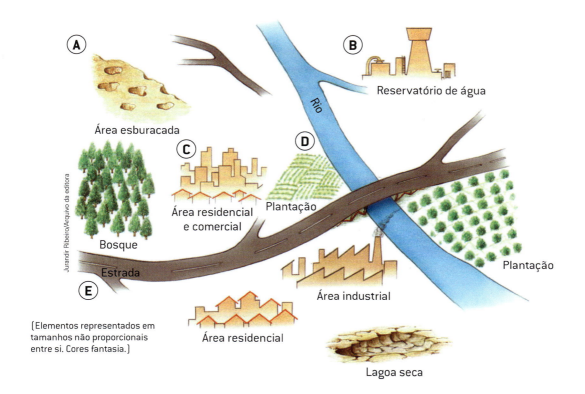

(Elementos representados em tamanhos não proporcionais entre si. Cores fantasia.)

2 Um dos maiores problemas nas grandes cidades é a administração do lixo produzido todos os dias. São milhares de toneladas de lixo vindos de diversos setores da sociedade e que precisam de uma destinação adequada. Para que isto ocorra, é necessário que o lixo seja separado em categorias, assim como é necessária a separação de alguns de seus componentes.

a) Cite dois componentes que podem ser encontrados em cada categoria de lixo.

b) Explique por que o lixo hospitalar não deve ser misturado com outras categorias de lixo. Quais os perigos para as pessoas e para o ambiente caso ele não seja separado adequadamente?

c) Cite os principais destinos do lixo.

d) Quais são os problemas causados pelos lixões?

3 Explique o que é chorume e por que ele é considerado muito perigoso para o meio ambiente.

4 Você concorda com a afirmação: "Os aterros sanitários apresentam vantagens em relação aos lixões"? Justifique a sua resposta.

5 Explique por que o gás metano é chamado de gás do lixo.

6 Qual é a principal vantagem de se usar o gás do lixo como combustível?

Capítulo 9 • Lixo: um problema socioambiental

7 Nas últimas décadas, tem sido cada vez mais comum pensar na destinação adequada ao lixo produzido pela nossa sociedade. Entre as ações positivas temos a compostagem, que vem sendo cada vez mais utilizada pelos governos, escolas, condomínios e até mesmo pelas pessoas, em suas próprias casas.

a) Explique o que é compostagem e quais são os seus benefícios.

b) Pesquise como é possível fazer uma composteira em uma casa ou em um apartamento.

8 Analise a tabela abaixo, que mostra a quantidade de lixo coletado no Brasil:

Região	Quantidade de resíduos sólidos gerados (toneladas/dia)	Quantidade de resíduos sólidos gerados por habitante (kg/hab./dia)	Quantidade de resíduos sólidos coletados (toneladas/dia)	Quantidade de resíduos sólidos coletados por habitante (kg/hab./dia)
Norte	15 444	0,871	12 692	0,705
Nordeste	55 056	0,967	43 355	0,762
Sudeste	104 790	1,213	102 620	1,188
Sul	22 127	0,752	20 987	0,713
Centro-Oeste	16 988	1,085	15 990	1,021

Fonte: ABRELPE. **Panorama dos resíduos sólidos no Brasil 2016**. Disponível em: <http://www.abrelpe.org.br/Panorama/panorama2016.pdf> (acesso em: 29 jun. 2018).

A partir dos dados da tabela, foram feitas as afirmações abaixo. Indique quais delas são verdadeiras.

I. Todo o resíduo sólido gerado nas diferentes regiões do país é coletado.

II. A região Sul é a que menos gera resíduo sólido por habitante no país.

III. A quantidade de resíduo sólido coletado por habitante em todas as regiões do país é inferior a 1 kg/habitante/dia.

IV. A quantidade de resíduos sólido coletado no Sudeste é superior à coletada na região Sul, embora a quantidade de resíduo sólido coletado por habitante no Sul seja superior à do Sudeste.

V. A região Norte gera menos resíduo sólido por habitante do que a região Centro-Oeste.

SÍNTESE

Organize uma tabela indicando as vantagens e desvantagens de cada forma de disposição do lixo apresentada a seguir:

- lixão
- aterro controlado
- aterro sanitário
- incineração

DESAFIO

▶ A ilustração ao lado mostra os componentes de uma caixa de bombons. Observe e responda:

a) Todos os componentes da embalagem são realmente necessários?

b) Se você acha que há componentes desnecessários, indique quais são.

c) Com quais finalidades seria conveniente diminuir o número de componentes?

d) Quais componentes dessa embalagem são recicláveis?

Compare as suas respostas com as dos colegas. Vocês têm a mesma opinião sobre esse assunto ou tiveram ideias diferentes?

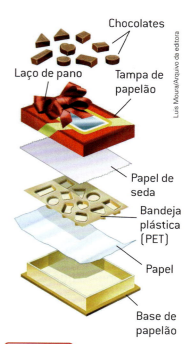

PRÁTICA

Coleta e classificação do lixo domiciliar

Objetivo

Investigar o lixo domiciliar produzido pelas pessoas com quem mora.

ATENÇÃO!
Esta atividade prática deve ser acompanhada por um adulto.

Material

- 6 sacos para lixo
- Etiquetas
- Balança

Procedimento

1. Separe os seis sacos e coloque em cada um deles uma etiqueta: matéria orgânica, vidro, metal, plástico, papel e outros.

2. Oriente as pessoas da casa a separar todo o lixo de acordo com as etiquetas.

3. Pese os sacos de lixo e anote os resultados na tabela abaixo.

	Tabela de quantidade de lixo recolhido em casa (em kg)					
	Matéria orgânica	Vidro	Metal	Plástico	Papel	Outros (pilhas, borracha, etc.)
1º dia						
2º dia						
3º dia						

4. Repita o procedimento acima por três dias e leve os resultados para discussão na sala de aula.

Discussão final

1. Qual foi o tipo de lixo mais produzido em sua residência e qual foi o menos produzido?
2. Você sabe para onde vai todo o lixo produzido na sua cidade?
3. É possível diminuir a quantidade de lixo produzido em sua casa?

LEITURA COMPLEMENTAR

Pesquisa aborda os desafios da gestão do lixo nas cidades da Amazônia

A região amazônica concentra a maior riqueza em biodiversidade do planeta e um quinto de toda a reserva de água potável do mundo. Tamanha grandiosidade, no entanto, carece de políticas de preservação. Um dos pontos mais sensíveis é o trato com o lixo. Ao longo de anos, o pesquisador paraense Paulo Pinho se debruçou sobre o desafio da gestão dos resíduos sólidos nas cidades da Amazônia e buscou caminhos estratégicos para propor soluções à crise do lixo na região. [...]

Igarapé poluído em Manaus (AM), em 2016.

Ao pesquisar a poluição e o trato com o lixo em diversas partes do mundo, Paulo trouxe à tona a necessidade de pensar as peculiaridades da Amazônia nesse contexto.

"Os impactos ambientais são amplificados. A gente deposita o lixo de forma inadequada na maioria dos 450 municípios da Amazônia, e temos problemas de poluição do solo, poluição na água e também do ar", explica Pinho, que é professor da Unama.

O lixo eletrônico se revela mais um agravante na região. "Como não temos um parque industrial eficiente, acabamos não aproveitando parte dos resíduos eletrônicos. Consumimos e depois eles ficam aqui, contaminando nosso meio ambiente com metais pesados".

A falta de coleta seletiva também implica no descarte de materiais com grande potencial de reaproveitamento. "Estamos jogando, literalmente, no lixo recursos que poderiam servir para aumentar a renda do catador, gerar empregos e diminuir custos relativos à coleta e transporte para lixões, além de reduzir os impactos ocasionados pela má disposição do lixo", defende o autor, que é categórico: investir no tratamento de resíduos sólidos na Amazônia é uma questão estratégica, do ponto de vista econômico, social e ambiental.

[...]

"O principal desafio é envolver a população, para que ela assuma a responsabilidade pessoal em relação ao trato dos resíduos. A nossa nova política coloca a responsabilidade compartilhada começando com cada indivíduo e cada empresa. O próximo passo é capacitar o poder público, principalmente municipal, mas também governo federal e estadual que partilham a responsabilidade, e cobrar que tenham estratégias eficientes".

[...]

Fonte: PESQUISA aborda os desafios da gestão do lixo nas cidades da Amazônia. G1. Publicado em: 28/5/2017. Disponível em: <https://g1.globo.com/pa/para/noticia/obra-debate-os-desafios-da-gestao-do-lixo-na-amazonia-e-aponta-alternativas-estrategicas.ghtml> (acesso em: 29 jun. 2018).

Questões

1. Qual é a importância da preservação da região amazônica para o planeta?
2. Quais são as principais consequências da disposição inadequada do lixo e da falta de coleta seletiva na região amazônica apontadas no texto?
3. Segundo o autor, quais agentes sociais são responsáveis pela gestão do lixo?

Capítulo 10

Saneamento básico

Gustavo Basso/NurPhoto/Getty Images

A água é tão importante para os seres vivos que, sem ela, não existiria vida na Terra, pelo menos não da forma como a conhecemos.

Além de ser essencial para a manutenção do funcionamento de nosso organismo, a água tem grande importância econômica e social. Portanto, não existe dúvida de que ela deve ser preservada. Contudo, isso nem sempre acontece, e o ser humano é o principal responsável por essa situação.

Diariamente são lançados milhares de toneladas de resíduos domésticos e industriais, pesticidas agrícolas e outras substâncias nos rios, lagos e mares no mundo inteiro.

No Brasil, isso não é diferente. O rio Doce (na foto), por exemplo, recebeu uma grande quantidade de rejeitos de minério de ferro provenientes de uma mineradora instalada na região. Ao observar a imagem, você imagina os problemas que esse desastre pode ter causado? Ou o que aconteceu com as pessoas que moravam no entorno do rio? O que faz com que um rio seja poluído? Como é possível recuperar um rio poluído? O que pode ser feito para impedir que mais desastres como esse aconteçam?

Ao final do capítulo, você poderá chegar às respostas para essas perguntas.

Um dos maiores desastres ambientais do país ocorreu em 2015, quando uma barragem, localizada na região de Mariana (MG), rompeu e liberou uma grande quantidade de rejeitos de minério de ferro que atingiram o rio Doce, causando grandes problemas socioambientais. Fotografia tirada em 4 de novembro de 2016 mostra o impacto ambiental desse desastre.

Vida e Evolução

Capítulo 10 • Saneamento básico   143

❱ A poluição da água

A qualidade da água está relacionada com o destino que se dá a ela. A água usada para gerar energia elétrica não precisa ter a mesma qualidade daquela utilizada para consumo humano, por exemplo. Isso ocorre porque a água para consumo não pode conter microrganismos causadores de doenças nem substâncias tóxicas (poluentes), enquanto a água para a geração de energia elétrica não precisa de tratamento.

Por isso, para considerar se determinada água está poluída ou contaminada, precisamos saber o uso que ela terá e se a quantidade de poluentes e microrganismos está acima do nível estabelecido, conhecido como **padrão de qualidade**.

Assim, caso essa água contenha substâncias ou microrganismos patogênicos (que causam doenças) em quantidade abaixo do padrão de qualidade, ela é apenas considerada **contaminada**. Por outro lado, se os poluentes e microrganismos superarem esse padrão de qualidade, então a água estará **poluída**.

De maneira geral, os poluentes atingem os corpos de água por meio do lançamento de resíduos na água. Essa prática já ocorre há muito tempo; contudo, tem ganhado maiores proporções nas últimas décadas.

No passado, quando as cidades eram menores, não havia preocupação com a poluição das águas, que eram limpas e abundantes. Naquela época, a quantidade de resíduos lançados na água era pequena e a ação dos microrganismos presentes na água era suficiente para consumir a maioria desses resíduos.

Com o crescimento das cidades e o desenvolvimento da agricultura e das indústrias, não só aumentaram os resíduos lançados na água, como novos tipos de resíduos surgiram. A quantidade e os tipos de resíduos industriais, agrícolas e domésticos aumentaram tanto que os microrganismos dos rios, sozinhos, não eram mais suficientes para despoluir a água.

Atualmente, além do acúmulo de resíduos, como o plástico, já citado no capítulo anterior, os principais fatores relacionados à poluição da água incluem o uso descontrolado de fertilizantes e de pesticidas, o vazamento de petróleo nos oceanos e o lançamento de esgotos industriais e domésticos.

O rio Tietê, na cidade de São Paulo, na década de 1930. No começo do século XX, suas águas eram límpidas e a prática de canoagem era um dos programas preferidos dos paulistanos. Há mais de vinte anos, iniciou-se um programa para a despoluição desse rio, mas ele continua poluído.

UM POUCO MAIS

Projeto Tietê

O rio Tietê, o maior do estado de São Paulo, com 1 150 km de extensão, está morto na região metropolitana de São Paulo, onde a oxigenação da água é praticamente 0%, segundo dados da ONG SOS Mata Atlântica, que há 25 anos protagonizou uma campanha popular para a limpeza do rio. Essa campanha teve como consequência o lançamento do Projeto Tietê. Porém, após 25 anos, o rio continua poluído. Fica a pergunta: O que deu errado? Por que o poder público não consegue despoluir o rio?

Lixo flutuando no rio Tietê. São Paulo (SP), em 2017.

Para despoluir um rio é necessário parar de lançar poluentes nele. Se isso for feito, com o tempo o rio se recuperará naturalmente. Essa solução, embora pareça simples, é bastante complexa se considerarmos que temos no seu entorno uma metrópole que cresceu de maneira desordenada, provocando inúmeros problemas e conflitos de natureza socioambiental.

A questão da coleta e do tratamento do esgoto é uma das variáveis dessa complexa equação para a solução do problema.

Nas duas primeiras fases do Projeto Tietê foram construídas estações de tratamento e redes de coleta de esgoto. Hoje 87% do esgoto é coletado e 59% do total são tratados na região metropolitana, segundo a companhia de saneamento da capital. Na capital, 88% do esgoto é coletado e 66% do total é tratado. Embora esses percentuais estejam acima da média do Brasil, onde 61% do esgoto nas áreas urbanas é coletado e 43% é tratado, segundo dados de setembro de 2017 da Agência Nacional das Águas (ANA), ainda é insuficiente para evitar a contaminação do Tietê: 41% do esgoto doméstico da Grande São Paulo vai parar *in natura* no rio e em seus afluentes. Hoje a maior parte da poluição do rio é causada por esgoto doméstico, embora possamos encontrar resíduos industriais e uma série de outras substâncias e materiais que chegam ao rio levados pela água das chuvas, como fuligem de carros, bitucas de cigarro, lixo que as pessoas jogam nas ruas, fezes de animais, detergentes, entre outros. Esse lixo todo gera o assoreamento do leito do rio, diminuindo a capacidade de vazão da água e gerando enchentes.

Os problemas da captação e do tratamento do esgoto estão diretamente relacionados com a expansão urbana da cidade e a maneira como a rede de coleta e tratamento foi sendo construída. Nos bairros já consolidados é necessário passar a tubulação por debaixo de ruas e prédios. As redes de esgoto já existentes, por sua vez, precisam ser ligadas a outras que possam levar o esgoto coletado para as estações de tratamento.

Além disso, existem muitas áreas com ocupação irregular, impedindo a coleta e destinação do esgoto para estações de tratamento. As comunidades de baixa renda foram sendo ao longo dos anos empurradas para as periferias das cidades e ocuparam de maneira irregular locais sem infraestrutura.

Essa questão assume uma proporção ainda maior se pensarmos que os 39 municípios envolvidos no projeto precisam fazer a sua parte no que diz respeito à expansão da rede de coleta e tratamento de esgoto e uso correto do solo. Além disso, o estado e o governo federal têm sua responsabilidade pela bacia hidrográfica, por meio da implantação de políticas públicas relacionadas à habitação e à infraestrutura.

Fonte: elaborado com base em POR QUE São Paulo ainda não conseguiu despoluir o rio Tietê? **BBC Brasil**. Publicado em: 4/12/2017. Disponível em: <www.bbc.com/portuguese/brasil-42204606> (acesso em: 3 jul. 2018).

Lagoa em Poconé (MT), sob fenômeno da eutrofização, em fotografia de 2017. Dependendo do tipo de alga do lago, sua superfície adquire uma coloração azul-esverdeada (como na foto), vermelha ou acastanhada.

Fertilizantes e pesticidas

O uso descontrolado de fertilizantes e pesticidas na agricultura moderna tem causado a poluição dos solos e dos recursos hídricos superficiais e subterrâneos.

Isso ocorre porque a chuva e a água usada na irrigação arrastam para os rios e lagos o excesso de fertilizantes e de pesticidas usados na agricultura, provocando grave impacto ambiental, como a morte de seres vivos. Além disso, esses produtos podem se infiltrar no solo e contaminar águas subterrâneas.

Ao atingir as águas de um lago, por exemplo, os fertilizantes favorecem a proliferação de algas que geralmente vivem na superfície da água. Isso impede que a luz do Sol chegue ao fundo do lago. Sem luz, não há fotossíntese e, consequentemente, há a morte de vegetais e outros seres fotossintetizantes com redução da liberação do gás oxigênio.

Com a morte dos vegetais do lago, aumenta o número de microrganismos decompositores, que consomem cada vez mais o gás oxigênio, provocando a morte de peixes e outros animais. A decomposição desses seres vivos causa a liberação de gases tóxicos, alguns com cheiro desagradável. Esse fenômeno é conhecido como **eutrofização**.

Vazamentos de petróleo

A maioria dos vazamentos de petróleo ocorre em virtude de acidentes durante seu transporte em navios. Quando isso ocorre, formam-se manchas escuras na superfície da água que impedem a passagem da luz e a penetração do gás oxigênio na água, comprometendo o processo de fotossíntese e a respiração de várias espécies.

As aves aquáticas também são muito afetadas pelos vazamentos de petróleo. Quando suas penas ficam cobertas de petróleo, elas não conseguem mais voar ou nadar e morrem porque não podem se alimentar.

(A) Muitas aves morrem envenenadas com o petróleo quando tentam se limpar usando o bico.
(B) Uma grande parte do petróleo extraído de poços é transportada por navios-petroleiros pelos oceanos. Quando há algum acidente com eles, o petróleo pode vazar e formar grandes manchas negras que se espalham na superfície do mar. Na fotografia, baía de Guanabara, no Rio de Janeiro (RJ), em 2015.

Esgoto industrial

No Brasil, existem leis ambientais que proíbem o lançamento de **esgotos** industriais diretamente no meio ambiente. Tais leis regulamentam o despejo correto desse tipo de esgoto, estabelecendo padrões mínimos para isso. De acordo com essas leis, o esgoto industrial deve ser tratado antes de ser lançado nos rios para evitar a contaminação do solo e das águas, como rios e lagos.

Entre os resíduos tóxicos presentes no esgoto industrial, os mais nocivos são os chamados metais pesados – chumbo, mercúrio, cádmio, crômio e níquel. Se ingeridos pelos seres humanos, eles podem causar diversos problemas pulmonares, cardíacos, renais, do sistema nervoso central, entre outros. Um dos mais tóxicos é o mercúrio, comumente usado por garimpeiros na separação do ouro.

Quando a água está contaminada por metais pesados, mesmo que não ocorra a ingestão direta dessa água por uma pessoa, ela pode se contaminar por meio da ingestão de peixes ou outros animais aquáticos que vivem no ambiente contaminado por esses metais.

> **Esgoto:** toda água já usada em residências, comércios e indústrias. Em casa, por exemplo, é a água que foi utilizada para tomar banho, lavar a louça, dar a descarga, escovar os dentes, limpar a casa, etc.

UM POUCO MAIS

Poluição térmica

Usinas nucleares, centrais elétricas, refinarias de petróleo, siderúrgicas e outras indústrias precisam utilizar muita água para resfriar máquinas e motores. Essa água, depois de usada nos processos de refrigeração, fica quente e, muitas vezes, é lançada diretamente em mares ou rios.

Isso causa a diminuição da oxigenação da água, prejudicando diversas formas de vida aquática. Além disso, o aumento da temperatura da água não é adequado para a sobrevivência de diversos organismos, que acabam morrendo ou migrando para outras áreas.

Uma forma de minimizar o impacto causado por esse tipo de poluição ao meio ambiente seria o tratamento da água antes de ser devolvida aos corpos de água. É necessário que a água esteja livre de impurezas (resíduos químicos e tóxicos) e em temperatura mais próxima à do ambiente antes de retornar ao corpo de água onde será despejada.

Esgoto doméstico

Em algumas localidades, toda a água usada para lavar roupas e louças, tomar banho e dar descarga no vaso sanitário é despejada em córregos. O que você vê na fotografia ao lado são canos por onde são despejados o que chamamos de esgoto doméstico, que é uma mistura de água com resíduos das residências.

O esgoto contém grande quantidade de matéria orgânica, que pode ser utilizada como alimento pelos microrganismos existentes na água e favorece a sua proliferação. Esses microrganismos, para obter energia, consomem o gás oxigênio dissolvido na água e, com isso, diminui a quantidade de gás oxigênio disponível para a sobrevivência de outras espécies aquáticas, o que pode provocar a morte delas, como vimos na fotografia de abertura deste capítulo.

Esgoto doméstico jogado diretamente no córrego. Padre Paraíso (MG), em 2018.

Capítulo 10 • Saneamento básico **147**

❯ Saneamento básico

Em todos os países, os governantes têm o dever de realizar o tratamento da água e do esgoto a fim de garantir condições de higiene e saúde à população e também boas condições ambientais. O conjunto desses procedimentos, que inclui o fornecimento de água, a coleta e o tratamento de lixo, bem como a drenagem de águas pluviais constitui o que hoje chamamos de **saneamento básico**.

Os principais objetivos do saneamento básico são a prevenção de doenças e a promoção da saúde das comunidades. Esses objetivos podem ser obtidos por meio dos seguintes processos: tratamento e distribuição da água potável; coleta e tratamento do esgoto; e coleta e destinação adequada do lixo.

Tratamento de esgoto

A coleta e o tratamento adequado do esgoto são essenciais para a saúde da população e para a manutenção dos ecossistemas.

É importante saber que nem todo esgoto coletado é tratado. No Brasil, segundo o *Atlas Esgotos* de 2017, da Agência Nacional de Águas (ANA) e da Secretaria Nacional de Saneamento Ambiental do Ministério das Cidades, esse é um problema que atinge 18% da população que tem o esgoto coletado, mas não recebe tratamento. Além disso, para 27% da população, o esgoto sequer é recolhido por não haver serviço de coleta sanitária. Somente 43% da população tem acesso à coleta e ao tratamento do esgoto.

Em 2007, foi promulgada a Lei do Saneamento Básico. Para atender a toda a população com água e esgoto tratado, todos os municípios deveriam elaborar um plano de investimento e gestão para o setor. A lei também definiu qual seria o papel dos governos federal e estaduais, bem como a participação das empresas privadas.

A falta de saneamento básico tem consequências graves para a qualidade de vida da população. Almeirim (PA), em 2017.

Luciana Whitaker/Pulsar Imagens

Segundo os dados do Sistema Nacional de Informações sobre Saneamento (SNIS), entre 2007 e 2015, a população atendida por coleta de esgoto passou de 42% para 50,3%, ou seja, em 2015, mais de 100 milhões de brasileiros utilizavam fossa séptica ou lançavam seus dejetos diretamente nos rios. O percentual de esgoto tratado também aumentou: foi de 32,5% para 42,7%. Com relação ao abastecimento de água tratada, o total de brasileiros atendidos passou de 80,9% para 83,3%.

Além desses índices, há diferenças regionais bastante acentuadas, como podemos observar no gráfico a seguir:

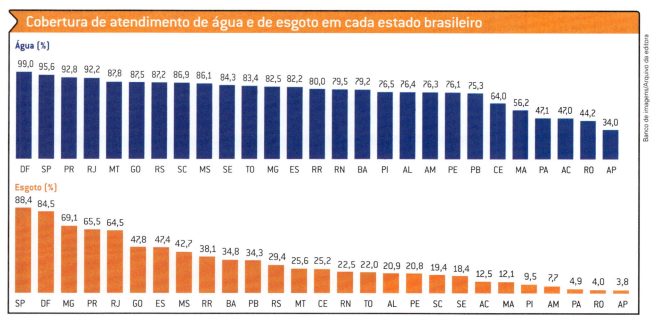

Fontes: elaborado com base em SISTEMA Nacional de Informação sobre Saneamento (SNIS). **Diagnóstico dos Serviços de Água e Esgotos.** 2015; VELASCO, Clara. Saneamento melhora, mas metade dos brasileiros segue sem esgoto no país. **G1**. Publicado em: 19/2/2017. Disponível em: <https://g1.globo.com/economia/noticia/saneamento-melhora-mas-metade-dos-brasileiros-segue-sem-esgoto-no-pais.ghtml> (acesso em: 27 jun. 2018).

Pela análise do gráfico, vemos que há muitas diferenças entre os estados. Amapá (AP), por exemplo, é o estado com menores percentuais: 34% e 3,8%, respectivamente. Por outro lado, São Paulo (SP), com 95,6% e 88,4%, e o Distrito Federal (DF), com 99% e 84,5%, têm os maiores percentuais.

Segundo o diagnóstico do SNIS de 2015, a região Norte possui os indicadores mais baixos do país: 56,9% para cobertura de água, 8,7% para coleta de esgoto e 16,4% para esgoto tratado; enquanto a região Sudeste apresenta a melhor situação: 91,2% (água), 77,2% (esgoto) e 47,4% (tratamento de esgoto). Esses dados refletem a discrepância em termos de investimento e de infraestrutura no setor entre os estados brasileiros, o que compromete de maneira desigual a saúde da população e o meio ambiente.

Como a falta de saneamento básico é um dos principais fatores de disseminação de doenças nas populações, o acesso à água e ao esgoto é considerado um direito humano fundamental preconizado em resolução da Organização das Nações Unidas (ONU), da qual o Brasil é signatário. Além disso, a ausência de tratamento de água e de esgoto gera um alto custo para os sistemas de saúde e demanda mais investimentos do governo nesse setor.

INFOGRÁFICO

Etapas do processo de tratamento da água e do esgoto em uma cidade

O tratamento de água e de esgoto faz parte do saneamento básico de uma cidade. São esses processos que garantem às populações acesso à água em condições adequadas para uso. Além disso, o tratamento de esgoto ajuda a preservar a biodiversidade dos rios, necessária para o equilíbrio desses ecossistemas. Embora a responsabilidade pela construção e manutenção dessas estações seja do poder público, é necessário que a população, assim como as indústrias, as fazendas e os estabelecimentos comerciais, faça a sua parte, evitando a contaminação das bacias hidrográficas.

Estação de tratamento de água (ETA)

Antes de ser tratada, a água deve ser captada e transportada até a estação de tratamento. Geralmente, a água é captada de represas e rios (mananciais). Para chegar até os reservatórios da cidade, a água tratada passa por encanamentos apropriados. Desses reservatórios, geralmente localizados nas regiões mais altas da cidade, a água é distribuída para as residências. A captação, o tratamento e a distribuição da água têm um custo para a cidade e, por isso, há a cobrança por esses serviços. Acompanhe as diferentes etapas na imagem a seguir.

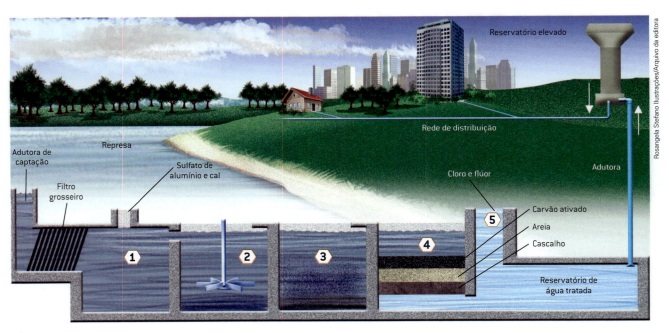

(Elementos representados em tamanhos não proporcionais entre si. Cores fantasia.)

Floculação: processo de aglutinação de partículas menores em flocos.

Estação de tratamento de água

Antes de chegar à estação de tratamento, a água passa por grades metálicas (filtro grosseiro), que retêm materiais sólidos de grande tamanho.

1. Na fase chamada **pré-floculação**, a água recebe a adição de cal e sulfato de alumínio, que se combinam formando flocos (partículas de aspecto gelatinoso).
2. Essa mistura passa para o tanque de **floculação**, onde é agitada, e as partículas sólidas de sujeira em suspensão se aderem aos flocos.
3. Os flocos com a sujeira aderida, junto com a água, são encaminhados para o tanque de decantação. A **decantação** é um processo de separação de misturas no qual as partes sólidas se depositam no fundo.
4. Após a decantação, a água escoa pela parte superior do tanque e passa para outro tanque, onde ocorrerá a **filtração**.
5. Ao final do processo, são adicionadas substâncias contendo hipoclorito ou gás cloro, desinfetantes que têm a capacidade de matar os microrganismos que ainda estiverem na água e, em algumas estações de tratamento, ainda são adicionados compostos de flúor. O flúor ajuda a reduzir as cáries nos dentes ou evitar a formação delas.

Estação de tratamento de esgoto (ETE)

Embora uma ETE seja uma instalação muito complexa, as etapas básicas do tratamento de esgoto podem ser entendidas pelo esquema simplificado mostrado a seguir.

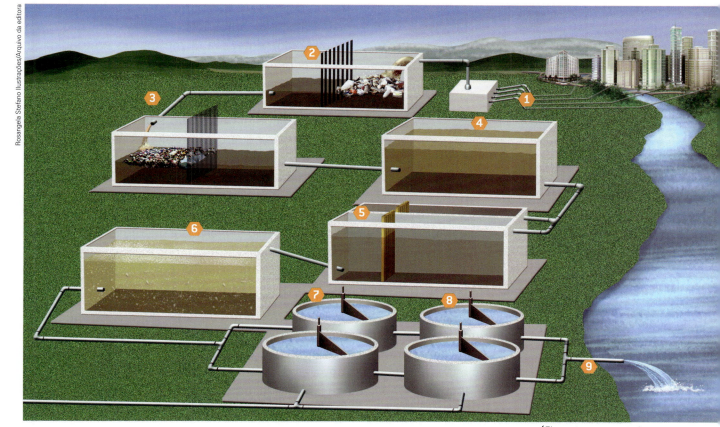

(Elementos representados em tamanhos não proporcionais entre si. Cores fantasia.)

Estação de tratamento de esgoto

1. Entrada de esgoto bruto recolhido da rede de esgoto da cidade.
2. Conjunto de grades grossas de metal, que retém objetos e materiais grandes.
3. Conjunto de grades médias de metal, que retém objetos e materiais menores. O material retido pelas grades é retirado e levado para aterros ou encaminhado para reciclagem.
4. Caixa de areia onde ocorre a sedimentação de areia e de outras partículas maiores.
5. No tanque chamado decantador primário ocorre a sedimentação de partículas sólidas pequenas e de matéria orgânica.
6. No tanque de aeração, o ar é borbulhado para aumentar a quantidade de gás oxigênio na água. Esse processo favorece a multiplicação de microrganismos que consomem o material orgânico ainda presente na parte líquida.
7. No tanque chamado decantador secundário ocorre a sedimentação do material orgânico decomposto, o lodo. Esse lodo é retirado, tratado e pode ser utilizado como adubo na agricultura, por ser rico em matéria orgânica, ou para produzir gás metano, pela decomposição da matéria orgânica.
8. Após a retirada do lodo, podem ser adicionados compostos com cloro, que agem como desinfetantes.
9. O esgoto tratado é lançado no rio.

Fossa séptica

Embora nem todo esgoto seja coletado pela rede de esgoto da cidade, é possível que uma residência recolha seu próprio esgoto por meio de **fossas sépticas**. Segundo o *Atlas Esgotos*, publicado pela ANA, em 2017, 12% dos brasileiros utilizavam essa alternativa individual, o que equivale a 1,1 mil toneladas de esgoto.

A fossa séptica é uma solução muito usada na zona rural por algumas residências para receber os dejetos do banheiro, da pia e dos ralos. Inicialmente, são feitos dois buracos no solo, com aproximadamente 2 a 3 metros de profundidade. As paredes devem ser revestidas por alvenaria ou por concreto e ligadas entre si por um tubo. O esgoto é coletado na fossa séptica, onde o material sólido se acumula no fundo e vai se decompondo. A parte líquida que contém alguns resíduos fica na parte superior. Essa parte líquida, com menos impurezas, passa para o segundo tanque (**sumidouro**), que tem fundo de terra e permite a infiltração desse líquido. A terra funciona como um filtro, retendo a parte sólida não dissolvida e microrganismos, como bactérias, fungos, protozoários e vírus.

Esquema que representa a localização da fossa séptica de uma casa que recebe água encanada.

(Elementos representados em tamanhos não proporcionais entre si.)

Poços

Geralmente, nas regiões onde não existe coleta de esgoto, também não existe o fornecimento de água encanada. Quando isso ocorre, a água consumida é retirada diretamente de um rio, de uma nascente ou de poços. No caso dos rios e das nascentes, a água está disponível na superfície e não é preciso grande esforço para alcançá-la. Contudo, os poços precisam ser construídos para se ter o acesso à água.

Para fazer um poço raso, deve-se escavar um buraco até um lençol freático. A profundidade necessária para isso costuma variar de uma região para outra.

Os poços devem ser revestidos com tijolos ou anéis de concreto. Na parte superior, acima da superfície, deve ser construída uma mureta com aproximadamente 30 centímetros de altura, e a abertura do poço deve ser coberta para evitar contaminação.

A água do poço, antes de ser utilizada, deve ser analisada periodicamente para comprovar a ausência de toxinas e microrganismos. Outro cuidado que se deve ter ao usar a água do poço é filtrá-la e fervê-la. Esses procedimentos, além de retirarem partículas indesejáveis da água, promovem a morte de microrganismos que podem provocar doenças.

> **Acesse também!**
>
> **Calculadora do consumo de água.** Disponível em: <http://especiais.g1.globo.com/economia/crise-da-agua/calculadora-do-consumo/> (acesso em: 3 jul. 2018).
>
> Esse *link* dá acesso a um infográfico interativo que permite calcular o consumo individual de água por dia.

Além desses cuidados, há outros que devem ser tomados ao se perfurar um poço no mesmo terreno onde existem fossas sépticas e sumidouros. Acompanhe na ilustração abaixo.

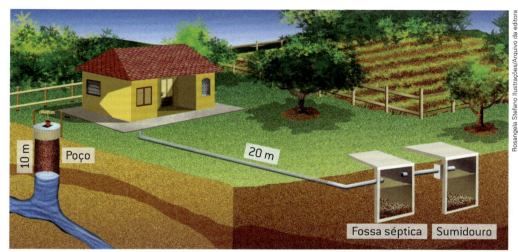

Nas casas onde a água é obtida por meio de poços, a fossa séptica deve ficar no mínimo a 20 metros de distância deles e, de preferência, em uma região 10 metros abaixo dos poços.

(Elementos representados em tamanhos não proporcionais entre si.)

Leia também!

O senhor da água.
Rosana Bond.
2. ed. São Paulo:
Ática, 2017.

O livro narra a história de um grupo de jovens que colocam a vida em risco para evitar que um crime ambiental prive o mundo inteiro do consumo de água.

EM PRATOS LIMPOS

Será que estamos gastando muita água?

De acordo com a Organização das Nações Unidas, cada pessoa necessita de 3,3 mil litros de água por mês (cerca de 110 litros de água por dia para atender as suas necessidades de consumo e higiene).

No entanto, no Brasil, o consumo [de água] por pessoa pode chegar a mais de 200 litros/dia.

Fonte: SABESP. **Dicas e testes.** Disponível em: <http://site.sabesp.com.br/site/interna/Default.aspx?secaold=184> (acesso em: 25 jun. 2018).

Para calcular o gasto que sua família está tendo em sua casa, consulte, na conta de água de sua residência, o campo em que está indicado o consumo em m^3 e transforme o valor em litros ($1\ m^3 = 1\ 000\ L$).

NESTE CAPÍTULO VOCÊ ESTUDOU

- As principais fontes de poluição da água.
- As principais consequências da poluição da água.
- O processo de eutrofização.
- O que é saneamento básico.
- Como funciona uma estação de tratamento de água e de esgoto.
- O que é fossa séptica e os cuidados necessários para construí-la.
- O que é um poço raso e os cuidados necessários para construí-lo.
- Como verificar o custo da água.

Capítulo 10 • Saneamento básico 153

ATIVIDADES

PENSE E RESOLVA

1 O gráfico abaixo mostra as principais causas de derramamentos de petróleo superiores a 700 toneladas ocorridos no mundo, de 1970 a 2017. Analise-o e responda às questões.

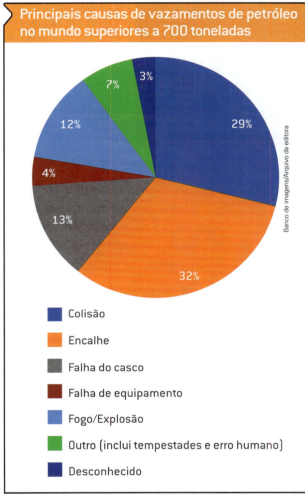

Fonte: THE INTERNATIONAL Tanker Owners Pollution Federation Limited (IOTPF). Oil tanker spill statistic 2017. Disponível em: <http://www.itopf.com/fileadmin/data/Photos/Statistics/Oil_Spill_Stats_2017_web.pdf> (acesso em: 2 jul. 2018).

a) Qual é a causa que mais provoca derramamentos de petróleo?

b) Os derramamentos de petróleo por falha de equipamentos foram em quantidade maior ou menor do que os provocados por colisões de navios-petroleiros?

2 Quais são os serviços que devem ser prestados pelo saneamento básico, a fim de evitar doenças e melhorar as condições de saúde da população?

3 Observe a imagem abaixo. Como o material que aparece flutuando nas águas desse rio é separado ao chegar a uma estação de tratamento de esgoto? Quais destinos ele pode ter após a separação?

Lixo flutuando no rio Pinheiros. São Paulo (SP), em 2015.

4 Observe as fotografias que mostram dois tipos de moradias.

Zona rural de Guaxupé (MG), 2017.

Zona urbana em Guaxupé (MG), 2017.

154

a) Em qual das moradias é mais provável que o esgoto seja coletado e encaminhado para uma ETE? Justifique a sua resposta.

b) Como é provável que seja tratado o esgoto de uma residência rural?

c) Em qual das regiões é mais provável que exista um sistema de fornecimento de água tratada e encanada? Justifique a sua resposta.

d) É possível que os moradores da residência **A** obtenham água de um poço. Nesse caso, cite dois cuidados que esses moradores devem ter antes de consumir a água.

5 O esquema a seguir representa simplificadamente as etapas do tratamento de água, indicadas pelos números, em uma ETA.

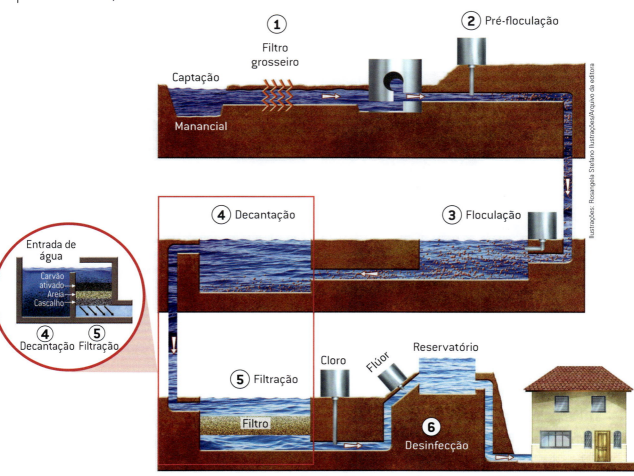

O esquema mostra, de maneira simplificada, como funciona uma ETA. No detalhe, um filtro formado por três camadas: carvão ativado, areia e cascalho, de cima para baixo.

(Elementos representados em tamanhos não proporcionais entre si. Cores fantasia.)

a) Em **3**, são adicionadas à água as substâncias sulfato de alumínio e cal, originando partículas de aspecto gelatinoso. Quais são os nomes dessas partículas e dessa etapa?

b) O que acontece durante a etapa **4** (decantação)?

c) O que acontece na etapa **5** (filtração)?

d) Qual é a finalidade de adicionar compostos de cloro à água?

e) Qual é a importância das estações de tratamento de água?

Capítulo 10 • Saneamento básico

SÍNTESE

As ilustrações a seguir representam as quatro principais causas de poluição das águas.

Poluição por esgoto industrial sem tratamento.

Poluição por vazamento de petróleo.

Poluição por esgoto doméstico sem tratamento.

Poluição por uso de fertilizantes e pesticidas.
(Elementos representados em tamanhos não proporcionais entre si.)

1 Observe a ilustração **A** e responda:
  a) É correto o procedimento da indústria representado na ilustração? Por quê?
  b) A legislação ambiental brasileira permite que essa indústria lance seu esgoto diretamente no rio? Qual seria o procedimento adequado?

2 Observe a ilustração **B** e responda:
  a) Na região representada, existe coleta de lixo e de esgoto? Justifique.
  b) O que pode acontecer com os peixes se esse esgoto estiver sendo lançado em uma represa? Justifique.

3 Observe a ilustração **C** e responda:
  a) A mancha negra favorece ou dificulta a dissolução de gás oxigênio presente na água do mar?
  b) A frase "O vazamento de petróleo causa poluição somente nos mares e oceanos" é falsa ou verdadeira? Justifique.

4 Observe a ilustração **D** e responda:
  a) Como esse fertilizante ou pesticida pode atingir um lago ou um rio?
  b) Qual é o nome do processo que pode ocorrer se esse fertilizante contaminar as águas de um lago, favorecendo o desenvolvimento descontrolado de algas? Quais as consequências desse processo para as demais espécies que vivem nesse lago?

DESAFIOS

1 O aparelho que mede a quantidade de água utilizada em uma residência é chamado de hidrômetro. A passagem da água pelo hidrômetro faz com que sua hélice interna gire. O número de giros registrado no mostrador corresponde à quantidade de água consumida.

Mensalmente, um funcionário da companhia de água e esgoto faz a leitura do hidrômetro, que indica o volume de água consumida. A partir dessa leitura, é emitida a conta de água. Quanto mais água se consome, mais dinheiro é gasto.

Fotografia e esquema simplificado de um hidrômetro. As setas verdes indicam o sentido do fluxo da água.
(Cores fantasia.)

Sabemos que os recursos hídricos são limitados. O consumo excessivo e o desperdício poderão levar a uma redução da quantidade de água disponível para consumo. Esse é o principal motivo pelo qual devemos evitar desperdícios.

Forme um grupo de quatro participantes e indique quais medidas devemos adotar na escola e em casa para evitar desperdício de água.

Organize ilustrações que possam representar o que foi discutido pelo grupo e compartilhem os resultados em sua escola.

2 Existem previsões de que deve ocorrer falta de água no mundo em um futuro próximo. Mesmo no Brasil, onde a água é abundante, ela poderá faltar. Por isso, é necessário que todos pratiquem atitudes para usar a água de maneira consciente. A tabela a seguir mostra algumas dessas atitudes. Calcule a quantidade de água (em litros) possível de se economizar em cada uma destas atividades e complete a tabela.

Atividade	Gasto médio	Uso consciente	Água economizada
A) Escovar os dentes	12 litros em 5 minutos	Fechar a torneira enquanto escova os dentes e usar 0,5 litro de água de um recipiente para enxaguá-los.	
B) Tomar banho em chuveiro	30 litros em 10 minutos	Fechar o chuveiro enquanto se ensaboa e/ou diminuir o tempo de banho o máximo que conseguir (o aconselhável é 5 minutos).	
C) Molhar jardins e plantas	186 litros em 10 minutos	Usar esguicho tipo "revólver" e regar somente o necessário, de preferência pela manhã ou à noite, economiza metade da água.	
D) Lavar o carro com mangueira	560 litros em 30 minutos	Trocar a mangueira por balde e lavar só quando necessário consome apenas 40 litros de água.	
E) Lavar calçadas com mangueira	279 litros em 15 minutos	Limpar com vassoura (o resultado é semelhante).	

Fonte: MMA – Ministério do Meio Ambiente, Sabesp e Programa de Educação Ambiental – Centro de Estudos Gerais (UFF – Universidade Federal Fluminense).

3 Analise os dados da tabela abaixo sobre a proporção de domicílios atendidos pela rede de coleta de esgoto por estado. Em seguida, responda:

Estados	Domicílios com coleta de esgoto (%)
Piauí	4,0
Amapá	4,0
Pará	5,3
Rondônia	7,0
Maranhão	10,3
Roraima	19,2
Alagoas	20,3
Rio Grande do Norte	21,5
Tocantins	22,1
Mato Grosso	22,6
Acre	24,0
Santa Catarina	24,7
Amazonas	26,7
Mato Grosso do Sul	30,4
Rio Grande do Sul	33,8
Ceará	34,0
Goiás	40,7
Sergipe	41,0
Pernambuco	49,9
Paraíba	51,9
Bahia	52,4
Paraná	61,8
Espírito Santo	75,3
Minas Gerais	78,4
Distrito Federal	81,5
Rio de Janeiro	83,2
São Paulo	90,4
Brasil	57,6

Fonte: IBGE Pesquisa Nacional de Amostra de Domicílios (PNAD 2015).

a) Qual é o porcentual de domicílios atendidos pela rede de coleta de esgoto em seu estado? E no seu município?

b) Faça uma pesquisa para procurar saber os motivos que justificam os dados coletados na sua pesquisa.

c) Comparando com a média nacional, qual é a situação do seu estado em relação aos domicílios atendidos pela rede de coleta de esgoto?

d) Qual é o estado que apresenta o maior porcentual de domicílios atendidos pela rede de coleta de esgoto?

e) Qual é o estado que apresenta o menor porcentual de domicílios atendidos pela rede de coleta de esgoto?

f) Formule hipóteses que possam justificar as diferenças observadas entre os estados em relação aos domicílios atendidos pela rede de coleta de esgoto.

PRÁTICA

ATENÇÃO!

Esta atividade deve ser feita acompanhada por um adulto.

Filtração: uma das etapas do tratamento de água

Objetivo

Na filtração, quanto maior a eficiência do filtro, mais partículas sólidas não dissolvidas ficam retidas nele. O objetivo desta atividade prática é construir dois filtros, um deles semelhante aos usados em uma ETA.

Material

- 2 garrafas plásticas vazias de 2 L
- 2 pedaços de algodão
- 2 pedaços de pano
- 2 elásticos
- 1 L de água barrenta
- Cascalho, areia fina e areia grossa

Procedimento

1. Corte as duas garrafas ao meio e prenda um pedaço de pano, com o auxílio de um elástico, na boca de cada uma delas. Monte a parte cortada das garrafas como nas figuras.
2. Em uma das garrafas, coloque o chumaço de algodão como mostra a imagem. Esta montagem servirá para a **atividade 1**.
3. Na outra, coloque também o algodão e, sobre ele, uma camada de cascalho, uma camada de areia grossa e finalmente uma camada de areia fina. Esta montagem servirá para a **atividade 2**.
4. Os dois sistemas, depois de montados, devem ter o aspecto mostrado nas imagens abaixo:

Atividade 1

Despeje 0,5 L da água barrenta sobre o primeiro sistema. Observe o aspecto do líquido antes e depois da filtração e anote o tempo que demorou para a passagem de toda a água.

Atividade 2

Despeje 0,5 L da água barrenta sobre o segundo sistema. Observe o aspecto do líquido antes e depois da filtração e anote o tempo que demorou para a passagem de toda a água.

Discussão final

1. Em qual dos experimentos a filtração demorou mais? Por quê?
2. Os líquidos que passaram pelos filtros têm a mesma aparência?
3. Qual dos dois filtros é mais eficiente? Explique como você chegou a essa conclusão.
4. O líquido obtido na atividade **2** apresenta substâncias dissolvidas?

> **ATENÇÃO!**
> Os líquidos obtidos nas duas filtrações não podem ser bebidos. Para não os desperdiçar, use-os para regar uma planta. Encaminhe as garrafas plásticas para reciclagem.

Capítulo 10 • Saneamento básico

LEITURA COMPLEMENTAR

60% do esgoto não tem tratamento

O Brasil possui a maior parte do estoque de água doce do planeta Terra – cerca de 12% de toda água superficial de rio do mundo. A aparente abundância esconde um histórico de desperdício, de poluição do recurso e de destruição da cobertura vegetal que protege as margens dos rios e suas nascentes.

Diversas cidades têm vivenciado situações críticas de escassez de água. Ao mesmo tempo, cinco mil piscinas olímpicas de esgoto são devolvidas para os rios e lançadas no litoral sem tratamento. [...]

O Brasil ainda enfrenta grandes problemas com a falta de tratamento de esgoto doméstico. Na foto, Tiradentes (MG), em 2016.

Para piorar o quadro, episódios de vazamento de produtos tóxicos em rios se repetem. [...]

Por outro lado, a demanda por água só aumenta. É necessário água para a agricultura em expansão no país, para a produção industrial, para o abastecimento das cidades que ainda crescem para a geração de mais e mais energia – o governo planeja construir um complexo de energia no rio Tapajós.

Esse contexto torna urgentes ações para a preservação dos rios e das bacias hidrográficas do país e mecanismos de gestão e distribuição eficiente e justa de água. [...]

Saneamento e acesso, o grande problema

No Brasil, 60% do esgoto gerado é lançado nas águas ou a céu aberto sem nenhum tratamento. Grande gargalo do país, a carência em saneamento básico provoca impactos em diversas esferas, como na saúde pública, em praias e rios e na biodiversidade aquática. O problema está relacionado à falta de investimento em infraestrutura que leve a rede de coleta ou tratamento local até a casa das pessoas. [...]

O crescimento das cidades eleva a demanda por água para consumo e a geração de esgoto, agravando o problema. "Por causa da poluição da água em grandes cidades, grandes obras precisam ser feitas para se buscar água cada vez mais longe", diz Fabiana Alves, especialista do Greenpeace em Água. [...]

Fonte: CYMBALUK, Fernando. 60% do esgoto não tem tratamento: conheça 5 ameaças para a água do Brasil. **UOL**. Publicado em: 21/3/2018. Disponível em: <https://noticias.uol.com.br/meio-ambiente/ultimas-noticias/redacao/2018/03/21/agua-no-brasil-nao-e-abundante-e-sim-escassa-veja-por-que.htm> (acesso em: 2 jun. 2018).

Questões

1. Quais são os principais usos da água apontados no texto?
2. Embora o Brasil possua a maior parte do estoque de água doce do planeta Terra, esse recurso vem sendo ameaçado por ações humanas, comprometendo o seu uso de maneira sustentável. Cite três fatos apontados no texto que corroboram com a afirmação acima.
3. Quais são os principais problemas gerados pela falta de saneamento básico?
4. Cite uma das medidas apontadas no texto para melhorar o problema da falta de saneamento básico no nosso país.

Capítulo 11 — As doenças e a água

Esgoto sem tratamento despejado em rua no Rio de Janeiro (RJ), em 2017.

Um dos maiores problemas sociais que ainda afetam milhões de brasileiros é a falta de saneamento básico, assunto já abordado no capítulo anterior.

Inúmeras doenças são causadas pela água contaminada por dejetos humanos e de outros animais. Você saberia citar alguma dessas doenças? Já teve ou conhece alguém que contraiu alguma doença relacionada à água contaminada? Já ouviu falar dos principais seres vivos que vivem em um ambiente sem saneamento básico e que podem provocar doenças?

Neste capítulo, vamos estudar as características de algumas doenças relacionadas à água: quais são elas, como são transmitidas, quais são seus efeitos sobre a saúde humana e o que podemos fazer para evitá-las.

❯ Doenças de veiculação hídrica

Hídrico: relacionado à água.

Agente patogênico: que provoca ou pode provocar uma doença.

As doenças relacionadas à água contaminada são chamadas de doenças de veiculação hídrica e podem ser transmitidas de diferentes maneiras:

- diretamente, pela ingestão de água contaminada com urina ou fezes (humanas ou de outros animais) contendo microrganismos que podem causar doenças (agentes patogênicos).
- indiretamente, quando a contaminação é provocada pela ingestão de alimentos infectados por microrganismos ou mesmo pela falta de higienização das mãos ao manipular os alimentos antes de consumi-los. As pessoas ainda podem ter contato com essa água contaminada ao brincar com ela ou tomar banho.

Segundo a Organização Mundial da Saúde (OMS), a cada oito segundos, morre uma criança no mundo devido a doenças relacionadas à água. Por ano, o número de mortes por causa de doenças relacionadas ao consumo de água não potável, falta de higiene ou falta de coleta de esgoto chega a cinco milhões de pessoas. Embora o número de internações hospitalares causadas por doenças transmitidas por contato com a água esteja diminuindo, esses dados são preocupantes e servem para nos alertar sobre os cuidados necessários para evitar as doenças de veiculação hídrica.

Amebíase, giardíase e cólera

A amebíase é uma doença de transmissão hídrica relacionada a um microrganismo conhecido por *Entamoeba histolytica*. A giardíase é causada por outro microrganismo, a *Giardia lamblia*. Ambos se instalam no intestino humano.

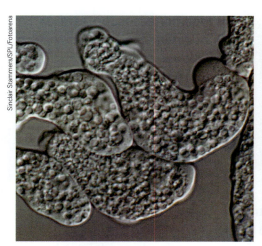

Fotomicrografia de *Entamoeba histolytica*. (Mede cerca de 10-15 micrometros.)

(Cores artificiais.)

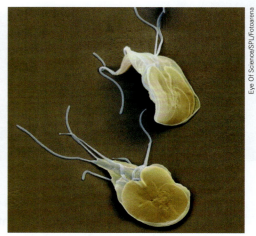

Eletromicrografia de *Giardia lamblia*. (Ampliação de 3 600 vezes.)

(Cores artificiais.)

Os principais sintomas dessas doenças são diarreia, cólica abdominal (dor de barriga), náusea (vontade de vomitar), vômito, emagrecimento e cansaço. No entanto, existem situações em que o indivíduo está com a doença, mas não apresenta sintomas.

A falta de condições adequadas de higiene é a principal causa da disseminação tanto da amebíase como da giardíase.

A transmissão dessas doenças é feita pela ingestão de água ou de alimentos contaminados por fezes de pessoas ou de animais doentes.

A cólera é provocada por um microrganismo conhecido como vibrião colérico, o *Vibrio cholerae*.

Os sintomas aparecem subitamente, com diarreia intensa com aspecto de "água de arroz". Além disso, pode haver vômitos que levam à desidratação e até à morte, se o doente não receber socorro médico. A cólera é uma doença que pode se espalhar rapidamente e causar **epidemias**.

A transmissão ocorre pela ingestão de água contaminada por fezes ou vômitos de doentes com cólera e, com menor frequência, por comida contaminada.

Epidemia: manifestação de uma doença em diversas regiões, podendo ser em vários bairros ou cidades ao mesmo tempo.

O esgoto doméstico lançado nos córregos é a principal forma de contaminação da água. A representação das lupas pretende mostrar que, antes do lançamento do esgoto doméstico no rio, não estão presentes microrganismos patogênicos, mas esses seres vivos aparecem após a contaminação do córrego pelos resíduos domésticos.

(Elementos representados em tamanhos não proporcionais entre si. Cores fantasia.)

A amebíase, a giardíase e a cólera podem ser prevenidas por hábitos simples de higiene, tais como:

- lavar sempre as mãos com água e sabão;
- usar somente água tratada ou, quando não for possível, ferver a água antes de usar;
- proteger os alimentos do contato com moscas e baratas, pois elas podem ter passado por água ou fezes contaminadas;
- comer somente alimentos bem cozidos;
- evitar ingerir alimentos de procedência desconhecida, isto é, aqueles que você não sabe de onde vieram ou como foram preparados.

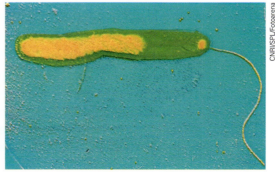

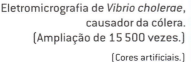

Eletromicrografia de *Vibrio cholerae*, causador da cólera. (Ampliação de 15 500 vezes.)

(Cores artificiais.)

Leptospirose

Outra doença veiculada pela água é a leptospirose. Ela é causada pelo microrganismo *Leptospira* sp., que pode estar presente na urina de ratos e penetrar no corpo humano pela pele.

Quando ocorrem inundações, a urina de ratos presente em esgotos e bueiros mistura-se à água da enxurrada e à lama, transportando a bactéria, a qual pode contaminar as pessoas que entram em contato com essa água.

Os sintomas mais comuns são febre, calafrios, dor muscular e dor de cabeça, que podem ser confundidos com os sintomas da gripe. A leptospirose pode provocar hemorragias e comprometer o funcionamento dos rins e dos pulmões, podendo levar à morte.

Para prevenir a leptospirose, é muito importante que o poder público invista em obras de saneamento básico para impedir enchentes e o acúmulo de água contaminada nas vias públicas, como construção e manutenção de galerias de esgoto para escoamento das águas das chuvas, limpeza e canalização de córregos, tratamento de água e de esgoto, coleta e tratamento do lixo, controle de roedores, etc.

Portanto, para se precaver da leptospirose, deve-se evitar o contato com a água de enchentes e/ou que possa estar contaminada com urina de ratos (poças de água, inundações, etc.). Nunca nade ou brinque em águas de enchentes ou suspeitas de contaminação. Pessoas que manipulam entulho ou materiais provenientes de esgotos também devem se precaver e sempre usar botas e luvas (ou sacos plásticos nos pés e nas mãos).

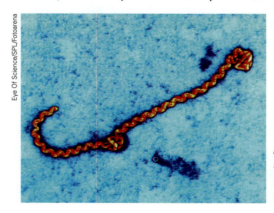

A eletromicrografia mostra a bactéria *Leptospira* sp. (Ampliação de 7 000 vezes.)

(Cores artificiais.)

A população em geral deve sempre acondicionar o lixo doméstico em recipientes fechados e em local adequado, para evitar o acesso de roedores e de outros animais, facilitando assim o serviço de coleta de lixo, para que possa recolhê-lo adequadamente e dar-lhe o devido destino.

> **Atenção!**
> Ao suspeitar da contaminação por alguma dessas doenças, o mais recomendado é procurar um médico e relatar a ocorrência de contato com água ou detritos contaminados. Os casos leves geralmente são tratados em ambulatório, mas os casos graves precisam de internação hospitalar. A automedicação nunca é indicada, pois pode agravar a doença.

❯ Outras doenças relacionadas com a água

Não é somente pelo contato direto com a água contaminada que podemos adoecer. A água limpa pode ser o lugar ideal para a proliferação de insetos que transportam e transmitem microrganismos patogênicos por meio de picadas. É o caso da dengue, da zika e da chikungunya: os mosquitos do gênero *Aedes* podem transportar os vírus causadores dessas doenças.

A transmissão dessas doenças não ocorre diretamente de uma pessoa para outra. Para isso, é necessário que a fêmea do mosquito (que é mais ativa durante o dia) se alimente com o sangue de uma pessoa contaminada e, depois, pique uma pessoa sadia.

O mosquito é o agente **transmissor** da doença e o microrganismo que ele transporta é o agente **causador** da doença.

Veja a seguir os principais sintomas de cada uma dessas doenças.

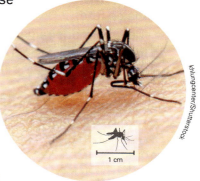

Alguns mosquitos colocam seus ovos na água. As larvas e as ninfas podem se desenvolver, por exemplo, em poças de água parada sobre a tampa de uma caixa-d'água, como estas. (Ampliação de 5 vezes.)

Quando adulto, o mosquito *Aedes aegypti* tem o corpo escuro, com listras brancas pelo corpo e pelas pernas.

Dengue

A pessoa com dengue apresenta febre alta, erupção e coceira na pele, dor de cabeça, no corpo, nas articulações e no fundo dos olhos. Perda de peso, náuseas e vômitos também são sintomas comuns. A dengue pode se agravar quando uma pessoa que já teve a doença é picada novamente pelo mosquito transmissor infectado. Nesse caso, ela pode apresentar sangramentos (hemorragia) em vários órgãos, diarreia e vômito: é a dengue hemorrágica, muito mais grave, que pode levar à morte. Em qualquer situação, é importante ter acompanhamento médico para indicar o tratamento correto, pois sem isso pode ser fatal. A doença pode ser assintomática.

Assintomático: que não apresenta sintomas.

Chikungunya

Os principais sintomas são febre alta, dores intensas nas articulações dos pés e das mãos, além de dedos, tornozelos e pulsos, que podem permanecer por longos períodos de tempo. Podem ocorrer ainda dor de cabeça e nos músculos e manchas vermelhas na pele. Não é possível ter chikungunya mais de uma vez. Depois de infectada, a pessoa fica imune pelo resto da vida. Cerca de 30% dos casos não apresentam sintomas.

Zika

Os principais sintomas são: dor de cabeça, febre baixa, dores leves nas articulações, manchas vermelhas na pele, coceira e vermelhidão nos olhos. Sintomas menos frequentes são: inchaço no corpo, dor de garganta, tosse e vômitos. A doença é assintomática em 80% dos casos.

EM PRATOS LIMPOS

O vírus da zika causa microcefalia?

Microcefalia é uma malformação congênita, em que o cérebro não se desenvolve de maneira adequada. Pode ser causada por diversos fatores, como: substâncias químicas, agentes biológicos infecciosos — bactérias e vírus — ou exposição à radiação.

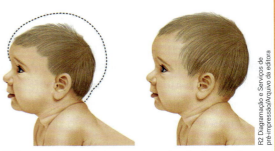

O desenvolvimento incompleto do cérebro pode causar a diminuição da caixa craniana da criança com microcefalia.

Entre os vírus, o da rubéola é o mais conhecido, mas existem outros com potencial de causar a microcefalia.

O Ministério da Saúde confirma a relação entre o vírus da zika e a microcefalia, mas ainda existem muito estudos em andamento para entender o mecanismo de ação do vírus no organismo do feto.

De uma maneira geral, os vírus passam pela placenta da mãe e atingem o tecido cerebral do feto, desacelerando o crescimento dos neurônios.

A água acumulada em pneus, baldes, vasos e garrafas proporciona um ambiente muito propício para o desenvolvimento das larvas do mosquito.

A maneira mais eficiente de evitar todas essas doenças é impedir o desenvolvimento do mosquito transmissor.

Combater a larva é mais fácil do que combater o mosquito adulto. Lembre-se de que a dengue, a zika ou a chikungunya só são transmitidas pela picada do mosquito. Se a larva não se desenvolver, não haverá o mosquito; sem o mosquito, não existem essas doenças.

Veja a seguir algumas providências que todos nós podemos tomar para evitar o desenvolvimento das larvas e, consequentemente, a propagação dos mosquitos:

Mantenha a caixa-d'água sempre fechada com tampa adequada.

Remova folhas, galhos e tudo que possa impedir a água de correr pelas calhas.

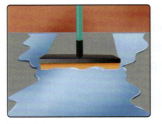

Não deixe a água da chuva acumulada sobre a laje.

Lave semanalmente por dentro com escovas e sabão os tanques utilizados para armazenar água.

Encha de areia os pratinhos de plantas.

Mantenha os sacos de lixo sempre fechados.

Guarde garrafas sempre de cabeça para baixo.

Entregue seus pneus velhos ao serviço de limpeza urbana.

Febre amarela

A febre amarela é também causada por um vírus e transmitida por mosquitos. A doença recebe esse nome por causa do tom amarelado que a pele de algumas pessoas acometidas por ela adquire.

A **febre amarela silvestre** ocorre nas florestas, matas e áreas rurais, onde a doença é mais comum. A transmissão se faz por meio da picada de mosquitos (gêneros *Haemagogus* e *Sabethes*) infectados pelo vírus contraído de macacos infectados.

A **febre amarela urbana** ocorre nas cidades e a transmissão, assim como na dengue, se faz por meio da picada do mosquito *Aedes aegypti* infectado pelo vírus amarílico. A grande preocupação nos centros urbanos é a rápida propagação do vírus, o que pode ocasionar grandes epidemias. Isso geralmente ocorre porque pessoas infectadas são picadas por mosquitos que, por sua vez, podem transmitir o vírus a pessoas com pouca ou nenhuma imunidade por não estarem devidamente vacinadas. Os primeiros sintomas da febre amarela são: febres intensas, dores nas articulações, calafrios, náuseas e vômitos. Com a evolução da doença, tanto o fígado como os rins podem ser comprometidos. Além disso, podem ocorrer hemorragias, que devem ser tratadas imediatamente, pois podem provocar a morte.

Portanto, a vacinação é o meio mais importante para evitar a febre amarela. A vacina contra a febre amarela pode ser encontrada nos postos de saúde.

No Brasil, não havia registro de surtos de febre amarela urbana há muitos anos, apenas casos isolados; em áreas rurais, ela ocorre com mais frequência (regiões de florestas e matas densas).

Várias são as estratégias empregadas pelos órgãos de saúde para proteger as pessoas contra os surtos de febre amarela: campanhas de vacinação infantil, campanhas de vacinação em massa e vacinação das pessoas que costumam viajar para áreas de risco de contaminação. Além disso, a prevenção para a febre amarela deve ser feita da mesma forma descrita para a dengue: evitar a proliferação dos mosquitos.

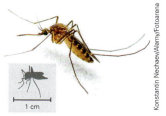

O mosquito *Haemagogus* é o principal transmissor da febre amarela na América do Sul.

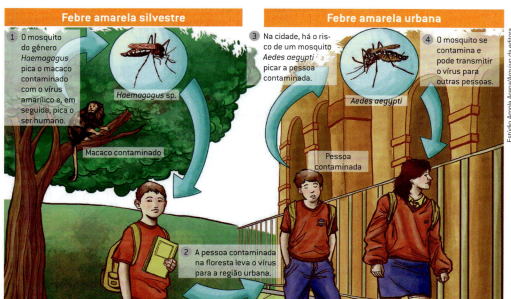

O contato do ser humano com a forma silvestre da febre amarela pode provocar a disseminação da doença em áreas urbanas.

(Elementos representados em tamanhos não proporcionais entre si. Cores fantasia.)

EM PRATOS LIMPOS

Macacos não transmitem febre amarela

Os macacos não transmitem o vírus da febre amarela. Pelo contrário. São tão vítimas quanto os humanos. E ainda cumprem uma função importante: ao contraírem o vírus, transmitido em ambientes silvestres por mosquitos do gênero *Hemagogo*, eles servem de alerta para o surgimento da doença no local. Desse modo, contribuem para que as autoridades sanitárias tomem logo medidas para proteger moradores ou pessoas de passagem na região.

A direção do Centro Nacional de Pesquisa e Conservação de Primatas Brasileiros (CPB) está preocupada com frequentes registros de agressão e até mortes de macacos por pessoas que temem ser contaminadas pelos animais nas localidades onde ocorre atualmente surto da doença no país.

Família de macacos-prego: assim como os demais primatas, os macacos não são os transmissores da febre amarela.

"Há o receio de que os macacos possam transmitir diretamente a doença aos humanos, mas esse receio é infundado. Isso não ocorre. Em vez de agredidos ou mortos, os macacos devem ser protegidos para que cumpram a sua função de sentinela, de alertar para possíveis ocorrências de surtos da febre amarela", diz o chefe do CPB, Leandro Jerusalinsky.

Já o Ibama faz questão de destacar que, além de prejudicar as ações de prevenção da doença, agredir ou matar macacos é crime ambiental, previsto na Lei n. 9.605/98. Entre outras coisas, a lei estabelece prisão de seis meses a um ano e multa para quem matar, perseguir ou caçar espécimes da fauna silvestre, em desacordo ou sem a devida licença da autoridade competente. A pena é aumentada em 50% quando o crime é praticado contra espécies ameaçadas de extinção.

O surto de febre amarela representa uma grave ameaça para os macacos que habitam a Mata Atlântica. Parte significativa dos primatas do bioma está ameaçada de extinção, entre eles, o bugio, o macaco-prego-de-crista e o muriqui do sul e do norte.

O que fazer

- Ao encontrar um macaco morto ou doente, a população deve informar ao serviço de saúde do município, do estado ou ligar para o Disque Saúde (136), serviço do Ministério da Saúde.
- O Ibama recebe denúncias de maus-tratos a animais silvestres pelo telefone 0800-618080 (de segunda a sexta, das 8h às 18h), pelo *site* do Sistema de Ouvidorias do Poder Público Federal <E-Ouv> e presencialmente em todas as suas unidades. Fotos e vídeos facilitam a investigação do crime e a identificação dos responsáveis.
- Ao encontrar macacos vivos, sadios e em vida livre, as pessoas não devem capturá-los, retirá-los de seu *habitat*, alimentá-los, levá-los para outras áreas, agredi-los ou muito menos matá-los.

[...]

Fonte: BRASIL. Ministério da Saúde. Macacos não transmitem febre amarela. Publicado em: 26/11/2018. Disponível em: <http://www.mma.gov.br/informma/item/14588-noticia-acom-2018-01-2814.html> (acesso em: 29 jun. 2018).

Esquistossomose

Evacuar: expelir, eliminar fezes.

A esquistossomose é uma doença muito comum no Brasil. Ela é causada pelas larvas de um verme, o *Schistosoma mansoni*, ou esquistossomo, que vivem em água contaminada. Essa doença é popularmente conhecida como "barriga-d'água".

Quando pessoas portadoras de esquistossomose **evacuam** em regiões próximas a lagoas, rios e represas, elas eliminam os ovos do esquistossomo junto com as fezes, contaminando as águas. Na água, os ovos eclodem, liberando as larvas, que se instalam em alguns tipos de caramujos, desenvolvem-se e se multiplicam. Ao crescerem, essas larvas deixam o caramujo e vivem livres na água. Quando pessoas entram em contato com a água contaminada, as larvas podem penetrar pela pele, causando coceira no local. Dentro do corpo, as larvas migram pelos vasos sanguíneos para o fígado e para o intestino, onde se reproduzem. As fêmeas depositam seus ovos no intestino, que são depois eliminados pelas fezes da pessoa, fechando o ciclo de vida do verme.

Vermes macho e fêmea da espécie *Schistosoma mansoni*, que provocam a esquistossomose ou barriga-d'água.

(Cores artificiais.)

Veja o esquema que representa o ciclo de vida do esquistossomo.

Ciclo de vida do esquistossomo.

(Elementos representados em tamanhos não proporcionais entre si. Cores fantasia.)

A esquistossomose é uma doença grave, que compromete o fígado e causa problemas na circulação sanguínea. Os principais sintomas são: febre, dores musculares e de cabeça, calafrios, fraqueza, falta de apetite, diarreias, vômitos, tonturas, emagrecimento e aumento do tamanho do fígado e do baço.

A prevenção pode ser feita das seguintes maneiras: evitar contato com águas contaminadas ou que supostamente apresentem caramujos contaminados; construir fossas para evitar a contaminação do ambiente; avisar as autoridades sanitárias sobre a existência de caramujos; exigir abastecimento de água tratada nas casas; exigir tratamento de esgoto.

NESTE CAPÍTULO VOCÊ ESTUDOU

- Algumas doenças de veiculação hídrica: amebíase, giardíase, cólera e leptospirose.
- Agentes causadores, transmissão e prevenção de doenças.
- Dengue, zika e chikungunya, febre amarela e esquistossomose: transmissão e prevenção.

Capítulo 11 • As doenças e a água

ATIVIDADES

PENSE E RESOLVA

1 De que maneira a água contaminada pode provocar doenças?

2 A Fundação Oswaldo Cruz (Fiocruz) foi a primeira instituição no mundo a desenvolver uma vacina contra a esquistossomose. O projeto foi um dos sete selecionados para ser apresentado na Organização Mundial da Saúde (OMS).

"Esta é a primeira vez no mundo que uma vacina parasitária produzida com tecnologia brasileira de última geração chega à Fase II de estudos clínicos. Estamos trabalhando para contribuir para o enfrentamento de um problema de saúde pública que afeta populações pobres de diversas localidades do mundo", destaca Miriam Tendler, pesquisadora do Laboratório de Esquistossomose Experimental do IOC/Fiocruz, que lidera os estudos.

As áreas escolhidas para essa fase localizam-se em regiões endêmicas da esquistossomose no Brasil e na África. A expectativa da Fiocruz é que a vacinação em larga escala possa começar em três anos. Veja o mapa a seguir.

Fonte: Organização Mundial da Saúde (OMS), 2011.

a) Quais são os continentes onde podemos encontrar a esquistossomose?

b) Quais são os países que apresentam áreas com maior risco de se contrair a doença?

c) No Brasil, quais são os estados que apresentam alto risco para se contrair a doença?

d) Levante uma hipótese que explique a maior incidência da doença em determinados países.

3 Os microrganismos que vivem na água contaminada podem provocar várias doenças, como as estudadas neste capítulo. Cite três procedimentos simples que podem evitar a maioria dessas doenças.

4 Sobre a dengue, responda.

a) O que pode ser feito para evitar o aumento de casos de dengue?

b) Qual é o papel do *Aedes aegypti* na transmissão da dengue?

5 Associe as doenças ao seu modo de contaminação.

  I. Leptospirose

  II. Esquistossomose

  III. Amebíase

  IV. Dengue

( ) Ao picar uma pessoa, o mosquito contaminado transfere o microrganismo que causa a doença.

( ) A contaminação se dá pelo contato com água de enchente e com lama misturada à urina de ratos.

( ) Trabalhando ou se divertindo, as pessoas entram em contato com a água de lagoas onde existem larvas que entram pela pele, causando coceira no local.

( ) Os microrganismos são ingeridos principalmente por água ou alimentos contaminados.

6 Como a febre amarela e a dengue são transmitidas?

7 Observe a ilustração abaixo.

A que a imagem se refere? O que o destaque mostra? Escreva um pequeno texto sobre o que se pode supor com base no desenho.

(Elementos representados em tamanhos não proporcinoais entre si. Cores fantasia.)

8 Algumas pessoas em várias regiões do país começaram a matar primatas (macacos) acreditando que eles eram transmissores de febre amarela. Argumente contra essa atitude, apontando o papel de extrema importância que os macacos desempenham no monitoramento da doença.

Para responder a esta questão, faça uma pesquisa complementar, além da leitura deste capítulo.

SÍNTESE

Observe os esquemas a seguir, que representam duas situações relacionadas à transmissão de doenças pela água, e responda às questões.

Em 1, rede de água; em 2, rede de esgoto.

a) O que a lupa está mostrando na situação **1**?

b) O que significa a expressão "microrganismos patogênicos" (situação **1**)?

c) Como os microrganismos patogênicos contaminam a água?

d) Por que, na situação **2**, a água não apresenta microrganismos patogênicos?

e) Cite algumas doenças transmitidas pela água não tratada.

f) O que podemos fazer para não contrair doenças transmitidas pela água contaminada?

DESAFIOS

1 Observe a ilustração a seguir e responda.

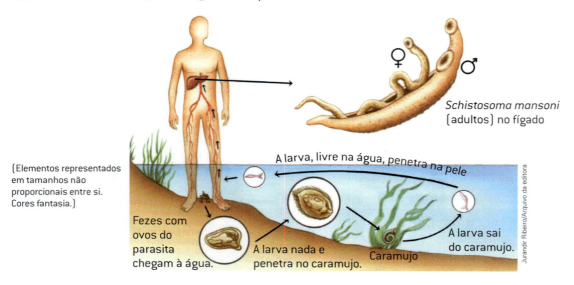

a) O que a ilustração representa?

b) A partir do que foi apresentado no ciclo, é possível dizer que uma pessoa pode ser contaminada pelos ovos do parasita adulto?

c) Depois de observar a ilustração, responda: em sua opinião, qual é a maneira mais fácil de interromper o ciclo do *Schistosoma mansoni*?

2 As ilustrações a seguir foram elaboradas a partir da cartilha do Ambulatório de Esquistossomose da Universidade Federal de São Paulo (Unifesp).

Escreva um texto explicando a sequência de ilustrações: a contaminação da água, a maneira de contrair a doença e seus sintomas.

LEITURA COMPLEMENTAR

A febre amarela no Brasil

O ano de 2018 começou, na saúde pública, com as atenções voltadas para a febre amarela. [...] O objetivo é evitar a circulação e expansão do vírus [da febre amarela]. Do total de vacinados, 15 milhões receberão a dose fracionada e outros 4,7 milhões a dose padrão.

A adoção do fracionamento das vacinas é uma medida preventiva que será implementada em áreas selecionadas, durante período de 15 dias. A iniciativa visa evitar um surto como o

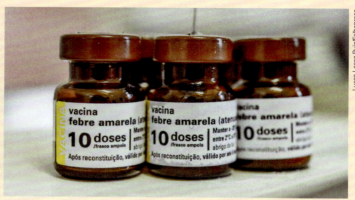

A vacinação é a forma mais eficaz de prevenir a febre amarela, segundo a Organização Mundial da Saúde (OMS).

que ocorreu no primeiro semestre de 2017. A campanha preventiva do Ministério da Saúde (MS) tem como base estudos da Fiocruz que comprovam que a dose reduzida da vacina gera uma proteção equivalente à da dose padrão por pelo menos oito anos.

[...]

Combatida por Oswaldo Cruz no início do século XX e erradicada dos grandes centros urbanos desde 1942, a enfermidade voltou a assustar os brasileiros em 2017, com a proliferação de casos de febre amarela silvestre durante o ano. Os informes de febre amarela seguem a sazonalidade da doença, que ocorre, em sua maioria, no verão, sendo realizados de julho a junho de cada ano. Dentro do atual período de monitoramento (julho/2017 a junho/2018), apenas em 2018, até o dia 8 de janeiro, foram confirmados 11 casos de febre amarela. [...] Ao todo, foram notificados 381 casos suspeitos de febre amarela em todo o país no período, sendo que 278 foram descartados e 92 permanecem em investigação.

[...]

Diante da gravidade do quadro, profissionais da Fiocruz, das mais diversas especialidades, estão mobilizados e atuantes na prevenção e no combate à febre amarela. A principal arma contra a doença continua sendo a vacinação, prevista no Programa Nacional de Imunizações (PNI) e oferecida em postos do Sistema Único de Saúde (SUS).

Fonte: Febre amarela. **Agência Fiocruz de Notícias (AFN)**. Disponível em: <https://AGENCIA.fiocruz.br/febre-amarela> (acesso em: 3 jul. 2018).

Questões

1. Qual foi a medida tomada pelo Governo Federal em 2018, por meio do Ministério da Saúde, para conter o surto de febre amarela no Brasil?
2. Por que a febre amarela voltou a preocupar os brasileiros, apesar de ter sido erradicada dos centros urbanos há muitos anos?
3. O que significa vacina fracionada? Ela possui a mesma eficiência da vacina convencional, ou seja, não fracionada?

Capítulo 12
As defesas do nosso corpo

A3pfamily/Shutterstock

Ao se machucar, o corpo humano possui alguns mecanismos de defesa contra a entrada de microrganismos.

O corpo humano sofre constantemente com ataques de microrganismos e substâncias tóxicas do ambiente. A defesa do corpo é feita pelo **sistema imunitário**, que é especializado na proteção do organismo contra agentes externos. Ele é capaz de identificar e combater a maior parte dos invasores que tentam parasitar ou agredir o corpo humano.

Você tem ideia de como seu corpo consegue fazer isso? Neste capítulo, você estudará sobre o sistema imunitário e poderá responder a essa e outras questões.

❱ Mecanismos de defesa

Nosso corpo está exposto ao contato constante com microrganismos — bactérias, vírus e fungos —, muitos deles causadores de doenças.

Mas nem sempre as doenças que eles podem provocar se desenvolvem. Nosso organismo dispõe de um complexo sistema de defesa. O sistema imunitário é formado por alguns mecanismos de defesa que, ao atuar em conjunto, em geral, constituem-se em barreiras que conseguem neutralizar a ação de agentes infecciosos.

Esses mecanismos podem ser de dois tipos: primários, ou inatos; e secundários, ou adquiridos.

As **defesas imunitárias primárias** ou **inatas** estão presentes no corpo humano desde o nascimento e são as primeiras barreiras que os elementos estranhos encontram ao tentar penetrar no corpo humano. Sua função, então, é dificultar a passagem desses elementos. As respostas que essas barreiras dão aos agressores são imediatas e não são específicas, isto é, são as mesmas para quaisquer elementos estranhos ao organismo.

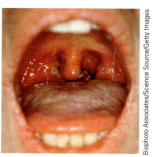

A presença de pus na garganta, mais especificamente nas tonsilas, é sinal de ação do organismo contra a invasão de elementos patogênicos.

Conheça algumas das principais barreiras inatas a seguir:

- **Suco gástrico**: é produzido no estômago. Seu caráter ácido limita a multiplicação de muitos microrganismos que podem estar presentes nos alimentos.
- **Muco**: recobre as mucosas e bloqueia elementos estranhos ao corpo.
- **Microbiota intestinal**: nos intestinos existem comunidades de bactérias benéficas ao organismo que competem com os microrganismos patogênicos e impedem que eles se instalem no corpo.
- **Pele**: é considerada uma das principais barreiras contra os invasores. Além da presença de queratina em sua superfície, o que a torna impermeável, a pele produz substâncias que inibem o crescimento de microrganismos.
- **Saliva e lágrima**: contêm enzimas e anticorpos que podem destruir microrganismos.
- **Inflamação**: caracterizada por vermelhidão, inchaço, temperatura elevada e dor, causados pelos mecanismos de combate a elementos agressores do organismo (microrganismos, corpos estranhos).

As **defesas imunitárias secundárias** ou **adquiridas** são anticorpos produzidos pelo sistema imunitário como resposta específica aos agentes infecciosos (antígenos), caso aconteça uma falha na barreira primária. Um corte na pele pode permitir a entrada de bactérias nesse ferimento, por exemplo. Esse tipo de mecanismo não tem ação imediata, isto é, há um tempo entre a invasão do antígeno e a resposta imunitária que o organismo desencadeia para combatê-lo.

Essa resposta consiste em produzir leucócitos ou anticorpos específicos para determinado antígeno. A capacidade de responder a esse antígeno fica na "memória" do sistema imunitário, o que favorece uma ação rápida do organismo diante de uma reinfecção.

Queratina: substância do grupo das proteínas produzidas pela pele.

Anticorpo: substância de defesa do corpo presente no sangue. É capaz de reconhecer partes específicas (antígenos) de agentes que possam ser estranhos ao organismo, atacando-os e inibindo sua ação.

Reinfecção: nova infecção pelos mesmos agentes que causaram a infecção anterior.

Capítulo 12 • As defesas do nosso corpo

Aquisição de imunidade

A imunização, ou aquisição de imunidade, pode ocorrer de forma natural ou artificial e pode ser ativa ou passiva.

Imunização natural ativa ocorre quando o contato com antígenos faz com que o organismo responda formando anticorpos específicos para a defesa. Assim, se o organismo teve contato com o vírus da catapora, por exemplo, houve produção de anticorpos específicos que o combateram. Anos após a cura da doença, o corpo ainda tem a memória do processo de formação daqueles anticorpos, o que significa que ele adquiriu imunidade. Se o organismo entrar novamente em contato com o microrganismo causador da catapora, o corpo reagirá prontamente e não desenvolverá a doença.

Imunização natural passiva ocorre quando os anticorpos para determinados antígenos são introduzidos no corpo de uma pessoa naturalmente, como durante a amamentação. Uma grande quantidade de anticorpos, que corresponde à memória do sistema imunitário da mãe, passa para a criança pelo leite, principalmente pelo colostro, garantindo a imunidade contra várias doenças nos primeiros meses de vida.

Colostro: primeiro leite produzido pela mãe após o parto.

Imunização artificial ativa é feita pela vacinação. A vacina é formada por antígenos semelhantes ou mesmo idênticos aos dos organismos que causam as doenças, mas são inofensivos. Esses antígenos são capazes de estimular a produção de anticorpos específicos no organismo. Dessa forma, o sistema imunitário da pessoa vacinada fica com memória para combater o antígeno e, em geral, não desenvolve a doença.

A vacinação deve começar no nascimento e se prolongar por toda a vida. As secretarias da saúde costumam disponibilizar vacinas específicas para cada idade, que são aplicadas gratuitamente pelos centros de saúde. Existe um calendário básico de imunização, que deve ser seguido, e há campanhas de vacinação promovidas pelo Ministério da Saúde.

A **imunização artificial passiva** ocorre quando uma pessoa recebe anticorpos artificialmente, por transfusão de sangue ou pela aplicação de soros. Esse tipo de imunização se faz necessário quando o corpo é exposto a microrganismos ou toxinas que produzem efeito muito rápido no corpo humano, não sendo possível para o sistema imunitário agir e produzir anticorpos próprios a tempo para combatê-los. É o caso, por exemplo, das picadas de algumas serpentes peçonhentas e de microrganismos como o causador do tétano, que podem, rapidamente, levar à morte. A aplicação dos soros antiofídico e antitetânico é, respectivamente, o tratamento recomendado para esses casos.

Leia também!

Revista da vacina. Ministério da Saúde. Disponível em: <www.ccms.saude.gov.br/revolta/revolta.html> (acesso em: 27 jun. 2018).

Nessa revista virtual, o artigo apresenta algumas ocorrências da Revolta da Vacina, em 1904.

Mãe amamentando bebê.

UM POUCO MAIS

Como surgiu a vacina?

No século XVIII, a varíola era uma doença que provocava a morte de várias pessoas. Edward Jenner (1749-1823), médico inglês, observou que muitas pessoas que ordenhavam vacas acometidas por um tipo de varíola animal e que possuíam algum tipo de ferimento eram imunes à varíola humana. Edward fez diversos testes e descobriu que injetando pus de vacas doentes em indivíduos saudáveis eles não só não adoeciam como se tornavam resistentes à varíola humana.

A palavra vacina, que em latim significa 'de vaca', passou a ser utilizada por indicar toda substância ou material inoculado em alguém que pudesse produzir anticorpos.

A utilização das vacinas para imunização como política pública provocou (e ainda provoca) muitos conflitos. Um deles, muito estudado nas aulas de História e conhecido como Revolta da Vacina, ocorreu em 1904 no Rio de Janeiro. Na ocasião, como forma de obrigar as pessoas a tomar vacina contra a varíola, foi criada a Lei da Vacina Obrigatória, gerando grande revolta na população e ocasionando a revogação da obrigatoriedade.

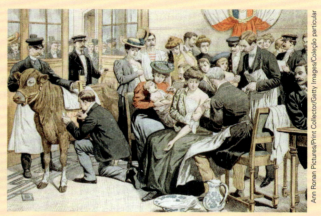

A imagem mostra moradores da cidade de Paris, na França, em 1905, recebendo vacina contra a varíola.

A charge, de Leonidas Freire (1882-1943), mostra a representação da Revolta da Vacina, ocorrida em 1904, e a luta do médico Oswaldo Cruz para vacinar a população.

O Brasil é referência mundial em programas de imunização, produzindo e distribuindo gratuitamente mais de 25 tipos de vacinas com aplicação anual de 300 milhões de doses, segundo dados do Ministério da Saúde. Internamente, as vacinas são produzidas pela Fundação Oswaldo Cruz e pelo Instituto Butantan.

A vacinação da população evita a ocorrência de epidemias, além de apresentar vantagens econômicas, pois geralmente é mais barato prevenir do que tratar uma doença. As campanhas de vacinação contra a poliomielite, por exemplo, possibilitaram o total controle da doença no Brasil. A varíola foi banida no mundo em razão da vacinação.

Assista também!

A Revolta da Vacina.

Vídeo de 5 min. Disponível em: <www.senado.leg.br/noticias/TV/Video.asp?v=446900&m=444162> (acesso em: 27 jun. 2018).

Nesse vídeo, é possível acompanhar a história e os eventos envolvendo a vacina obrigatória contra a varíola no Brasil, em 1904.

Capítulo 12 • As defesas do nosso corpo

É possível evitar a gripe?

A gripe é uma doença que pode trazer prejuízos à vida das pessoas, que muitas vezes precisam faltar às aulas e/ou ao trabalho. Além disso, ela pode causar complicações respiratórias que resultam em internações hospitalares e até em morte.

Os hábitos de higiene da população e a imunização contra o vírus *Influenza*, causador da doença, podem reduzir a propagação da gripe.

Veja algumas orientações do Ministério da Saúde para prevenir a gripe.

Lavar as mãos frequentemente com água e sabão, especialmente depois de tossir ou espirrar.

Ao tossir ou espirrar, cobrir o nariz e a boca com um lenço, preferencialmente descartável.

Não compartilhar alimentos, copos, toalhas e objetos de uso pessoal.

Pessoas com qualquer gripe não devem frequentar ambientes fechados e com aglomeração de pessoas.

Procurar o seu médico ou uma unidade de saúde em caso de gripe, para diagnóstico e tratamentos adequados.

Não usar medicamentos sem orientação médica. A automedicação pode ser prejudicial à saúde.

Elaborado com base em: **Precauções para evitar a gripe**. Disponível em: <www.bio.fiocruz.br/index.php/noticias/1679-precaucoes-para-evitar-a-gripe> (acesso em: 20 out. 2018).

❯ A saúde do sistema imunitário

Hábitos de vida saudáveis, como uma alimentação rica e equilibrada, ajudam na manutenção da saúde do sistema imunitário, responsável pela prevenção de todos os tipos de doenças.

A ingestão de bastante água mantém as mucosas úmidas e os cílios das vias respiratórias em movimento, contribuindo para a eliminação de microrganismos.

O consumo de alimentos que ajudam na manutenção e no equilíbrio da flora intestinal, como frutas, legumes e verduras, promove a ativação dos linfócitos e a produção de anticorpos.

Alimentos ricos em nutrientes e vitaminas ajudam o organismo a se recuperar em casos de gripes e resfriados. A prática de exercícios físicos leves também favorece o fortalecimento do sistema imunitário.

A aids

A aids ou sida (síndrome da imunodeficiência adquirida) é uma doença causada pelo vírus HIV (Vírus da Imunodeficiência Humana), que destrói os linfócitos capazes de reconhecer os antígenos. Assim, as defesas do organismo ficam enfraquecidas, aumentando as chances de contrair doenças infecciosas, até as mais comuns, que seriam rapidamente combatidas pelo sistema imunitário sadio. No capítulo de infecções sexualmente transmissíveis, esse tema será aprofundado.

Doenças autoimunes

Algumas doenças estão associadas a um processo de desorientação do sistema imunitário, que começa a produzir anticorpos contra as células do próprio corpo, identificando-as como elementos estranhos (antígenos). Ainda existem dúvidas sobre o que pode provocar o aparecimento dessas doenças, mas se sabe que alguns fatores externos, como bactérias, vírus, determinadas toxinas e fármacos, além de situações de estresse, associados a predisposição hereditária, estão relacionados a sua manifestação.

Vejamos alguns exemplos de doenças autoimunes:

- **Diabetes tipo 1**: o sistema imunitário do corpo ataca as células beta do pâncreas, responsáveis pela produção de insulina. Desse modo, o corpo não produz a quantidade adequada de insulina, provocando o acúmulo de glicose no sangue.
- **Psoríase**: o sistema imunitário ataca algumas células da pele provocando o aparecimento de lesões avermelhadas e descamativas (perda de camadas) em vários pontos do corpo, como cotovelos, joelhos e couro cabeludo.
- **Vitiligo**: o corpo produz anticorpos que destroem os melanócitos, células da pele responsáveis pela produção de melanina, substância responsável pela sua coloração, causando manchas esbranquiçadas em várias partes do corpo.
- **Artrite reumatoide**: os anticorpos atacam a membrana sinovial, tecido responsável pela lubrificação das articulações, provocando inflamações, dor e deformação dos membros.

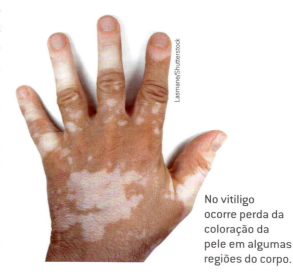

No vitiligo ocorre perda da coloração da pele em algumas regiões do corpo.

NESTE CAPÍTULO VOCÊ ESTUDOU

- A função do sistema imunitário e os mecanismos de defesa.
- As defesas imunitárias inatas.
- As defesas imunitárias adquiridas.
- Soro e vacina.
- As vantagens da vacinação.

Capítulo 12 • As defesas do nosso corpo

ATIVIDADES

PENSE E RESOLVA

1 Qual é a função do sistema imunitário? Como ele atua?

2 Xeroftalmia ou olho seco é uma doença que afeta as glândulas lacrimais, as quais deixam de produzir a lágrima, responsável pela lubrificação do olho. Uma pessoa com xeroftalmia está propensa a desenvolver infecções oculares. Justifique essa afirmativa.

3 O que são defesas imunitárias? Cite exemplos de defesas imunitárias primárias.

4 A gripe é uma doença contagiosa causada por vários tipos de vírus *Influenza*. Uma das maneiras de evitar a doença e suas complicações é por meio da vacinação.

a) Qual é o mecanismo de ação das vacinas?

b) Por que a vacina da gripe não protege contra outras infecções respiratórias?

5 Qual é o tratamento indicado para alguém picado por uma serpente peçonhenta: soro ou vacina? Justifique sua resposta.

6 De que forma pode ser reduzida a incidência de doenças causadas por agentes infecciosos que penetram no corpo das pessoas por ferimentos e mucosas? Assinale a opção correta.

a) Aplicação do soro, que é um processo ativo de imunização preventiva e duradoura.

b) Aplicação do soro, pois as pessoas desenvolvem anticorpos contra os antígenos atenuados.

c) Vacinação, que é a imunidade adquirida pela ativação dos mecanismos naturais de defesa do organismo.

d) Vacinação, que tem efeito terapêutico, ocasião em que o indivíduo recebe anticorpos já prontos produzidos pelo organismo de um animal.

7 Enumere algumas vantagens da vacinação.

SÍNTESE

1 Escreva um texto coerente sobre o tema que estudamos neste capítulo usando todas as expressões listadas a seguir ao menos uma vez.

linfócito	antígeno	vírus
suco gástrico	glóbulos brancos	anticorpos
pele	muco	defesas imunitárias adquiridas
imunização	defesas imunitárias inatas	substâncias imunitárias inatas
sistema imunitário	saliva	

2 Soros e vacinas fazem parte do arsenal usado no combate às doenças infecciosas (imunidade artificial). Compare a ação do soro e da vacina segundo estes tópicos:

a) a natureza da imunização;

b) a ação imediata ou não;

c) a duração da imunização;

d) o emprego curativo ou preventivo.

3 Quais medidas devem ser adotadas para manter a saúde do sistema imunitário?

DESAFIO

Amamentar é mais do que um ato de amor ou de cuidado parental – representa a maneira mais prática e eficiente de alimentar o filho, além de transferir imunidade ao recém-nascido.

Faça uma pesquisa sobre a importância e as vantagens da amamentação, tanto para a mãe quanto para o filho. Em seguida, escreva um pequeno texto sobre o assunto.

LEITURA COMPLEMENTAR

Alergia

Há situações em que a ação indesejada dos anticorpos provoca doenças. Por exemplo, no caso de transplantes de órgãos, quando o organismo produz anticorpos contra os tecidos ou órgãos do doador e ocorre rejeição. Esse problema precisa ser contornado com o uso de medicamentos que suavizam a resposta imune natural do corpo, tanto no caso das transfusões com sangue incompatível como nas reações alérgicas que promovem uma resposta do corpo ao contato com um alérgeno, nome dado à substância capaz de provocar sensibilidade no organismo.

Algumas pessoas têm uma reação alérgica ao inalarem pólen de certas plantas.

Existem vários tipos de alérgenos, que podem ser:

- inalados, como pólen, pó, penas, caspa e pelos de animais;
- ingeridos, como leite, ovos, crustáceos, peixes, amendoim, chocolate, tomate e frutas cítricas;
- injetados, como venenos de insetos e medicamentos;
- de contato, como cosméticos, corantes, cimento, tecidos e detergentes.

Há testes capazes de diagnosticar quais alérgenos provocam reação alérgica em uma pessoa e, assim, a melhor opção para controlar as alergias é evitar o contato com eles.

A reação alérgica pode ser branda e não ser percebida, ou pode apresentar vários sintomas, como: erupção na pele, coceira, dor de cabeça, coriza, falta de ar, chiado no peito, inchaço em partes do corpo (pálpebras, lábios e garganta), olhos lacrimejantes, cólica intestinal, diarreia e choque anafilático.

O choque anafilático é uma reação alérgica muito perigosa, que pode levar o indivíduo à morte. Essa reação ocorre em decorrência de um alérgeno, como um antibiótico ou uma anestesia, que pode causar ardência na pele, vômitos, diarreia, dificuldade para respirar, em razão do inchaço da garganta e da laringe e do estreitamento dos brônquios.

Questões

1. Cite exemplos da produção indesejada de anticorpos.
2. O que é um alérgeno?
3. Quais são os tipos de alérgeno? Exemplifique cada um.
4. Quais são os sintomas da reação alérgica?
5. Qual é a melhor maneira de evitar uma reação alérgica, quando o alérgeno é conhecido?
6. Sobre o choque anafilático, responda:
   a) O que é?
   b) Quais alérgenos podem provocá-lo?
   c) Quais são os sintomas?

Capítulo 12 • As defesas do corpo **181**

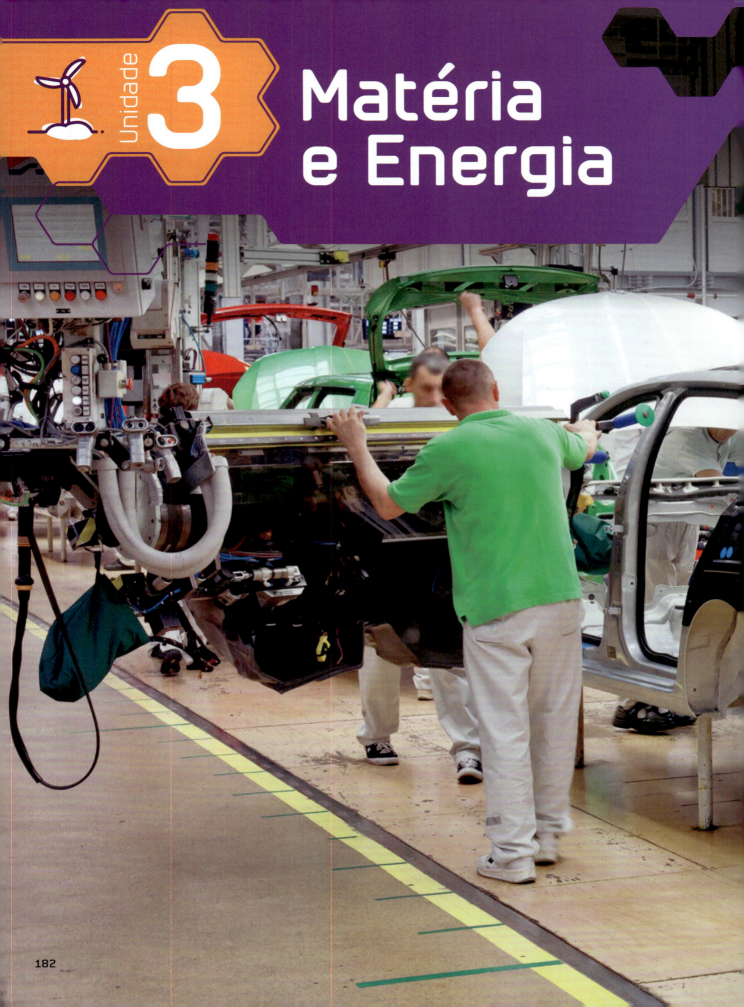

Unidade 3
Matéria e Energia

Os fenômenos da natureza sempre intrigaram e mexeram com a curiosidade do ser humano, que sempre buscou entendê-los, seja fazendo uma simples descrição de como ocorrem, seja procurando explicações sobre a forma como são produzidos.

A capacidade de observação possibilitou descobertas que trouxeram conhecimentos, entendimentos e explicações sobre os fenômenos naturais.

Ao ampliar seu campo de ação, o ser humano passou a criar e a utilizar ferramentas e tecnologias que permitiram o melhor aproveitamento da energia ao seu redor.

Linha de produção de veículos em empresa automotiva, em Mladá Boleslav, na República Tcheca, em 18 de março de 2018.

Capítulo 13
Um mundo movido a força

O atleta paralímpico Daniel Rodrigues durante uma partida de tênis, nas Paralimpíadas do Rio de Janeiro (RJ), em 2016.

Ao observar a imagem, o que você percebe?

Embora a fotografia seja estática, é possível perceber que, naquele momento, tanto o atleta quanto a bola de tênis estavam em movimento. Assim como o atleta e a bola de tênis, tudo está em movimento no Universo.

Você já imaginou como o movimento é produzido? Como o atleta paralímpico produz seus movimentos? O que é preciso para que a bola de tênis se desloque de um lado para outro da quadra?

Para produzir ou alterar o movimento de qualquer objeto, é necessária a ação de forças, as quais estudaremos neste capítulo.

❯ Entendendo os movimentos

Vamos imaginar a seguinte situação: ao observarmos um cubo de gelo sendo empurrado sobre uma superfície rugosa, vemos que ele desliza por uma certa distância e para em um determinado ponto (**situação 1**). Porém, se em uma segunda situação esse mesmo cubo de gelo for empurrado, empregando-se a mesma força, nesse caso, sobre uma superfície lisa (**situação 2**), é de esperar que ele percorra uma distância maior até parar, não é verdade? E se em uma terceira situação (**situação 3**) repetirmos o mesmo procedimento, deixando a superfície lisa levemente umedecida? Poderíamos esperar que o cubo de gelo percorresse uma distância ainda maior, não é mesmo?

Note que, em qualquer dessas situações, o cubo de gelo, inicialmente em repouso, ao receber o empurrão, adquire **movimento**. Contudo, após percorrer certa distância, o cubo de gelo volta a ficar em **repouso**.

Inicialmente, vemos o cubo de gelo em repouso. Na sequência das imagens, vemos a movimentação do cubo de gelo, segundo a descrição das situações 1, 2 e 3.

(Elementos representados em tamanhos não proporcionais entre si. Cores fantasia.)

Nas situações propostas acima, notamos que o cubo de gelo mudou seu estado de movimento e que, portanto, algo deve ter causado tal mudança. E mais: essa mudança deve estar associada a uma interação entre o cubo de gelo e algo a seu redor.

Para iniciar seu movimento, **algo empurrou** o cubo de gelo. E para que o cubo de gelo parasse, **algo o freou**.

Se o cubo de gelo estivesse isolado e afastado de qualquer outro corpo, ele permaneceria em repouso; se estivesse em movimento, permaneceria assim, sem nenhuma alteração nesse movimento. A esse movimento sem nenhum tipo de alteração damos o nome de **movimento inercial**.

Na brincadeira mostrada na imagem, as crianças devem empurrar o disco de um lado a outro da mesa com o intuito de acertar a abertura que há na lateral da mesa para "fazer o gol". Quando um dos adversários faz um gol, o disco é novamente colocado em repouso em cima da mesa e recebe uma força para que ele entre em movimento e o jogo continue. Nessa brincadeira, é utilizado um "colchão" de ar para que o disco deslize sobre a superfície por mais tempo sem parar.

Capítulo 13 • Um mundo movido a força

O movimento inercial se baseia no **Princípio da Inércia** proposto por Galileu Galilei (cientista que apresentou contribuições muito importantes para a Ciência; veja sua biografia a seguir, no boxe *Um pouco mais*). O Princípio da Inércia pode ser explicado da seguinte maneira:

> Se um corpo está isolado, ou seja, afastado de qualquer outro corpo que o perturbe, ele permanecerá em seu estado de movimento inicial sem qualquer tipo de alteração. Assim, caso ele estivesse, inicialmente, em repouso, tenderia a manter-se em repouso. Por outro lado, caso o corpo estivesse em movimento, ele tenderia a continuar seu movimento em linha reta e sem alterar sua velocidade.

Leia também!

Gira, gira, bambolê. Disponível em: <http://chc.org.br/gira-gira-bambole/> (acesso em: 21 maio 2018).

O artigo explica de forma simples como é possível manter o bambolê girando durante a brincadeira.

Foi com base nos estudos de Galileu que Isaac Newton (outro importante cientista inglês, nascido no século XVII) propôs as três leis do movimento, também conhecidas como **Leis de Newton**.

A **primeira lei de Newton** é uma reafirmação do Princípio da Inércia proposto por Galileu. A **segunda lei de Newton** explica a maneira como o movimento é alterado pela ação de uma grandeza denominada **força**. A **terceira lei de Newton**, por sua vez, descreve como se dão as interações entre os corpos.

EM PRATOS LIMPOS

Corpo (na Física)

Em geral, quando nos referimos aos materiais ou às substâncias utilizadas no dia a dia, costumamos diferenciá-los por seus nomes, como ferro, ouro, madeira, água, álcool etc.

Porém, quando nos referimos a quantidades limitadas de materiais ou de substâncias, estamos nos referindo a corpos. Por exemplo, uma barra de ferro, um bloco de gelo, um cabo de madeira, um galão de álcool são porções limitadas de materiais, portanto, corpos.

Na Física, corpo (ou objeto) é o termo utilizado para se referir a uma quantidade limitada de material ou substância. Corpos que podem se movimentar também podem ser chamados de corpos móveis.

UM POUCO MAIS

Galileu Galilei

Galileu Galilei (1564-1642) foi um notável cientista italiano, natural de Pisa, e fortemente caracterizado por sua rebeldia intelectual a respeito das concepções do movimento propostas por Aristóteles.

Ao lado de Nicolau Copérnico, René Descartes e Johannes Kepler, Galileu foi personalidade fundamental no desenvolvimento da Ciência nos séculos XVI e XVII.

Entre suas contribuições, uma que merece destaque é o aperfeiçoamento do recém-inventado telescópio, em 1609, revolucionando a observação do céu. Ele descobriu, por exemplo, os satélites de Júpiter e foi o primeiro a observar o planeta Saturno.

Galileu morreu aos 78 anos, no dia 8 de janeiro de 1642.

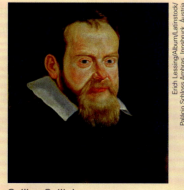

Galileu Galilei.

❯ Força: uma grandeza vetorial

Podemos notar evidências da ação de forças atuando em um corpo quando ele é empurrado ou puxado, ou ainda quando é deformado. É comum associarmos força a um esforço físico-muscular desenvolvido pelo ser humano ou por outros animais. No entanto, o agente físico que chamamos de força pode se manifestar de muitas maneiras, como por meio de máquinas, objetos e fenômenos da natureza.

Assim como é um desafio definir energia, a definição do que é força também é complexa. Portanto, o que se faz é caracterizar a força por meio de seus efeitos.

Dessa forma, podemos dizer que **força** é um agente físico capaz de produzir ou alterar movimento, bem como deformar corpos.

No que diz respeito à alteração de movimento, as forças aplicadas em um corpo podem acelerar ou retardar seu movimento ou, ainda, alterar a direção do movimento. As forças também podem se equilibrar de modo a não alterar o estado de movimento do corpo.

Em geral, a ação de forças sobre os corpos ocorre quando há transferência de energia ou transformação (ou conversão) de uma modalidade de energia em outra.

Por meio do *crash test* (teste de impacto aplicado em automóveis), as montadoras avaliam, durante o choque, o quanto e como as forças interferem na deformação do automóvel.

Para entender um pouco mais sobre a ação de uma força, imagine crianças brincando com uma bola. Durante a brincadeira, cada criança aplica na bola uma força para alterar seu estado de movimento. O que acontecerá com o movimento da bola dependerá da maneira como cada criança aplicará a força na bola. Assim, ela poderá se movimentar para diferentes direções e de forma mais rápida ou mais lenta. Para saber como se dará o movimento adquirido pela bola, não basta conhecer apenas a intensidade, mas é preciso também conhecer como foi aplicada a força, ou seja, indicar sua orientação (direção e sentido). Grandezas com essas características são chamadas de **grandezas vetoriais**.

Durante o jogo de vôlei, cada jogador aplica uma força na bola para que ela altere seu estado de movimento. Essas forças podem ter características diferentes e fazer com que a bola se movimente para frente, para cima ou para baixo, por exemplo, e de forma rápida ou lenta.

Assim, a força é representada por um vetor e seu efeito é determinado por suas características vetoriais, ou seja, pela orientação e intensidade, e também pelo ponto onde ela está aplicada.

Vetor é um segmento de reta orientado que representa a intensidade, a direção e o sentido de uma grandeza vetorial, como, por exemplo, uma força: $\vec{F}$

Essa pequena seta sobre a letra **F** é utilizada para indicar que a força é uma grandeza vetorial. Todas as grandezas vetoriais são representadas dessa maneira.

Orientação (direção e sentido)

Como dito anteriormente, a orientação é uma das características utilizadas para se representar uma força. Em outras palavras, a orientação é o que define de que maneira a força está agindo, e é determinada por duas grandezas: direção e sentido. Assim, para definir uma força devemos perguntar: Qual é a direção da força, isto é, ela está agindo na horizontal, na vertical ou na diagonal? E qual é o sentido da força, isto é, ela atua de cima para baixo ou de baixo para cima (no caso de uma força vertical, por exemplo)?

Veja os exemplos a seguir.

A ilustração representa uma força atuando na direção horizontal e com sentido da esquerda para a direita.

A ilustração representa uma força atuando na direção horizontal e com sentido da direita para a esquerda.

A ilustração representa duas forças atuando na mesma direção (horizontal) e com sentidos opostos.

(Cores fantasia.)

Exemplos de orientações de diferentes forças aplicadas em um corpo.

Pelos exemplos apresentados, pode-se perceber que cada direção tem dois sentidos. A direção representa a linha de ação da força, que pode ser horizontal, vertical ou oblíqua (inclinada ou diagonal). O sentido representa o lado para onde aponta a força. Dessa forma, a direção e o sentido dão orientação à força aplicada.

Ao empurrar uma gaveta para fechá-la, aplica-se uma força com certa intensidade. A direção dela será horizontal e seu sentido para a direita.

A força aplicada por uma pessoa para puxar a mala enquanto caminha tem direção oblíqua e sentido de baixo para cima.
(Elementos representados em tamanhos não proporcionais entre si.)

Uma das forças que atuam no lustre puxa-o para baixo. Essa força tem direção vertical e sentido de cima para baixo.

188

Intensidade (ou módulo)

A intensidade representa o valor numérico atribuído a uma força aplicada em um corpo, permitindo saber se a força aplicada é intensa o suficiente para provocar a ação desejada. De acordo com o Sistema Internacional de Unidades (SI), que padroniza as unidades de medida no mundo, a intensidade de uma força é expressa em uma unidade chamada newton (N), em homenagem ao físico inglês Isaac Newton.

EM PRATOS LIMPOS

Sistema Internacional de Unidades (SI)

Há várias unidades de medida para cada característica ou propriedade da matéria. Por exemplo, para temperatura, usamos no Brasil a unidade grau Celsius (°C); em países de língua inglesa utiliza-se grau Fahrenheit (°F). E ainda há uma unidade chamada kelvin (K).

Para que seja possível padronizar as unidades de medida, independentemente do uso ou do país onde se está, foi criado o **Sistema Internacional de Unidades** (SI).

A padronização de unidades evita problemas de comunicação entre as pessoas, reduz as possibilidades de prejuízos em transações comerciais e facilita a divulgação e a replicação de trabalhos científicos.

O quadro ao lado relaciona algumas grandezas físicas e suas respectivas unidades no SI.

Grandezas físicas e respectivas unidades		
Grandeza	**Unidade**	**Símbolo**
Massa	quilograma	kg
Volume	metro cúbico	m^3
Temperatura	kelvin	K
Comprimento	metro	m
Área	metro quadrado	m^2
Tempo	segundo	s
Força	newton	N
Corrente elétrica	ampère	A
Intensidade luminosa	candela	cd
Velocidade	metro por segundo	m/s
Energia	joule	J

UM POUCO MAIS

Isaac Newton

Sir Isaac Newton (1643-1727) nasceu alguns meses após a morte de Galileu Galilei. Foi um renomado físico inglês que deu um novo rumo à Física.

A sua obra *Principia: princípios matemáticos de filosofia natural* descreve a lei da Gravitação Universal, as três leis do movimento que levam seu nome e as bases matemáticas para seu entendimento. É considerada uma das obras mais influentes da história da Ciência.

Newton morreu aos 84 anos. Seu corpo foi sepultado na Abadia de Westminster, em Londres, na Inglaterra.

Newton é um dos cientistas mais influentes em várias áreas da Física, da Matemática e da Astronomia.

Além das grandezas vetoriais, há outras grandezas que não necessitam de orientação, bastando sua quantificação e sua unidade para descrevê-las por completo. É o caso de grandezas como temperatura, tempo, volume, massa e energia. Essas grandezas são chamadas **grandezas escalares**. Veja alguns exemplos nas imagens.

O quadro a seguir resume as características das grandezas escalares e vetoriais.

Representação das grandezas físicas	
Grandezas escalares	Grandezas vetoriais
Número + Unidade	Número + Unidade + Orientação (direção e sentido)

Na feira ou no supermercado, ao pedir ao vendedor 1 kg de batata, não há necessidade de nenhuma outra informação para descrever a grandeza escalar **massa**.

Quando a temperatura de um local é 33 °C, apenas o número e a unidade são suficientes para descrevê-la. É também, portanto, uma grandeza escalar.

O atleta jamaicano Usain Bolt, considerado um dos maiores velocistas de todos os tempos, estabeleceu o menor tempo para percorrer a distância de 100 metros no Campeonato Mundial de Atletismo, em 2009, em Berlim, com a marca de 9,58 segundos. Nenhuma outra informação para descrever a grandeza **tempo** é necessária: trata-se, portanto, de uma grandeza escalar.

UM POUCO MAIS

Como se mede uma força

A força é uma grandeza física e, portanto, pode ser medida. Um instrumento usado para medir força é o **dinamômetro** (do grego, *dynamis* = 'força' e *metron* = 'medida'), que utiliza a elasticidade de certos corpos para determinar a intensidade da força a ser medida.

Há vários modelos de dinamômetros; o mais comum é o dinamômetro de mola, em que a força é medida pelo alongamento produzido em uma mola elástica. O alongamento provocado pela força é indicado por um cursor que se move por uma escala graduada.

Na posição vertical, o dinamômetro pode ser usado para medir a **força-peso** de um corpo.

A **força-peso** é a força com que a Terra, pela gravidade, atrai os corpos ao seu redor.

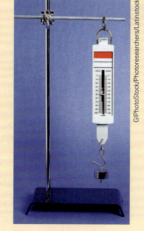

Dinamômetro.

❯ Resultante de forças (R)

Há situações em que mais de uma força pode atuar em um único corpo. Veja alguns exemplos:

Exemplo I

A figura 1, abaixo, mostra o corpo em repouso. Aplicando nele uma força de 10 N, horizontalmente para a direita (figura 2), o corpo adquirirá movimento na horizontal e para a direita (figura 3).

Figura 1   Figura 2   Figura 3

Exemplo II

Nesta outra situação, duas forças, $\vec{F_1}$ e $\vec{F_2}$, atuam simultaneamente no mesmo corpo inicialmente em repouso (figura 4), ambas na horizontal e para a direita, sendo $\vec{F_1}$ de intensidade 10 N e $\vec{F_2}$ de intensidade 15 N (figura 5).

Observe que o corpo se movimenta horizontalmente para a direita e mais rapidamente do que o corpo do exemplo I, pois a resultante de forças aplicadas é maior, ou seja, 25 N. Note que a resultante provoca o mesmo **efeito dinâmico** das forças $\vec{F_1}$ e $\vec{F_2}$.

Exemplo III

Em um terceiro caso, considere a atuação de duas forças sobre um corpo inicialmente em repouso (figura 7): $\vec{F_1}$, de intensidade 10 N, horizontal e para a direita, e $\vec{F_2}$, de intensidade 15 N, horizontal e para a esquerda. Note que são duas forças de mesma direção e de sentidos opostos.

Nesse caso, diferentemente do exemplo II, o corpo adquirirá movimento horizontal para a esquerda (figura 8), pois a intensidade da força $\vec{F_2}$ é maior.

Figura 7   Figura 8   Figura 9

No exemplo acima, o efeito dinâmico seria o mesmo se, em vez das forças $\vec{F_1}$ e $\vec{F_2}$, houvesse apenas uma força $\vec{R}$ de 5 N (resultante da diferença das intensidades de $\vec{F_1}$ e $\vec{F_2}$), horizontal para a esquerda, atuando no corpo em questão (figura 9). Essa força, que pode substituir e proporcionar o efeito dinâmico das outras duas, é chamada de **resultante de forças**.

> A **resultante de forças** é uma força imaginária que substitui um sistema de várias forças e que causa o mesmo efeito dinâmico delas.

Com esses exemplos, é possível perceber que a resultante depende da orientação (direção e sentido) e da intensidade das forças que atuam sobre um mesmo corpo.

Determinação da resultante

Como vimos, a força é uma grandeza vetorial. Portanto, para se determinar a resultante das forças é necessário fazer uma soma vetorial. Essa é uma operação geométrica simples, na qual um vetor é colocado na sequência do outro.

Quando há apenas uma força aplicada em um corpo (como apresentado anteriormente no exemplo I), essa força é considerada a resultante. Contudo, há situações em que temos mais de uma força atuando em um corpo ao mesmo tempo (como nos exemplos II e III mostrados anteriormente). Entre essas situações, vamos apresentar como se determina a resultante em dois casos.

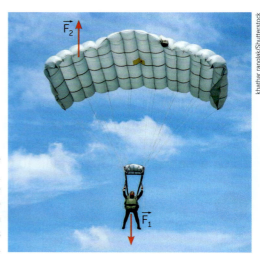

A força-peso ($\vec{F}$) é, praticamente, a única força que atua no prato enquanto ele cai em queda livre. Portanto, ela é a resultante das forças.

No paraquedista há a ação de duas forças: a força $\vec{F}_1$ (força-peso) e a força $\vec{F}_2$ de resistência do ar. A intensidade da resultante é dada pela diferença entre as intensidades dessas duas forças.

Caso 1:
Sistemas de forças com a mesma direção e o mesmo sentido.

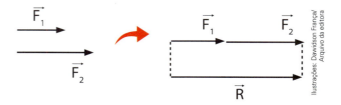

A intensidade da resultante ($\vec{R}$) é a soma das intensidades de cada força:

$$R = F_1 + F_2$$

Caso 2:
Sistemas de forças com a mesma direção, mas sentidos opostos.

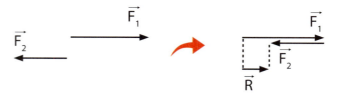

A intensidade da resultante ($\vec{R}$) é dada pela diferença das intensidades de cada força, a maior menos a menor:

$$R = F_1 - F_2$$

Quando a resultante das forças aplicadas em um corpo é nula, dizemos que esse corpo está em **equilíbrio**. Esse termo provém do fato de todas as forças aplicadas no corpo se equilibrarem.

Por exemplo, em uma disputa de cabo de guerra, se os competidores à esquerda aplicam na corda uma força $\vec{F_E}$ de mesma intensidade que a força $\vec{F_D}$ aplicada pelos competidores à direita, mas com sentido contrário, a resultante das forças será nula e a corda estará em equilíbrio.

A condição de equilíbrio é caracterizada pelo fato de um objeto não alterar seu estado de movimento.

Durante a brincadeira de cabo de guerra, as forças aplicadas pelas crianças na corda podem se equilibrar e proporcionar uma resultante de forças nula.

EM PRATOS LIMPOS

Equilíbrio não é apenas repouso

O repouso é o estado de um objeto em equilíbrio, mas isso não significa que um objeto em equilíbrio esteja necessariamente em repouso.

A ideia de equilíbrio exprime a condição de um corpo cujo estado de movimento não se modifica pelas forças nele aplicadas (duas ou mais), ou seja, a resultante dessas forças é nula.

Assim, um corpo em movimento também pode estar em equilíbrio. Se as forças que atuam sobre ele estiverem em equilíbrio, ou seja, se a resultante das forças sobre ele for nula, ele manterá seu movimento sem alterações.

Quando um automóvel se movimenta, ele fica submetido a várias forças. No entanto, se em um determinado trajeto ele mantiver a mesma velocidade (velocidade constante) deslocando-se em linha reta, a resultante das forças será nula e o carro estará em equilíbrio.

Capítulo 13 • Um mundo movido a força

❯ Trabalho de uma força

Você estudou no 6º ano que sempre existe energia associada aos movimentos e que podemos dizer que energia é a capacidade de produzir movimento. Também vimos que na produção e/ou alteração de movimentos há a presença de forças. É importante notar, então, que deve haver uma relação entre força e energia. Essa relação existe e recebe o nome de **trabalho**.

É comum, no dia a dia, usarmos a palavra trabalho para indicar diversas situações, como atividade profissional, emprego, e mesmo atividades do estudante a serem feitas na escola e em casa. Entretanto, na Física, o conceito de trabalho está associado ao deslocamento ou à deformação de um corpo por meio da aplicação de forças, determinando assim a energia transferida.

Quando se deseja que um corpo entre em movimento, aplica-se nele uma força adequada. Ao adquirir movimento, o corpo obtém também energia cinética relativa ao seu movimento. Essa energia não foi criada, mas sim transmitida ao corpo pela força aplicada. É por isso que, na Física, considera-se que apenas as forças realizam trabalho, e não as pessoas, os animais, as máquinas ou os caminhões.

> O **trabalho** pode ser medido por meio da energia transferida de um corpo a outro pela força aplicada ao longo de seu deslocamento.

 EM PRATOS LIMPOS

Trabalho é atividade física ou mental?

Na linguagem informal, a palavra **trabalho** pode significar qualquer atividade física ou mental. Por exemplo, quando você realiza repetidas contrações musculares com o intuito de empurrar um carro, mesmo que ele não se movimente, você está realizando uma atividade física.

No entanto, se o carro não se movimenta, todo seu esforço físico não atinge o efeito desejado. Nesse caso, a força aplicada no carro não realiza trabalho.

Portanto, na linguagem científica, o trabalho não pode ser entendido como sinônimo de atividade física ou mental.

Ao aplicar uma força que provoca o deslocamento do carro, as pessoas estão realizando trabalho.

Cálculo do trabalho de uma força

Assim como a resultante de um sistema de forças, o trabalho também pode ser determinado por meio de cálculos.

Para entender como determinar o trabalho, ou a energia transferida por uma força, vamos analisar alguns casos.

1º caso

Considere uma força $\vec{F}$, de intensidade 100 N, aplicada a um corpo, inicialmente em repouso, ao longo de 20 m na direção em que se dá o movimento e sobre uma superfície perfeitamente lisa.

No seu deslocamento (Δs), o corpo adquire movimento e, consequentemente, energia cinética. Vamos chamar essa quantidade de energia adquirida pelo corpo de E. O trabalho da força de 100 N, representado pela letra grega τ (*tau*), corresponderá a essa energia E, pois ela foi a energia transferida pela força $\vec{F}$. Portanto, temos que

$$\tau_1 = E$$

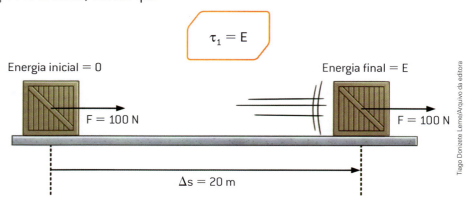

2º caso

Se essa mesma força $\vec{F}$, de intensidade 100 N, for aplicada ao mesmo corpo, inicialmente em repouso, ao longo de 10 m, na direção em que se dá o movimento e sobre a mesma superfície perfeitamente lisa, ao final desse deslocamento o corpo apresentará a mesma quantidade de energia cinética E que o corpo anterior?

Certamente não. Por ter apresentado metade do deslocamento, é normal pensar que a energia transferida tenha sido a metade, não é mesmo? Certo!

Nesse caso, a energia transferida será $\frac{E}{2}$, o que corresponderá também ao trabalho da força $\vec{F}$. Assim, podemos representar como

$$\tau_2 = \frac{E}{2}$$

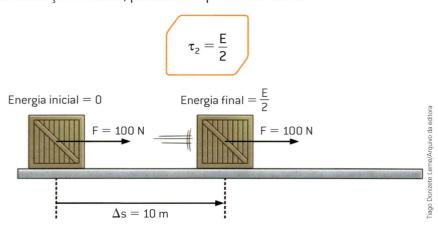

Capítulo 13 • Um mundo movido a força 195

3º caso

Se uma outra força $\vec{F}$, de intensidade 50 N, com a mesma direção e sentido da força do 1º caso, for aplicada ao mesmo corpo, inicialmente em repouso, ao longo de 20 m, sobre a mesma superfície perfeitamente lisa, ao final desse deslocamento o corpo adquirirá a mesma energia cinética E do 1º caso?

Nesse caso, também não. O fato de a força ter metade da intensidade permite considerar que a energia transferida tenha sido a metade, não é mesmo? Pois se você pensou assim, está correto!

Assim, a energia transferida será $\frac{E}{2}$, o que corresponderá também ao trabalho da força $\vec{F}$. Dessa forma, assim como no caso anterior, também temos que

$$\tau_3 = \frac{E}{2}$$

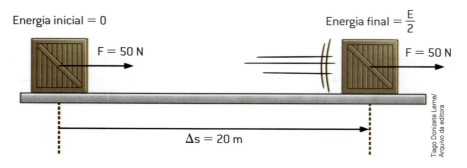

Ao analisar esses casos, perceba que o trabalho de uma força é proporcional ao deslocamento e à intensidade da força aplicada na direção do movimento.

Por meio dessa análise, pode-se calcular o trabalho de uma força efetuando o produto da intensidade da força aplicada sobre um corpo pelo deslocamento que ele sofre na direção da força aplicada:

$$\tau = F \cdot \Delta s$$

Em que:
τ = trabalho realizado pela força $\vec{F}$
F = intensidade da força aplicada
Δs = deslocamento que o corpo sofre na direção da força

> Utilize nesse cálculo as unidades do SI:
> Força → newton (N)
> Deslocamento → metro (m)
> Trabalho → joule (J)
> Quando se calcula o valor do trabalho realizado por uma força, o deslocamento a ser considerado é o que ocorre na direção da força.

Assim como a força, o trabalho também possui uma unidade de medida estabelecida pelo SI. No caso do trabalho, a unidade de medida utilizada é o joule (J).

Veja agora como ficaria o cálculo do trabalho nos três casos apresentados.

1º caso

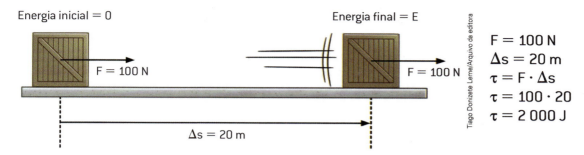

$F = 100$ N
$\Delta s = 20$ m
$\tau = F \cdot \Delta s$
$\tau = 100 \cdot 20$
$\tau = 2\,000$ J

2º caso

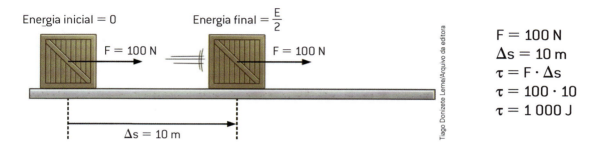

$F = 100$ N
$\Delta s = 10$ m
$\tau = F \cdot \Delta s$
$\tau = 100 \cdot 10$
$\tau = 1\,000$ J

3º caso

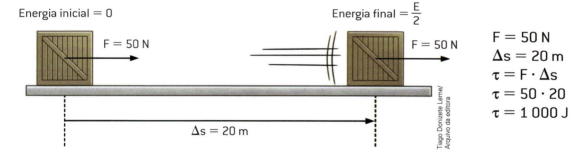

$F = 50$ N
$\Delta s = 20$ m
$\tau = F \cdot \Delta s$
$\tau = 50 \cdot 20$
$\tau = 1\,000$ J

NESTE CAPÍTULO VOCÊ ESTUDOU

- Caracterização dos estados de equilíbrio dos corpos.
- Princípio da Inércia.
- Conceito e representação de força.
- Grandezas vetoriais e escalares.
- Resultante e equilíbrio de forças.
- Conceito e cálculo do trabalho de uma força.

ATIVIDADES

PENSE E RESOLVA

1 Nas proximidades da superfície da Terra sempre estamos sujeitos a, pelo menos, duas forças: a força-peso, que é a força com que a Terra, com sua gravidade, atrai todos os corpos a seu redor, e a força de resistência do ar. No espaço sideral, nas regiões onde não há corpos celestes, não existe gravidade nem ar. Portanto, no espaço sideral, não há ação da força-peso nem da resistência do ar. Se um objeto for largado em repouso no espaço sideral, ele:

a) entrará em órbita;

b) permanecerá em movimento inercial;

c) seguirá lentamente em direção ao corpo celeste mais próximo;

d) permanecerá em repouso até que nele atue uma força.

2 Em uma viagem espacial, uma nave, quando se encontra no espaço sideral, longe da ação da gravidade de corpos celestes e da ação da resistência do ar, não tem necessidade de manter seus propulsores ligados para continuar seu movimento.

Isso ocorre porque

a) a nave apresenta muita energia relacionada a seu movimento.

b) o movimento dela não é inercial, fazendo com que ela continue sendo empurrada para a frente.

c) sua tendência natural, na ausência de forças, é manter seu movimento inercial.

d) a força-peso que atua na nave a mantém em seu movimento.

3 O esquema a seguir representa um conjunto de quatro forças ($\vec{A}$, $\vec{B}$, $\vec{C}$ e $\vec{D}$) aplicadas a um mesmo corpo. A respeito dessas forças, responda às questões.

a) Descreva cada força que atua no corpo identificando sua intensidade, sua direção e seu sentido.

b) Quais são as forças que apresentam a mesma intensidade? Quais têm a mesma direção? E quais têm o mesmo sentido?

c) Descreva a resultante das forças que atuam no corpo identificando sua intensidade, sua direção e seu sentido.

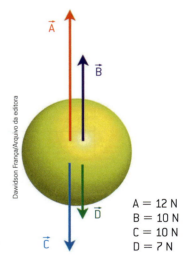

A = 12 N
B = 10 N
C = 10 N
D = 7 N

4 O carro de Alfredo está com problema e precisa ser empurrado. Para isso, Alfredo exerce uma força de 100 N horizontal e para a direita. Como não está surtindo o efeito desejado, ele pede ajuda a um amigo, que aplica uma força de 120 N, também horizontal e para a direita. Juntos, agora os dois empurram o carro. Determine a resultante das forças aplicadas (intensidade, direção e sentido) por Alfredo e seu amigo.

5 Um bloco colocado em repouso sobre uma mesa sofreu a ação de uma força resultante de intensidade 60 N durante certo tempo. Nesse período, o bloco se deslocou 2,5 m no sentido da resultante. Com a ação da resultante, a energia do corpo aumentou, diminuiu ou não se alterou? Em caso afirmativo, de quanto foi a alteração da energia?

6 Em um supermercado, uma pessoa empurra um carrinho em um plano horizontal com uma força horizontal de 500 N. Se, durante o período das compras, o trabalho realizado pela força for de 12 500 J, qual será a distância percorrida pela pessoa com o carrinho?

SÍNTESE

▶ O *curling* é um esporte olímpico coletivo que consiste no lançamento de blocos especiais de granito em uma pista de gelo com o intuito de aproximá-los ao máximo de um alvo.

Atleta praticando *curling*.

Esses blocos deslizam sobre a superfície do gelo praticamente em movimento inercial. Responda aos seguintes itens:

a) Na situação descrita acima, o bloco está em equilíbrio? Justifique.

b) O que você pode concluir acerca da resultante das forças sobre a partícula?

c) Se o bloco estivesse em repouso, ele estaria em equilíbrio?

PRÁTICA

Montando um dinamômetro

Objetivo

A atividade proposta pretende verificar a relação entre a deformação de um corpo elástico e a força aplicada a ele e, por meio dessa relação, realizar medidas da força.

Material

- 1 base de madeira leve (ripa de *Pinus* encontrada em caixas de frutas, com 3 cm de largura, 30 cm a 40 cm de comprimento, e 1,0 cm a 1,5 cm de espessura)
- 1 mola pequena e com boa elasticidade, ou um conjunto de elásticos de mesmo tamanho preso nas pontas, ou um pedaço de elástico redondo, de maior diâmetro
- 1 copo plástico, ou cesto pequeno, ou um carrinho de brinquedo
- 50 g de areia
- 60 cm de barbante
- 1 prego pequeno ou 1 tachinha
- Continhas (miçangas) de plástico
- Papel milimetrado ou quadriculado
- Cola
- 2 parafusos-gancho fechados (também conhecidos como parafusos de olho)
- Caneta
- Régua
- Uma balança para calibrar o dinamômetro

ATENÇÃO!

Peça a ajuda de um adulto para fazer a fixação dos pregos e parafusos.

Procedimento

1. Para que a base de madeira fique bem lisa, você pode lixá-la, pintá-la ou revesti-la com cartolina (que deve ser colada bem justa na ripa).

2. Prenda o elástico em um prego ou tachinha a 3 cm da extremidade da madeira.

3. Conserve o elástico levemente esticado e amarre-o no barbante com um nó que passe livremente pelos parafusos-gancho.

4. Fixe os parafusos-gancho na madeira. O primeiro deles deve ficar onde termina o elástico, e o outro, próximo à extremidade da madeira, na mesma direção.

5. Passe o barbante pelo primeiro parafuso-gancho, cole uma continha (miçanga) no barbante e passe-o novamente no segundo parafuso-gancho.

6. Corte uma tira de papel milimetrado (30 cm de comprimento). Faça uma escala de 0 a 30 cm (use a régua se necessário) e cole-a na base de madeira. O zero da escala deve coincidir com a continha colocada no barbante.

7. Dependendo dos objetos que vai testar (um carrinho, por exemplo), você pode amarrar na ponta do barbante um clipe levemente aberto para engancháá-lo, ou simplesmente amarrar o barbante no objeto, ou ainda montar um cestinho utilizando um copo plástico. Faça três ou quatro

furos na borda do copo em pontos com a mesma distância entre si, e passe por cada furo um pedaço de barbante, amarrando todos à mesma altura.

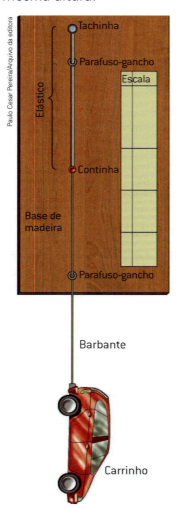

Calibrando seu medidor de força

1. Você pode calibrar seu dinamômetro colocando no cestinho (copo) massas conhecidas de algum material (areia, por exemplo). Utilizando uma balança, coloque 10 gramas de areia no cestinho. Prenda (ou segure) o dinamômetro, deixando-o na posição vertical. Despeje a areia no cestinho e observe a deformação do elástico.

2. Faça uma marca na tira de papel milimetrado, ao lado de onde parou a continha. A partir do zero da sua escala, verifique quantos centímetros o elástico se deformou em relação à massa de 10 gramas.

3. Sempre utilizando a balança, coloque no cestinho mais 10 g de areia. Faça outra marca ao lado de onde a continha parou, que agora equivale a 20 g de areia.

4. Verifique se a deformação sofrida pelo elástico dobrou em relação à massa de 10 gramas. Se isso ocorrer, significa que seu medidor tem boa elasticidade. Experimente colocar 30 g, 40 g e até 50 g de areia no cestinho. Se a deformação for proporcional às anteriores, seu dinamômetro funcionará bem. Se verificar que as deformações estão diminuindo ou ficando muito irregulares é porque seu elástico atingiu o limite de elasticidade ou está próximo a ele, podendo até arrebentar. Se quiser trabalhar com objetos de massas maiores, terá que reforçar ou trocar o elástico.

5. Você pode ajustar sua escala em newton (N). Para isso, utilize a correspondência de 1 N para cada 100 g de massa. Portanto, a cada 10 g, a deformação corresponde a uma força de 0,1 N. Assim, 10 g correspondem a 0,1 N; 20 g correspondem a 0,2 N; 30 g correspondem a 0,3 N; e assim sucessivamente.

Testando seu dinamômetro

1. Usando o dinamômetro, determine a força responsável pela deformação, pendurando nele pequenos objetos.

2. Verifique em uma balança se a massa do objeto corresponde (ou é muito próxima) à massa que você usou como referencial para marcar as deformações no elástico.

Discussão final

▶ Quando o dinamômetro estiver calibrado, considere dois carrinhos de brinquedo, um de plástico e um de metal.

  a) Qual é o valor da força indicada pelo dinamômetro quando o carrinho de plástico cuja massa é de 50 g é preso ao dinamômetro?

  b) Colocando-se o carrinho de metal preso no dinamômetro, ele indica na escala 1,5 N. Qual seria a massa aproximada desse carrinho?

200

LEITURA COMPLEMENTAR

Maio Amarelo: como os *crash tests* [testes de colisão] melhoraram o nível dos carros

[...] Recentemente, o Cesvi Brasil divulgou uma lista com os itens de segurança que seriam indispensáveis em um veículo.

A entidade de segurança viária incluiu [freios] ABS e **airbags** frontais, cintos de três pontos, barras de proteção laterais, apoios de cabeça e controle de estabilidade (ESP). Mas trazer tudo isso não necessariamente é um sinal de que o carro é seguro, como mostram testes de colisão recentes. [...]

"O critério de desempenho fala que, quando o carro é submetido a um determinado teste de colisão, os ferimentos dos ocupantes devem ficar abaixo de um nível máximo. Sem importar se o veículo tem ou não tem *airbags*, sem importar a origem do carro, o fabricante ou o custo.

O que importa para o critério de desempenho é que o carro dê proteção efetiva aos ocupantes. Isso é medido pelos 'ferimentos' registrados pelos *dummies* [bonecos] que vão de passageiros no carro", explica o secretário-geral do Latin NCAP [...].

José Aurélio Ramalho, diretor-presidente do Observatório Nacional de Segurança Viária (ONSV), é otimista quanto aos nossos carros.

"Hoje, o automóvel brasileiro está muito próximo ao de outros mercados em relação

Bonecos são utilizados em testes de impacto para averiguar a eficácia do cinto de segurança e do *airbag*.

Airbag: bolsa de ar que infla e amortece o impacto em uma colisão, evitando que os passageiros se choquem contra as partes rígidas do veículo.

à segurança. O Brasil caminha rapidamente para ter nível mundial nesse quesito." Mas ele lembra que não é só nos veículos que a segurança deve ser garantida.

[...] Havendo negligência, imprudência ou distração do motorista, se o acidente ocorrer, o veículo ou a via deve ter condições de absorver a colisão, seja por meio de *airbags*, barras de proteção lateral e aço com deformação progressiva nos carros, seja por barreiras com encapsulamento [deformáveis] nas estradas. [...]

Fonte: RUFFO, Gustavo Henrique. Maio Amarelo: como os *crash tests* melhoraram o nível dos carros. **Quatro Rodas**. Publicado em: 7/5/2018. Disponível em: <https://quatrorodas.abril.com.br/especial/maio-amarelo-como-os-crash-tests-melhoraram-o-nivel-dos-carros/> (acesso em: 7 jun. 2018).

Questões

1. De acordo com o texto, há alguns itens que são muito importantes para a segurança do motorista e dos passageiros em um veículo. Alguns desses itens são os *airbags* e os cintos de segurança. Considerando o princípio da inércia, explique qual é o papel desses dois itens de segurança na prevenção de acidentes graves.

2. Mais importante do que minimizar os efeitos de um acidente de trânsito é sua prevenção. Pesquise em sua cidade quais são as principais causas de acidente de trânsito e aponte pelo menos três medidas que pedestres e motoristas podem tomar para contribuir para a redução desses acidentes, bem como três medidas governamentais.

Capítulo 14
Máquinas simples

SpeedKingz/Shutterstock

A chave de roda é uma ferramenta utilizada para retirar as porcas da roda de um veículo.

Seria possível extrair o prego de um pedaço de madeira, desrosquear o parafuso da roda de um carro ou, ainda, erguer um pesado bloco apenas usando a força muscular humana, sem auxílio de qualquer equipamento?

Como seria a locomoção de uma pessoa com deficiência física sem o auxílio de uma cadeira de rodas? Como essa pessoa poderia ter acesso a vários níveis de um estabelecimento?

Ao longo do tempo, o ser humano, ao reconhecer suas limitações, buscou superá-las de maneira a tornar possível a realização de muitas tarefas. Para isso, criou equipamentos, a princípio muito simples, que, de certa forma, tornaram-se extensões de seu corpo. Esses equipamentos, denominados *máquinas simples*, serão o objeto de estudo deste capítulo.

❯ Transformando a energia

Na Pré-História a vida do ser humano era marcada pela necessidade de usar intensamente a força física.

Para realizar as tarefas do cotidiano, o ser humano pré-histórico dependia, exclusivamente, de sua força muscular para percorrer longas distâncias em busca de alimentos, caçar, atravessar obstáculos, mover pedras e carregar objetos pesados.

Viver em grupos era uma questão de sobrevivência, já que muitas atividades seriam impossíveis de ser realizadas por um único indivíduo.

Para mover um grande objeto, o ser humano dependia de muito esforço físico.

Diante da realidade em que vivia, convivendo com animais de médio e grande porte, como tigres, elefantes e javalis, nossos ancestrais apresentavam-se frágeis e com pouca capacidade física, em comparação a esses animais.

Então, a sobrevivência a esse meio inóspito dependeu, em grande parte, do desenvolvimento de outras habilidades, além da força física. Entre elas, podemos citar a capacidade de observar, a de experimentar e a de criar objetos, habilidades que foram se aprimorando ao longo das civilizações que nos antecederam.

A invenção da roda foi uma das maiores criações da humanidade.

❯ Máquinas simples

No nosso dia a dia, utilizamos diversos instrumentos para facilitar as tarefas cotidianas, como martelos, alicates, tesouras, pinças, facas, chaves de fenda, engrenagens, parafusos, etc. Esses instrumentos nada mais são do que máquinas simples que facilitam a realização de ações, como levantar, arrastar, cortar, moer, furar ou encaixar objetos.

> Na Física, damos o nome de **máquina** a um equipamento, aparelho, mecanismo ou dispositivo que realize trabalho por meio de uma força, ou seja, que **transforme energia**.

Essas ações exigem a aplicação de forças que, muitas vezes, estão muito além da capacidade muscular de quem as aplica. Com a utilização dessas ferramentas, é possível realizar as atividades diárias mais rapidamente e com esforço físico reduzido.

Acredita-se que o filósofo grego **Arquimedes** (287 a.C.--212 a.C.) foi o responsável pela denominação *máquinas simples*, dada a essas invenções.

A invenção e a utilização das máquinas simples influenciou fortemente o cotidiano das grandes civilizações, promovendo melhorias nas práticas agrícolas, na criação e no manejo dos animais, na construção das cidades e na ampliação do comércio.

Civilizações que nos antecederam, como os sumérios, os assírios, os caldeus, os fenícios, os romanos e os antigos egípcios, gregos e chineses, construíam e utilizavam máquinas mais complexas, associando várias máquinas simples compostas por rodas, alavancas, cunhas, parafusos e polias, associações de engrenagens, rodas-d'água, moinhos, arados, catapultas, etc. Na gravura de 1719, representação do parafuso de Arquimedes puxando água.

UM POUCO MAIS

Arquimedes de Siracusa

Arquimedes foi um filósofo grego que nasceu no ano 287 a.C. em Siracusa, na Sicília, Itália, e morreu no ano 212 a.C.

Seus trabalhos desenvolvidos nas áreas da Física, Matemática e Astronomia foram amplamente disseminados a ponto de ele ser considerado um dos mais brilhantes cientistas da Antiguidade clássica.

O surgimento da ciência moderna com Galileu, Descartes e Newton teve grande influência dos trabalhos de Arquimedes.

Entre suas contribuições estão a lei do empuxo e a formalização da lei da alavanca, além da construção de várias máquinas simples, como alavancas, polias e parafusos.

As máquinas simples contribuíram muito para o desenvolvimento do ser humano, seja na utilização e otimização da energia, seja no desenvolvimento de outras máquinas mais complexas que surgiram ao longo da História.

Alavanca

A alavanca é uma barra rígida que pode girar em torno de um ponto de apoio, produzindo equilíbrio entre forças nela aplicadas.

> Como vimos no capítulo anterior, **força** é um agente físico capaz de **produzir** ou **alterar movimentos**.

Acredita-se que a alavanca tenha sido uma das primeiras ferramentas utilizadas pelo ser humano pré-histórico para movimentar grandes objetos, muitas vezes sem a necessidade de reunir um grande grupo para executar essa tarefa.

Uma das alavancas mais conhecidas encontra-se em parques infantis, em geral. Trata-se de um brinquedo que as crianças apreciam muito: a gangorra.

Alavanca feita com um pedaço comprido de ferro e um ponto de apoio de madeira, usada para mover uma pedra pesada.

Crianças brincando em uma gangorra: um exemplo de máquina simples.

A maioria das gangorras tem seu ponto de apoio na parte média da barra rígida, na qual duas crianças podem brincar tranquilamente ao se sentar cada uma em um dos lados do ponto de apoio.

Os elementos de uma alavanca são definidos a partir dos pontos onde são aplicadas as forças e do seu ponto de apoio.

Vamos, a seguir, identificar alguns desses elementos.

No esquema abaixo, podemos ver o ponto de apoio da alavanca e os locais de aplicação das forças. Quando uma criança se senta em uma das extremidades da gangorra, esse lado sofre uma queda, representando a força potente. Enquanto isso, a criança no lado oposto exerce uma força de resistência, pois faz oposição à força aplicada pela outra criança.

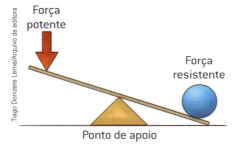

Esquema com os elementos de uma alavanca.

(Cores fantasia.)

Capítulo 14 • Máquinas simples 205

Na imagem a seguir, podemos analisar mais detalhadamente os elementos da alavanca descritos anteriormente.

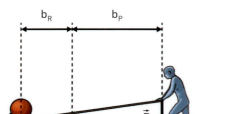

- A força aplicada é chamada de força motriz ou **força potente**, que representaremos por $\vec{F}_P$.
- A força de resistência que o objeto oferece à força aplicada é chamada de **força resistente**, que representaremos por $\vec{F}_R$.
- O apoio, também chamado de fulcro, como o próprio nome diz, funciona como **apoio** e é representado por **A** ou **Δ**.
- A distância entre o apoio e a linha de ação da força potente é chamada de **braço de potência** (b_P).
- A distância entre o apoio e a linha de ação da força resistente é chamada de **braço de resistência** (b_R).

Ao aplicar uma força potente em uma das extremidades da alavanca, o outro lado exercerá uma força resistente.

(Elementos representados em tamanhos não proporcionais entre si. Cores fantasia.)

De acordo com a **posição** da força potente $\vec{F}_P$, da força resistente $\vec{F}_R$ e do apoio em uma barra rígida, podemos ter três tipos de alavancas:

Interfixa

Na alavanca interfixa, o apoio se encontra entre a força resistente e a força potente. São exemplos de alavancas interfixas a tesoura e o alicate.

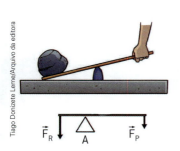

Nesse esquema, vemos a alavanca interfixa. Ela ocorre quando o ponto de apoio (A) está entre a aplicação da força potente ($\vec{F}_P$) e a aplicação da força resistente ($\vec{F}_R$).

Ambos os instrumentos, tesoura e alicate, são exemplos de alavanca interfixa.

Inter-resistente

Na alavanca inter-resistente, a força resistente se encontra entre o apoio e a força potente. São exemplos de alavancas inter-resistentes o carrinho de mão, equipamento usado na construção civil, e o quebra-nozes.

Nesse esquema, vemos a representação de uma possível alavanca inter-resistente. A aplicação da força resistente ($\vec{F}_R$) está entre a aplicação da força potente ($\vec{F}_P$) e o ponto de apoio (A).

No carrinho de mão e no quebra-nozes, o ponto de apoio da alavanca encontra-se em uma das extremidades, e a força resistente se encontra aplicada entre o apoio e a força potente.

(Elementos representados em tamanhos não proporcionais entre si.)

Interpotente

Na alavanca interpotente, a força potente se encontra entre o apoio e a força resistente. As pinças e os pegadores de alimentos são exemplos desse tipo de alavanca.

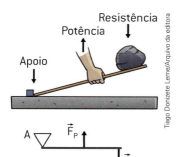

A pinça e os pegadores de alimentos são exemplos de alavancas interpotentes. Seu ponto de apoio, em geral, fica em uma das extremidades e a força potente é aplicada entre o apoio e a força resistente.

(Elementos representados em tamanhos não proporcionais entre si.)

Nesse esquema, vemos a alavanca interpotente. Ela ocorre quando a aplicação da força potente ($\vec{F}_P$) está entre a aplicação da força resistente ($\vec{F}_R$) e o ponto de apoio (A).

UM POUCO MAIS

Alavancas do corpo humano

É possível identificar alguns exemplos de alavancas no corpo humano. Os ossos fazem o papel de barras rígidas, os músculos se encarregam da força potente e as articulações fazem o papel do apoio.

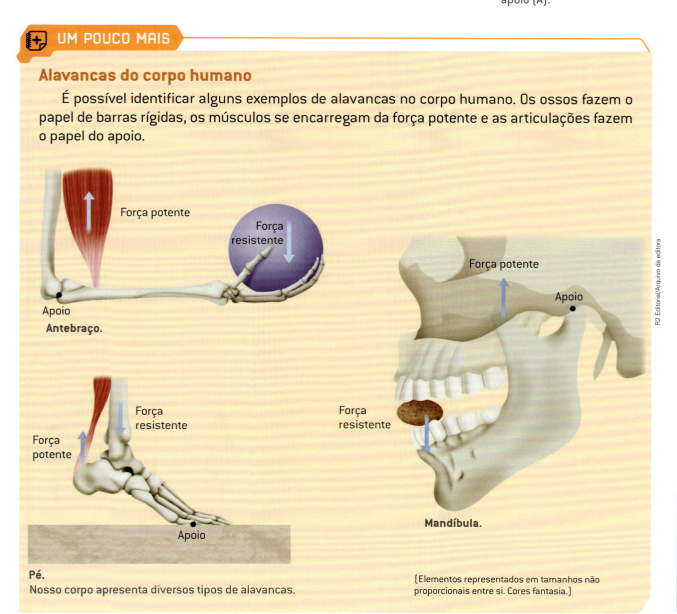

Pé.
Nosso corpo apresenta diversos tipos de alavancas.

(Elementos representados em tamanhos não proporcionais entre si. Cores fantasia.)

Princípio da alavanca

Embora muitos filósofos, como os gregos Aristóteles e Estratão de Lâmpsaco, tenham apresentado explicações fundamentais sobre o princípio da alavanca, foi Arquimedes que formalizou tal princípio em seu tratado *De Aequiponderantibus* (em português, "Sobre o equilíbrio dos planos"), apresentando a relação matemática entre as forças e seus respectivos braços, que permite o equilíbrio da alavanca:

$$F_R \cdot b_R = F_P \cdot b_P$$

As medidas dos braços são feitas em metros (m) e as intensidades das forças, em newtons (N).

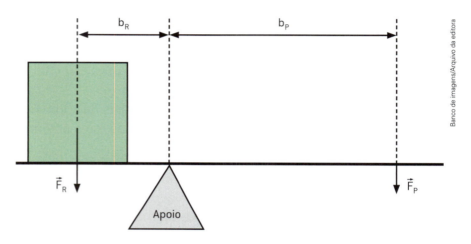

Quando duas crianças de pesos idênticos brincam em uma gangorra, o equilíbrio se dará com cada criança posicionada em cada extremidade da gangorra. No entanto, se um adulto for brincar com uma dessas crianças, ele deverá ficar mais próximo do apoio para garantir o equilíbrio da gangorra. Veja o caso a seguir.

A que distância do apoio deverá se colocar um adulto que tem o peso uma vez e meia maior que o peso da criança para que a gangorra se equilibre?

Primeiro, determinamos os elementos: $F_R = P$, que é o peso da criança; $b_R =$ braço da alavanca que está ao lado da força de resistência; $F_P = 1,5\ P$, ou seja, o peso do adulto representa uma vez e meia o peso da criança; $b_P = x$, que é o braço da alavanca referente ao lado da força potente.

Assim:
$F_R \cdot b_R = F_P \cdot b_P \Rightarrow P \cdot 3 = 1,5\ P \cdot x \Rightarrow x = 2\ m$

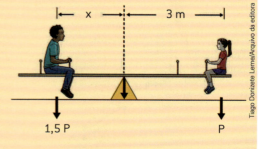

Essa relação entre as intensidades das forças e os braços das forças vale para os três tipos de alavancas: interfixas, inter-resistentes e interpotentes.

Roda

A necessidade de se locomover mais rapidamente e de poder transportar objetos pesados aplicando cada vez menos força muscular fez com que o ser humano criasse uma das mais importantes invenções da humanidade: a roda.

Não se sabe ao certo quando a roda foi inventada, mas sabemos que ela existe há muito tempo e que mudou notavelmente o comportamento do ser humano, permitindo a realização de tarefas com mais rapidez e eficiência, e aplicando menos força.

Uma das hipóteses sobre o surgimento da roda é a de que, ao colocar corpos pesados, como o de um animal, sobre troncos de árvores para transportá-lo, esse deslocamento tornava-se muito mais eficiente. Ao longo do tempo, a roda sofreu muitas modificações, sendo, inclusive, introduzida como peça fundamental para o funcionamento de outras máquinas.

Transporte de animal de grande porte por seres humanos pré-históricos.

O moinho de água, também chamado de azenha, é um mecanismo elaborado com uma roda movida a partir da energia cinética da água. É utilizado na moagem de grãos, na irrigação e na geração de energia elétrica.

A roda de oleiro é um equipamento construído a partir de uma roda que gira constantemente e é utilizada na produção de utensílios feitos à base de argila.

Vamos entender um pouco o funcionamento da roda.

Experimente empurrar uma caixa pesada sobre uma superfície plana qualquer.

Um objeto pesado sem rodinhas para movimentá-lo.

(Elementos representados em tamanhos não proporcionais entre si. Cores fantasia.)

O atrito entre a caixa e a superfície oferecerá resistência ao movimento. Nesse caso, a força necessária para que a caixa se movimente, a força potente, deverá ter grande intensidade.

O atrito é uma força de contato que ocorre sempre que dois corpos estão em contato e existe movimento ou uma tendência de movimento entre eles.

Capítulo 14 • Máquinas simples

Objeto pesado com rodinhas para movimentá-lo: facilidade na locomoção.

Agora, experimente colocar rodinhas na caixa.

Certamente, para a caixa se movimentar, a força potente não precisará ser tão intensa quanto antes, não é mesmo?

De maneira simplificada, nessa situação, a roda pode ser interpretada como uma alavanca inter-resistente.

O ponto de contato da roda com a superfície realiza o papel do apoio. O eixo da roda oferece resistência ao movimento, fazendo o papel da força resistente.

A força aplicada na extremidade pode ser interpretada como força potente.

Como o braço da força potente é maior que o braço da força resistente, a força para empurrar o corpo poderá ser menos intensa do que a força resistente.

Em resumo, para empurrar um objeto sem rodas a força potente deve ter a mesma intensidade da força resistente ($F_P = F_R$). Para empurrar um objeto com rodas a força potente será menos intensa que a força resistente ($F_P < F_R$).

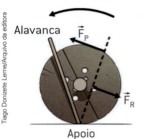

Exemplo do funcionamento da roda.
(Elementos representados em tamanhos não proporcionais entre si. Cores fantasia.)

Dessa forma, uma pessoa com deficiência física pode se movimentar empurrando a parte superior da roda sem muito esforço físico.

A cadeira de rodas possibilita a locomoção da pessoa com deficiência física.

Roldana (ou polia)

A roldana (ou polia) é uma roda com um sulco por onde passa uma corda ou um cabo de aço. Essa roda está presa a um eixo, em torno do qual ela pode girar.

A figura ao lado mostra o tipo mais comum de roldana: a fixa. Sua principal função é inverter o sentido de aplicação de uma força. Isso não diminui o trabalho nem a força aplicada, mas torna mais cômoda a realização de certas atividades.

Se você pretende erguer uma caixa até 2 metros acima do solo, por exemplo, é mais adequado fazê-lo com o auxílio de uma roldana. Se essa roldana for do tipo fixa, você terá de puxar 2 metros de corda, e a condição de equilíbrio ocorrerá quando a força aplicada (força potente) for igual ao peso da caixa deslocada (força de resistência).

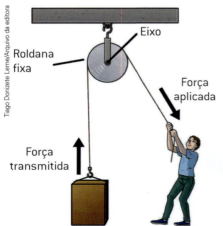

A roldana é um sistema que altera a forma como a força é aplicada a um corpo, facilitando sua movimentação.
(Elementos representados em tamanhos não proporcionais entre si. Cores fantasia.)

UM POUCO MAIS

Combinando roldana fixa com móveis

Observe na ilustração que o peso (P) da carga, correspondente à força resistente, será distribuído nos dois ramos da corda da roldana móvel. Por isso, a força aplicada (força potente) necessária para erguer a carga se reduz à metade. No entanto, para erguer a carga 1 metro, o operador terá de puxar 2 metros de corda.

Podemos combinar uma roldana fixa com várias roldanas móveis. Essas máquinas simples são conhecidas como *talha exponencial*.

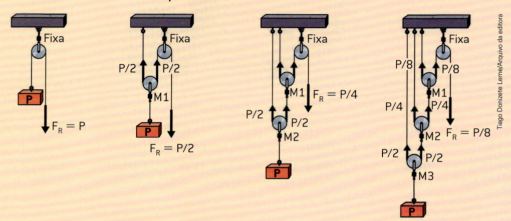

Note que o peso (P) da carga, correspondente à força resistente, será distribuído em duas forças na primeira roldana móvel, uma em cada ramo da corda. A força transmitida pelo ramo da corda que liga à segunda roldana móvel também será distribuída em duas forças e, assim, sucessivamente, dependendo do número de roldanas móveis nesse tipo de talha. A força potente diminuirá pela metade a cada roldana móvel acrescentada ao conjunto.

Roda dentada (ou engrenagem)

Máquinas simples, às vezes, fazem parte de outras máquinas mais complexas. É o caso das rodas dentadas (ou engrenagens), espécie de roldanas modificadas, que se utilizam aos pares. São muito comuns nas motos e bicicletas.

Em geral, as rodas dentadas são interligadas por correntes. As engrenagens, que também são rodas dentadas, não são interligadas por correntes, mas conectadas diretamente.

A bicicleta apresenta rodas dentadas (veja no detalhe) que estão conectadas por uma corrente.

(Elementos representados sem proporção de tamanho entre si.)

As engrenagens (veja no detalhe) conectam-se diretamente e estão presentes nos relógios, por exemplo.

O número de dentes em cada roda determina a relação do número de voltas que elas realizam, estejam elas ligadas por uma corrente ou não.

Por exemplo, na figura a seguir, a roda menor tem 18 dentes, enquanto a roda maior tem 36 dentes.

As duas rodas dentadas conectam-se diretamente e uma transmite o movimento à outra.

Dessa forma, um giro realizado por 18 dentes fará com que a roda menor dê uma volta completa, enquanto a roda maior dará apenas meia volta.

Portanto, a roda menor, que tem metade dos dentes da maior, dará o dobro de voltas da roda maior. Podemos relacionar matematicamente o número de voltas com o número de dentes da seguinte forma:

$$N_{D1} \cdot n_{V1} = N_{D2} \cdot n_{V2}$$

em que:
N_{D1} = número de dentes da roda 1 n_{V1} = número de voltas da roda 1
N_{D2} = número de dentes da roda 2 n_{V2} = número de voltas da roda 2

Em algumas bicicletas, há a possibilidade de alternar as rodas dentadas, ou seja, trocar de marchas. Mudando a relação entre as rodas dentadas, é possível adequar o esforço físico necessário à situação de deslocamento com a bicicleta: em uma subida precisamos fazer mais "força" do que em uma superfície plana.

O câmbio, responsável pelas marchas de um veículo, seja em caminhões, em ônibus ou em automóveis, é um conjunto que combina diferentes engrenagens. Cada marcha corresponde a uma combinação de engrenagens e, assim como a bicicleta, permite a adequação da relação entre a força potente e a força resistente.

As bicicletas de marchas facilitam os deslocamentos em planos inclinados.

Plano inclinado

Imagine que você precise carregar uma caixa cheia de livros da sua sala de aula para a biblioteca, que está localizada no segundo andar da escola. O que seria mais fácil: carregar a caixa nos braços, subindo cada degrau das escadas até chegar à biblioteca, ou empurrar a caixa de livros através de uma rampa com o menor atrito possível?

Para atingir níveis de altura mais elevados, é possível realizar um deslocamento vertical (carregar um barril nos braços) ou um deslocamento segundo um plano inclinado (empurrar o barril pela rampa).

Os planos inclinados são superfícies planas inclinadas, em que há uma diferença entre a altura dos níveis do início ao fim do plano. No dia a dia, usamos muito o plano inclinado para facilitar certas tarefas.

Na figura a seguir, pretende-se que os barris sejam levados até um nível mais alto, de forma que ambos terminem na mesma altura. Para tanto, pode-se fazer um deslocamento diretamente na vertical ou através do plano inclinado.

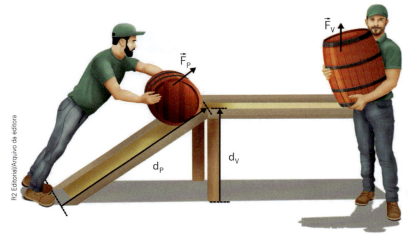

O plano inclinado facilita o trabalho de elevação ou de descida de objetos.
(Elementos representados em tamanhos não proporcionais entre si. Cores fantasia.)

Seja por um deslocamento ou por outro, o trabalho realizado pelas duas forças é o mesmo, pois as alturas finais das caixas com os livros são as mesmas. Lembrando que o trabalho é igual à força multiplicada pelo deslocamento, temos:

$$F_P \cdot d_P = F_V \cdot d_V$$

em que:
F_P = força para deslocar o objeto ao longo do plano inclinado
F_V = força para deslocar o objeto na vertical
d_P = deslocamento realizado pelo objeto ao longo do plano inclinado
d_V = deslocamento realizado pelo objeto na vertical

As medidas dos deslocamentos são em metros (m) e as intensidades das forças, em newtons (N).

Dessa relação, pode-se verificar que, apesar de o deslocamento ao longo do plano inclinado ser maior, a força aplicada nesse caso será menor.

Acesse também!

e-física.
Disponível em: <http://efisica.if.usp.br/mecanica/basico/maquinas> (acesso em: 1º jun. 2018).

Nesse *site* há alguns exemplos de máquinas simples e sua relação com nosso cotidiano.

EM PRATOS LIMPOS

Acessibilidade

Segundo o Instituto Brasileiro de Geografia e Estatística (IBGE), cerca de 15% da população brasileira possui mobilidade reduzida temporária ou permanente.

Com o intuito de contemplar os direitos de todos, foi criada a NBR 9050/1994 (e suas atualizações em 2004 e 2015), uma norma que estabelece critérios e parâmetros técnicos para projetos, construções, instalações e adaptação de edificações, mobiliários, espaços e equipamentos urbanos às condições de acessibilidade para pessoas com deficiência física ou mobilidade reduzida.

Assim, todas as edificações e os estabelecimentos tiveram de se adequar a tal norma, com a finalidade de possibilitar a acessibilidade física a todos os cidadãos.

Nessa nova realidade, é possível verificar em certos locais que há duas opções para se deslocar de um patamar a outro mais elevado: uma escada, mais íngreme e que propõe um deslocamento menor, ou uma rampa, menos íngreme (inclinada) e que propõe um deslocamento maior.

Observe que a altura final é a mesma nos dois casos, porém se faz menos esforço físico (aplicação de menor força física) usando a rampa e, assim, é garantido o direito de ir e vir de pessoas com mobilidade reduzida.

Cunha

A cunha apresenta uma forma triangular e é utilizada como ferramenta de corte ou como instrumento para criar uma fenda em objetos.

A força vertical aplicada na cunha promove forças laterais que criam a fenda, como mostra a figura abaixo.

O machado e o formão são instrumentos baseados no princípio da cunha.

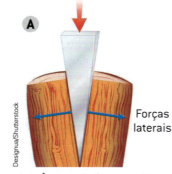

As cunhas (peças de ferro que têm uma das extremidades bem fina) servem para rachar lenha e dividir os objetos. Observe, em **A**, que a forma triangular da cunha com ponta afilada é semelhante (modelo) à de um plano inclinado.

Em **B**, machado, e, em **C**, formão: instrumentos que seguem o princípio da cunha.

214

Parafuso

O parafuso pode ser considerado um caso particular de plano inclinado.

O parafuso é um eixo cilíndrico com rosca em forma de hélice.

Se cortarmos um pedaço de papel em forma de triângulo, representando um plano inclinado, e o enrolarmos em um lápis, conforme a figura ao lado, teremos a ideia de como é o formato de um parafuso.

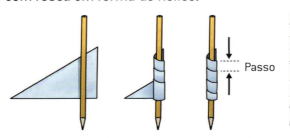

Ao rodar o lápis em torno dele mesmo, temos a impressão de que as linhas vermelhas, que são chamadas de passo, sobem ou descem dependendo da orientação do giro, no **sentido horário** ou no sentido anti-horário.

Com isso, a força aplicada para girar o parafuso (esforço) promove uma força vertical que faz com que o parafuso penetre na superfície onde é colocado.

Sentido horário: sentido dos ponteiros do relógio. Portanto, o sentido anti-horário é o contrário desse movimento.

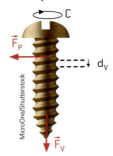

O deslocamento de uma volta completa (C) promove um deslocamento vertical (d_V), equivalente a um passo do parafuso, de acordo com a seguinte relação:

$$F_P \cdot C = F_V \cdot d_V$$

As medidas dos deslocamentos são em metros (m) e as intensidades das forças, em newtons (N).

Como o deslocamento de uma volta completa é maior que o deslocamento vertical, a força vertical também será maior e na mesma proporção que a força aplicada.

Essa relação permite outras utilidades para o parafuso, além de unir peças ou objetos.

Agora, quando você ouvir falar sobre máquinas, não pensará mais somente em uma máquina de lavar, em um aparelho de TV, em um telefone ou em um trator. Você já sabe que tesouras, carrinhos de mão, machados e parafusos também são considerados máquinas simples, de fundamental relevância para o desenvolvimento de máquinas mais complexas.

O macaco de carro é constituído de um longo parafuso. Cada volta que a manivela dá no parafuso promove uma pequena elevação do macaco.

Capítulo 14 • Máquinas simples

UM POUCO MAIS

Vantagem mecânica

As máquinas simples apresentam como característica a alteração da força a ela aplicada, seja em sua intensidade, seja em direção e sentido.

Com elas, ao longo do tempo, o ser humano verificou que é possível aumentar ou diminuir a força aplicada, ganhando rapidez e eficiência na execução de determinadas tarefas.

A essa característica de possibilidade de ganho de força e de rapidez na execução de trabalhos, damos o nome de **vantagem mecânica**.

Um exemplo de vantagem mecânica.

Os exemplos que vimos no capítulo, como a alavanca e a roldana, apresentam vantagem ou ganho mecânico.

Na Física, a vantagem mecânica (VM) de uma máquina é definida pela razão entre a intensidade da força resistente ($\vec{F}_R$) e a intensidade da força potente ($\vec{F}_P$):

$$VM = \frac{F_R}{F_P}$$

Por exemplo, se num plano inclinado for possível elevar um corpo com uma força de intensidade igual à metade do peso do corpo, a força potente tem intensidade igual à metade da força resistente e a vantagem mecânica será:

$$VM = \frac{F_R}{\frac{F_R}{2}} = 2$$

Convém ressaltar que as máquinas simples não alteram (aumentam ou diminuem) o trabalho a ser realizado. Assim, se por um lado a força potente tem intensidade igual à metade da força resistente, por outro lado, o deslocamento ao longo do plano inclinado será o dobro do deslocamento na vertical, fazendo com que o trabalho realizado ao final da ação seja o mesmo que o trabalho que teria sido realizado sem o uso do plano inclinado.

NESTE CAPÍTULO VOCÊ ESTUDOU

- Panorama histórico das máquinas simples.
- Alavancas.
- Princípio da alavanca.
- Roda.
- Polia ou roldana.
- Roda dentada e engrenagens.
- Plano inclinado.
- Cunha.
- Parafuso.
- Aplicações das máquinas simples nas tarefas mecânicas cotidianas.
- Vantagem mecânica.

ATIVIDADES

PENSE E RESOLVA

1 O monjolo foi um engenho muito usado antigamente para triturar milho, mandioca, descascar sementes, etc. Seu funcionamento baseia-se no princípio da alavanca. Numa extremidade de um tronco está o pilão, e na outra, um recipiente que recebe água. Quando cheio, desequilibra a alavanca, fazendo descer essa extremidade e subir a outra com o pilão. Porém, ao descer, a água escoa; novamente a alavanca se desequilibra, e o pilão cai, realizando seu trabalho. É só o tempo de o recipiente encher-se novamente, e o processo recomeça.

O monjolo é uma máquina destinada ao beneficiamento e à moagem.

a) Qual monjolo realizaria um trabalho mais eficiente para moer milho: um de braços longos ou um de braços curtos? Por quê?

b) O monjolo ilustrado acima é exemplo de que tipo de alavanca? Por quê?

2 Para a troca de um pneu furado de seu carro por um pneu de reserva, o motorista usa uma ferramenta chamada chave de roda para retirar os parafusos que prendem a roda.

No entanto, os parafusos estão fortemente presos à roda e, por mais força que o motorista faça na chave de roda, não é possível afrouxá-los. Uma solução para esse problema imaginada pelo motorista foi introduzir um cano no cabo da chave de roda, tornando-a mais comprida. Essa solução:

a) Não faz sentido, pois a força aplicada pela pessoa será a mesma.

b) Faz sentido, pois o peso do cano será somado à força do motorista.

c) Não faz sentido, pois a força para afrouxar o parafuso é a mesma com o cano ou sem ele.

d) Faz sentido, pois, aumentando o braço de potência, multiplicaria a força aplicada pelo motorista.

3 No cotidiano temos os mais variados exemplos de alavancas, que podem ser interfixas, inter-resistentes e interpotentes. A seguir, são apresentados alguns exemplos de alavancas.

(Elementos representados sem proporção de tamanho entre si.)

Martelo de orelha
Alicate de unha
Grampeador
Tesoura
Pegador de salada
Pé de cabra

Dentre os exemplos ilustrados, quais são alavancas interpotentes, interfixas e inter-resistentes?

4 Duas crianças brincam numa gangorra. Uma delas pesa 250 N, e a outra, 450 N. A criança de peso menor equilibra a mais pesada, que está a 1,5 m do apoio.

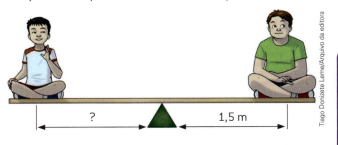

A que distância do apoio está sentada a criança que pesa menos?

Capítulo 14 • Máquinas simples 217

5 Observe a ilustração a seguir que apresenta alguns tipos de máquinas simples.

(Elementos representados sem proporção de tamanho entre si. Cores fantasia.)

Nota-se nas situações acima o uso de alguns tipos de máquinas simples:

(1) homem primitivo rachando lenha;
(2) homem contemporâneo transportando carga em um carrinho;
(3) homem primitivo deslocando uma pedra com um tronco;
(4) homem contemporâneo elevando uma carga do solo.

Na sequência apresentada acima, pode-se fazer a seguinte associação com máquinas simples:

a) (1) cunha; (2) alavanca interpotente; (3) alavanca inter-resistente; (4) polia móvel.

b) (1) polia fixa; (2) alavanca interfixa; (3) alavanca inter-resistente; (4) cunha.

c) (1) cunha; (2) alavanca inter-resistente; (3) alavanca interfixa; (4) polia fixa.

d) (1) alavanca interfixa; (2) alavanca interpotente; (3) alavanca inter-resistente; (4) polia móvel.

6 A pinça é um dos utensílios de maior variedade quando se trata de "manusear" alimentos. Ela pode ser utilizada, por exemplo, para servir-se de salada, na fritura de alimentos, para pegar pães e doces em padaria e para preparar e servir um bom churrasco.

a) A pinça descrita e mostrada na imagem funciona como alavanca interfixa, interpotente ou inter-resistente? Por quê?

b) Qual é a principal função desse tipo de alavanca quando utilizado para executar determinadas tarefas?

7 Para elevar uma esfera de aço de 100 N, a uma altura de 1,5 metros em relação ao solo, foram utilizadas polias e cordas, em duas situações:

I. Utilizando uma polia fixa, aplicando uma força $\vec{F}_1$ em uma das extremidades da corda.

II. Utilizando uma polia fixa e uma polia móvel, aplicando uma força $\vec{F}_2$ em uma das extremidades da corda.

a) Na situação I, qual é a intensidade da força potente $\vec{F}_1$ aplicada na extremidade da corda? Quantos metros de corda foram puxados?

b) Na situação II, qual é a intensidade da força potente $\vec{F}_2$ aplicada na extremidade da corda? Quantos metros de corda foram puxados?

8 Considere as três engrenagens esquematizadas ao lado.

A engrenagem **A** tem 120 dentes, a engrenagem **B** tem 20 dentes e a engrenagem **C** tem 40 dentes. Sabendo que a engrenagem **A** realiza uma volta em 1 minuto e gira no sentido horário, responda:

a) Qual é o sentido de giro das engrenagens **B** e **C**?
b) Quantas voltas a engrenagem **B** realiza por minuto?
c) Quantas voltas a engrenagem **C** realiza por minuto?

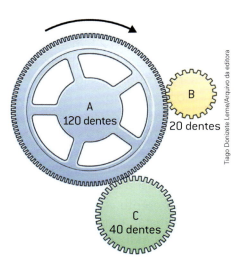

9 Apesar de as normas para a criação de rampas de acessibilidade variarem, em geral, utilizam-se 3,5 m de rampa para cada 30 cm de altura.

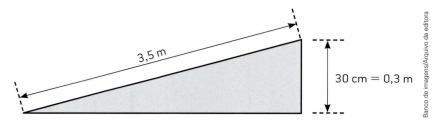

Considere uma pessoa empurrando um cadeirante com peso P = 700 N (pessoa com deficiência física + cadeira de rodas) em uma dessas rampas. Qual é a intensidade da força que deve ser aplicada ao empurrar a pessoa com deficiência física ao longo da rampa?

As rampas garantem acessibilidade às pessoas com deficiência física.

SÍNTESE

1 Você precisa arrancar um prego grosso que está com mais de três quartos de seu tamanho preso a uma tábua. Na estante de ferramentas, há três martelos de orelha idênticos, porém com cabos de tamanhos diferentes: um de cabo curto (10 cm), outro de cabo médio (25 cm) e outro de cabo longo (50 cm).

a) Algum desses martelos diminuirá o trabalho realizado ao se retirar o prego da tábua?
b) Algum desses martelos diminuirá o esforço feito (a força aplicada) para retirar o prego da tábua? Por quê?

Capítulo 14 • Máquinas simples 219

2 Miguel deseja erguer um bloco pesado até uma altura de 2,5 m utilizando uma polia fixa conforme a figura 1. No entanto, apesar de ser bem forte, Miguel mal consegue tirar o bloco do chão.

Ele resolve, então, ver se seu amigo Alberto tem uma polia para lhe emprestar, pois poderia trabalhar com uma polia fixa e uma polia móvel de maneira a diminuir a força que teria de aplicar à corda para erguer o bloco.

Infelizmente, Alberto não tinha uma polia pra emprestar, mas sugere a Miguel que utilize a polia associada a um plano inclinado com uma rampa, conforme a figura 2, alegando que a força que Miguel deverá aplicar à corda será minimizada da mesma maneira que se tivesse uma polia fixa e uma polia móvel.

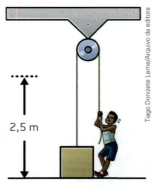

Figura 1

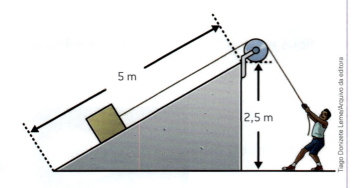

Figura 2

Argumente a respeito da sugestão de Alberto, dizendo se ela está correta ou não.

DESAFIO

Um andaime suspenso apresenta dois dinamômetros, D_1 e D_2, em suas cordas de sustentação, conforme ilustra a figura 1.

Quando não há ninguém utilizando o andaime, os dinamômetros são calibrados e não há indicação de força, ou seja, cada um indica 0 N.

Quando Roberval, um trabalhador que limpa os vidros de um prédio, utiliza o andaime e se posiciona no meio dele, cada dinamômetro indica 400 N, conforme ilustra a figura 2.

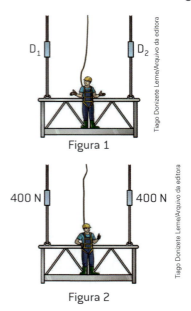

a) Qual é o peso de Roberval?

b) Ao caminhar lateralmente para a direita, Roberval verifica que a indicação do dinamômetro 1 diminui. Quando o dinamômetro 1 indicar 250 N, qual será a indicação do dinamômetro 2?

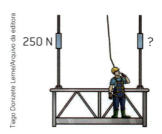

c) Com base nos conceitos de alavanca, explique por que a indicação do dinamômetro 1 diminui quando Roberval caminha lateralmente para a direita.

PRÁTICA

O princípio da alavanca

Objetivo

Verificar a relação matemática do princípio da alavanca que servirá para calcular o equilíbrio entre as forças potente e resistente em qualquer tipo de alavanca.

Material

- Uma régua de 30 cm (preferivelmente de madeira ou metal; se for de plástico, precisa ser bem rígida)
- 8 ou 10 moedas idênticas (de 5 ou 10 centavos)
- Uma caneta esferográfica ou um lápis com o corpo sextavado (com seis faces), para não rolar sobre a mesa

Procedimento

1ª parte:

1. Posicione o meio da régua (15 cm) sobre o lápis com cuidado para mantê-la em equilíbrio, conforme a figura a seguir.

2. Coloque uma moeda na marca de 5 cm. Procure posicioná-la de maneira que seu centro fique exatamente no traço correspondente a 5 cm. Verifique a que distância a moeda está do ponto de apoio (lápis).

3. Em que marca da régua, do outro lado do apoio, você deve colocar uma outra moeda para que a alavanca (régua) fique em equilíbrio? Determine e compare as distâncias entre a primeira moeda e o ponto de apoio com a distância entre a segunda moeda e o ponto de apoio.

4. Verifique se a relação matemática apresentada na página 208 é válida para esta situação.

2ª parte:

5. Retire as moedas e, com a régua novamente em equilíbrio, coloque agora duas moedas, uma sobre a outra, na marca de 10 cm. Determine a que distância estão as duas moedas do ponto de apoio (lápis).

6. Em que marca da régua, do outro lado do apoio, você deve colocar apenas uma moeda para que a alavanca (régua) fique em equilíbrio? Compare as distâncias entre as duas moedas e o ponto de apoio com a distância entre uma moeda e o ponto de apoio.

7. Verifique se a relação matemática apresentada na página 208 é válida para esta situação.

3ª parte:

8. Retire as moedas e, com a régua novamente em equilíbrio, coloque três moedas, uma sobre a outra, na marca de 5 cm. Verifique a distância entre as três moedas e o ponto de apoio.

9. Em que marca da régua, do outro lado do apoio, você deve colocar duas moedas uma sobre a outra, para que a alavanca (régua) fique em equilíbrio? Compare as distâncias entre as duas moedas e o ponto de apoio com a distância entre uma moeda e o ponto de apoio.

10. Verifique se a relação matemática apresentada na página 208 é válida para esta situação.

Capítulo 15
Calor e suas manifestações

O calor da fogueira ajuda a manter o corpo aquecido.

Em dias ou noites de muito frio, é comum que as pessoas busquem se aquecer com roupas quentes, cobertores ou mesmo sentem-se próximas a uma fogueira, como mostrado na fotografia.

Qual é a função das roupas e dos cobertores? Como as pessoas se esquentam? Qual poderia ser a temperatura nesse mesmo momento em algum lugar distante da fogueira? E ao lado da fogueira: a temperatura será mais elevada ou mais baixa? O que provoca as sensações de frio e calor?

Neste capítulo você vai entender um pouco mais sobre calor, temperatura, sensação térmica e como os corpos se aquecem e se resfriam.

❯ Calor e temperatura

A matéria pode ser encontrada em três estados físicos: sólido, líquido e gasoso. Em todos eles, as partículas que compõem a matéria estão em um movimento constante chamado de **agitação térmica**.

Cada partícula em movimento tem energia cinética, e a soma da energia cinética (energia associada ao movimento) de todas as partículas constitui a **energia interna** ou **energia térmica**. Comparando uma mesma substância em seus três estados físicos, pode-se verificar que é no estado gasoso que suas partículas, em geral, têm maior agitação, ou seja, maior energia térmica. Com esse conceito é possível estudar a temperatura e o calor.

O aumento da agitação das partículas provoca a elevação da energia térmica. Isso ocorre quando se aquece um corpo, como a massa de água mostrada na fotografia **A**, por exemplo.

Ao tirarmos o recipiente de água do fogo, há redução da agitação das partículas, o que proporciona a diminuição da energia térmica (fotografia **B**).

Isso nos permite concluir que, quanto maior a agitação das partículas de um corpo, mais elevada será a sua temperatura; e quanto menor a agitação, mais baixa será a sua temperatura.

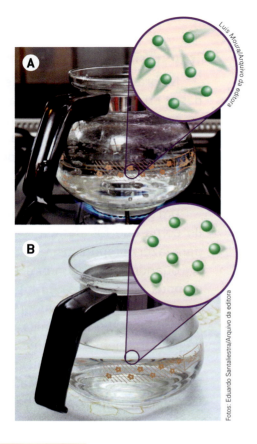

Água em ebulição (**A**) e depois da retirada do fogo (**B**). Na ilustração, um modelo que representa dois graus diferentes de agitação das moléculas de água como esferas verdes.

(Cores fantasia.)

> A **temperatura** é uma grandeza física que indica o estado de agitação das partículas que constituem um corpo.

A elevação da temperatura durante o aquecimento e a sua diminuição durante o resfriamento podem ser explicadas pela transferência de energia térmica.

Se tomarmos como exemplo o mesmo recipiente com água mostrado nas imagens anteriores, durante o seu aquecimento, há transferência de energia térmica da fonte (neste caso, a chama do fogo) para o recipiente com água. Durante o resfriamento, a transferência ocorre do recipiente com água para o ambiente. Tanto no aquecimento quanto no resfriamento, a transferência de energia térmica ocorre sempre do corpo que se encontra a uma temperatura mais elevada para o corpo que está a uma temperatura mais baixa.

Durante o aquecimento, a temperatura da chama do fogo é mais elevada que a do recipiente com água. Nesse caso, a água recebe energia da chama. Durante o resfriamento, a temperatura do recipiente com água é mais elevada que a do ambiente. Nesse caso, a água perde energia para o ambiente.

A quantidade de energia térmica transferida devido à diferença de temperatura é denominada calor. O **calor** é a energia térmica em trânsito que se dá espontaneamente de um corpo que se encontra a uma temperatura mais elevada para um corpo que se encontra a uma temperatura mais baixa.

Capítulo 15 • Calor e suas manifestações 223

UM POUCO MAIS

Transferindo energia térmica

Na prática de atividades físicas é comum ocorrerem quedas e contusões. Em algumas dessas situações, recomenda-se aquecimento ou resfriamento, ou ainda aquecimento e resfriamento, alternadamente, na região lesionada.

O resfriamento provoca a constrição dos vasos sanguíneos, diminuindo a circulação no local, ao passo que o aquecimento ativa a circulação sanguínea.

Um dos métodos usados para aquecer ou resfriar a região do corpo que foi afetada é a utilização de bolsas térmicas para fazer compressas.

Quando o aquecimento é recomendado, a bolsa térmica pode ser aquecida em água quente. Nesse caso, o calor é transferido da água quente para a bolsa térmica e posteriormente da bolsa térmica para a região lesionada. Quando o resfriamento é recomendado, a bolsa térmica pode ser resfriada em um *freezer* ou congelador. Nesse caso, o calor é transferido da bolsa térmica para o *freezer* e posteriormente da região lesionada para a bolsa térmica.

As bolsas térmicas usadas em compressas tanto podem ser resfriadas no *freezer* como aquecidas no micro-ondas ou na água quente.

Constrição: redução, estreitamento.

Todos os corpos podem ganhar ou perder calor e, como resultado, poderão sofrer variação de temperatura. Dessa forma, verifica-se que calor e temperatura são grandezas diferentes, mas que apresentam uma relação entre si, ou seja, as mudanças que ocorrem com uma delas podem afetar a outra.

Quando corpos em contato encontram-se em diferentes temperaturas, a transferência de calor ocorre do corpo que se encontra a uma temperatura mais elevada para o corpo que se encontra a uma temperatura mais baixa, até que os dois corpos apresentem a mesma temperatura. Nesse instante, dizemos que eles atingiram o **equilíbrio térmico**.

Observe o esquema a seguir.

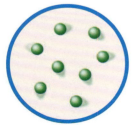

Corpo a uma temperatura mais baixa

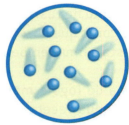

Corpo a uma temperatura mais elevada

Tempo →

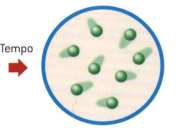

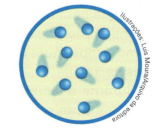

Corpos à mesma temperatura

Corpos a temperaturas diferentes apresentam agitações térmicas diferentes. O corpo com maior energia térmica tem as partículas mais agitadas. O corpo com menor energia térmica tem as partículas menos agitadas.
Após certo tempo trocando calor, as partículas do corpo que estava a uma temperatura mais elevada transferem energia para as partículas do corpo que estava a uma temperatura mais baixa, proporcionando o equilíbrio térmico.
As partículas estão sendo representadas por esferas verdes e azuis.
(Cores fantasia.)

❯ Como medir a temperatura

A maioria das substâncias **dilata-se** quando aquecida e se contrai quando resfriada. Esses fenômenos estão relacionados ao aumento ou à diminuição da temperatura dos materiais e são denominados, respectivamente, **dilatação** e **contração térmica**.

A dilatação e a contração térmica de algumas substâncias são fenômenos usados na construção de instrumentos de medida de temperatura. Os termômetros, por exemplo, são instrumentos cujo funcionamento baseia-se no equilíbrio térmico e na dilatação e contração térmica de algumas substâncias, chamadas de **substâncias termométricas**.

Um dos termômetros mais conhecidos é o termômetro de mercúrio (um tipo de metal líquido à temperatura ambiente).

Com o aumento da temperatura, há um aumento do volume do mercúrio que ocupa o interior de um **capilar**, formando uma coluna de mercúrio. Veja as imagens a seguir.

Grandes pontes de concreto e ferro apresentam pequenos espaços entre os vários blocos, para permitir a dilatação (no verão) e a contração (no inverno), evitando assim rachaduras e ondulações. Também os trilhos das estradas de ferro apresentam pequenos espaços entre si, como representado na fotografia acima. Isso evita que o trilho entorte para cima ou para os lados.

Termômetro marcando 36,6 °C

Termômetro marcando 39 °C

O volume de mercúrio concentrado no bulbo do termômetro tem seu volume aumentado no interior do capilar devido ao aumento da temperatura.

Dilatar: aumentar de tamanho.

Capilar: tubo muito estreito, de diâmetro muito pequeno.

A variação da altura da coluna de mercúrio está relacionada com a variação da temperatura. Por exemplo, quando a temperatura aumenta (ou diminui), a coluna de mercúrio também sofre uma variação e atinge uma altura maior (ou menor), indicando a variação de temperatura.

Esse tipo de termômetro serve aqui apenas como um exemplo para explicar o funcionamento desse instrumento de medida com base na dilatação regular dos materiais. Em 2017, a Agência Nacional de Vigilância Sanitária (Anvisa) aprovou uma resolução que proibiu o uso de mercúrio em alguns produtos utilizados em serviços de saúde, como o termômetro. Com as medidas aprovadas, desde 2019 está proibida a fabricação, importação e comercialização desse tipo de instrumento de diagnóstico. Essa decisão é resultado de um compromisso do Brasil para banir produtos que contêm mercúrio por se tratar de uma substância tóxica que traz riscos para a saúde humana e para o meio ambiente.

Em seu lugar, são comercializados termômetros digitais ou de álcool colorido. Veja alguns modelos nas imagens ao lado.

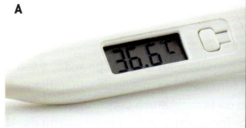

Os termômetros digitais (**A**) utilizam metais ou ligas que geram uma corrente elétrica e indicam a temperatura na forma de números (dígitos). Existem também termômetros que utilizam o álcool comum (etanol) com um corante para tornar possível a leitura da temperatura (**B**).

Capítulo 15 • Calor e suas manifestações   225

❯ As escalas termométricas

É muito comum medir a temperatura do corpo para saber se uma pessoa está com febre. A maneira mais segura para isso é usar um termômetro.

Igualmente, em qualquer lugar do mundo, as pessoas também medem a temperatura do ambiente. No entanto, os valores de temperatura medidos em alguns países, como nos Estados Unidos, por exemplo, são diferentes dos valores medidos aqui no Brasil.

Isso se dá porque nos Estados Unidos é utilizada uma escala de medida de temperatura diferente daquela a que estamos acostumados no Brasil. Veja as imagens a seguir e leia a legenda.

Termômetro de rua na cidade de Phoenix, nos Estados Unidos, em junho de 2017, indicando a temperatura de 122 °F (graus Fahrenheit) (**A**). Essa escala de medição, comum nos Estados Unidos, é diferente da usada no Brasil, onde a tempertura é medida em graus Celsius (°C). (**B**) Cidade do Rio de Janeiro (RJ), em 2017.

À escala de medida de temperatura damos o nome de **escala termométrica**. Ela é um conjunto de valores numéricos em que cada valor está associado a uma temperatura.

Uma das escalas termométricas mais usadas no mundo foi criada pelo pesquisador sueco Anders Celsius (1701-1744), em 1742. Nessa escala, usada também no Brasil, é atribuído o valor de zero grau Celsius (0 °C) para a temperatura de fusão do gelo e de cem graus Celsius (100 °C) para a temperatura de ebulição da água ao nível do mar.

Na escala **Fahrenheit**, criada pelo físico alemão-polonês Daniel G. Fahrenheit (1686-1736) e usada nos países cuja língua oficial é o inglês (como os Estados Unidos, a Inglaterra e a Austrália), as temperaturas de fusão do gelo e de ebulição da água correspondem, respectivamente, a 32 °F e 212 °F.

Metabolismo: conjunto de reações químicas que ocorrem dentro de uma célula.

➕ UM POUCO MAIS

Temperatura corporal

Além da pulsação e da respiração, a temperatura corporal é um dos sinais vitais do organismo. A temperatura média de um indivíduo adulto sadio varia de 36,1 °C a 37,5 °C. A febre é o aumento da temperatura corporal que excede os 37,5 °C, e faz parte do mecanismo de defesa do corpo. Temperaturas iguais ou acima de 41 °C podem levar a pessoa à morte.

As febres são geralmente provocadas por processos inflamatórios, infecciosos e de intoxicação. Temperaturas abaixo de 36,1 °C, provocadas pela exposição prolongada a ambientes muito frios, também podem ser letais: há aceleração do metabolismo, podendo causar infarto.

A escala **Kelvin**, usada pela comunidade científica, foi criada pelo físico irlandês Lord Kelvin (1824-1907) e adota como zero a menor temperatura possível no Universo. O zero Kelvin (0 K) ou zero absoluto é um valor teórico que corresponde ao mais baixo nível térmico, isto é, àquele no qual a agitação das partículas se reduziria a zero. Portanto, essa escala não admite valores negativos. Para ela é atribuído o valor de 273 K para a temperatura de fusão do gelo e de 373 K para a ebulição da água ao nível do mar.

Veja a seguir a representação das três escalas termométricas:

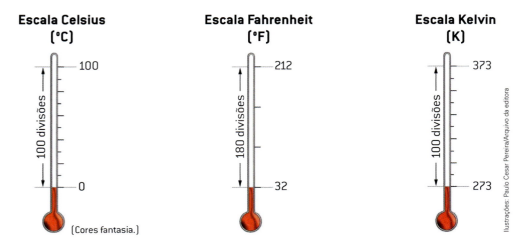

Como ler as temperaturas nas diferentes escalas?

Ao se ler uma temperatura nas escalas Celsius ou Fahrenheit, utiliza-se o termo "grau". Por exemplo, 25 °C (lê-se vinte e cinco graus Celsius); 12 °F (lê-se doze graus Fahrenheit). Ao se ler uma temperatura na escala Kelvin, o termo "grau" deve ser omitido. Por exemplo, 300 K (lê-se trezentos kelvin).

UM POUCO MAIS

Conversões entre as escalas termométricas

As escalas termométricas se relacionam por meio dos valores indicados para os pontos fixos, isto é, a fusão do gelo e a ebulição da água ao nível do mar.

Para se comparar temperaturas apresentadas em escalas diferentes, é necessário fazer a conversão da temperatura, deixando-as na mesma escala. Em vários países, utiliza-se a escala Fahrenheit, enquanto no Brasil utiliza-se a escala Celsius. Um termômetro de rua no Brasil indicando uma temperatura de 30 graus refere-se a uma temperatura para um dia quente. Um termômetro de rua nos Estados Unidos, por exemplo, marcando a mesma temperatura de 30 graus, no entanto, indica um dia muito frio. Se for feita a conversão da temperatura de 30 graus Fahrenheit para Celsius, encontraremos o valor de aproximadamente 1 °C abaixo de zero!

Atualmente, com a evolução tecnológica, é possível, na maioria dos *smartphones*, instalar um aplicativo gratuito que converta automaticamente as temperaturas nessas escalas.

Termômetro de rua, nos Estados Unidos, em 2017, marca a temperatura de 20 °F. No Brasil, equivaleria a aproximadamente −7 °C.

Como medir a quantidade de calor

Como vimos anteriormente, um dos efeitos que se observa em um corpo que ganha ou perde calor é a variação de sua temperatura. Ao receber calor, a temperatura do corpo aumenta. Ao perder calor, sua temperatura diminui.

Dessa forma, uma das maneiras de se determinar a quantidade de calor recebida ou perdida por um corpo é verificar a sua variação de temperatura com o auxílio de um aparelho conhecido como **calorímetro**.

Tais equipamentos são constituídos por um recipiente interno revestido de uma camada de material isolante térmico para evitar a transferência de calor para o ambiente. Veja a imagem a seguir.

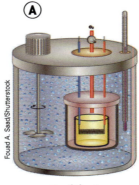
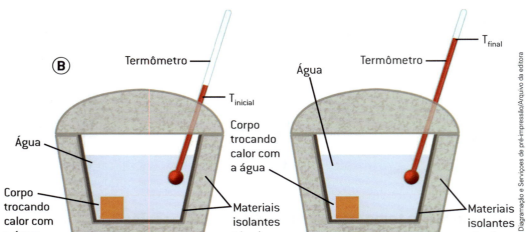
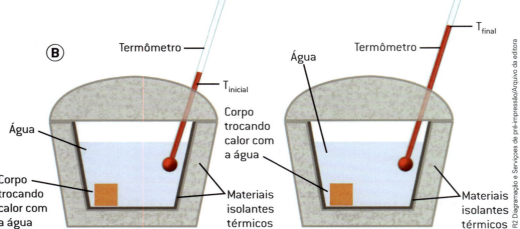

Em (A), observe a representação interna do calorímetro e, em (B), um corpo trocando calor com a água no interior de um calorímetro, com o detalhe da variação da temperatura no termômetro.

(Elementos representados em tamanhos não proporcionais entre si. Cores fantasia.)

Para efetuar medidas de quantidades de calor, deve-se conhecer a massa (m) de água presente no calorímetro e sua temperatura inicial (T_i). A seguir, coloca-se um corpo aquecido dentro da água contida no calorímetro. Como o corpo está mais quente, ele transfere calor para a água, elevando a sua temperatura. A leitura do termômetro nos permite saber a temperatura final (T_f) da água. Pela variação de temperatura (ΔT), pode-se calcular a quantidade de calor liberada pelo corpo.

Uma unidade muito usada para medir a quantidade de calor é a caloria (cal), comumente definida como:

> 1 caloria (cal) = quantidade de calor necessária para elevar em 1 °C a temperatura de 1 g de água.
>
> O Sistema Internacional de Unidades (SI) recomenda que se utilize o joule (J) como unidade de calor. Temos que 1 cal vale, aproximadamente, 4,18 J e 1 kcal vale, aproximadamente, 4,18 kJ.

A variação de temperatura proporcionada pela quantidade de calor ocorrerá mais rapidamente ou mais lentamente dependendo das características do corpo, da massa e do tipo de material que o constitui.

> O calor que provoca variação de temperatura sem que ocorra mudança de estado físico no material é denominado **calor sensível**.

A rapidez com que varia a temperatura de um material quando ganha ou perde calor é definida por uma propriedade do material chamada **calor específico sensível**. Para entendê-la melhor, observe a tirinha:

Fonte: WATTERSON, Bill. **Calvin e Haroldo**: e foi assim que tudo começou. São Paulo: Conrad Editora do Brasil, 2007. p. 109.

Na praia, tanto a areia como a água estão recebendo a mesma quantidade de calor proveniente do Sol. A areia, no entanto, aquece mais rapidamente que a água do mar. Esse fato mostra que diferentes materiais, recebendo a mesma quantidade de calor, sofrem diferentes variações de temperatura. Isso se deve ao **calor específico sensível** (c).

> O **calor específico sensível** é definido pela quantidade de energia necessária para elevar em 1 °C a massa de 1 g do material.

A água apresenta o calor específico sensível igual a 1 cal/g °C. Isso significa que para aquecer 1 g de água em 1 °C, é necessária uma quantidade de calor igual a 1 cal.

Ao lado são apresentados os calores específicos sensíveis comumente utilizados de alguns materiais.

Neste quadro é possível constatar que o calor específico sensível da água é bem maior que o das demais substâncias. Isso mostra que ela, com massa igual à das demais substâncias e recebendo a mesma quantidade de calor, demora mais para variar sua temperatura, isto é, se aquecer. Por outro lado, a água também demora mais para resfriar.

Substância	Calor específico sensível (cal/g °C)
água	1,000
álcool	0,600
alumínio	0,220
ar	0,240
areia	0,200
cobre	0,090
ferro	0,110
madeira	0,420
rocha	0,210
vidro	0,160

❯ Processos de transmissão de calor

Como vimos, o calor é uma forma de energia que se manifesta ao ser transferida de um corpo para outro, enquanto houver diferença de temperatura entre eles. A transmissão da energia na forma de calor pode ser feita de três maneiras: **condução**, **convecção** e **radiação**.

Condução térmica

A transmissão do calor por condução acontece, em geral, nos sólidos, principalmente nos metais, que são excelentes **condutores térmicos**. O calor é transmitido de partícula para partícula, ou seja, a partícula do corpo em contato com a fonte térmica aumenta sua agitação, que aumenta a agitação das partículas próximas a ela, e assim sucessivamente, fazendo com que a energia térmica seja transmitida gradualmente para todo o corpo.

Para entender como funciona a condução de calor, pode-se analisar o experimento descrito a seguir. Para realizá-lo, foram utilizados:

- um fio grosso de cobre desencapado (20 cm de comprimento);
- uma rolha de cortiça;
- uma vela inteira e um pedaço de outra vela;
- fósforos ou isqueiro.

Utilizando esses materiais, montamos o sistema abaixo:

> **ATENÇÃO!**
> Esse experimento deve ser feito somente por seu professor. O contato de condutores térmicos (neste caso, o fio de cobre) com o fogo pode causar queimaduras.

(Elementos representados em tamanhos não proporcionais entre si. Cores fantasia.)

Com a vela acesa, segura-se o sistema pela rolha e aproxima-se a chama da vela à ponta do fio de cobre. Passado certo tempo, observa-se que o pedaço de vela colocado na outra extremidade da haste começa a derreter, isto é, sofrer fusão. A rolha de cortiça não permite que o calor conduzido pelo fio de cobre passe para a mão do experimentador. A partir dessas observações, pode-se concluir que:

- o calor liberado pela chama da vela foi transmitido até a outra extremidade do fio e provocou a fusão do pedaço de vela, o que significa que o metal cobre é um bom condutor de calor;
- a cortiça atua como um **isolante térmico**, já que o experimentador não sentiu o aquecimento da rolha.

Na natureza existem bons e maus condutores de calor (condutores térmicos). Os metais (como o cobre, a prata, o alumínio, o aço e o latão) são bons condutores de calor. Borracha, cortiça, isopor, água, gelo, ar e vidro são exemplos de maus condutores de calor (isolantes térmicos).

Nos dias frios costumamos usar roupas mais grossas, como blusas de lã, para termos a sensação de que estamos sendo aquecidos, não é mesmo?

Na verdade, a roupa não nos aquece, ela permite um melhor isolamento térmico, fazendo com que nosso corpo não perca tanto calor para o ambiente.

Nas épocas mais frias, podemos usar malhas de tecidos grossos, casacos de lã ou couro. Esses materiais favorecem o isolamento térmico do corpo, dificultando o escape de calor para o ambiente. O ar aprisionado entre as malhas do tecido funciona como isolante térmico.

 EM PRATOS LIMPOS

Por que temos a sensação térmica de que alguns objetos parecem mais frios ou mais quentes que outros à mesma temperatura?

Quando tocamos dois objetos, um de madeira e outro de metal, temos a sensação de que o objeto de metal está mais frio do que o de madeira, mesmo que ambos estejam à mesma temperatura.

Como a temperatura do corpo humano é maior do que a dos objetos, o calor é transmitido do corpo para o objeto. Pelo fato de o metal ser melhor condutor, o fluxo de calor que sai da mão é mais intenso para o metal do que para a madeira; por isso temos a sensação de que o metal está mais frio.

(Cores fantasia.)

Convecção térmica

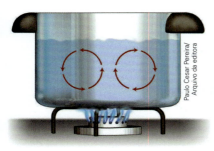

Na ilustração estão indicadas correntes de convecção que se formam durante o aquecimento da água. Essas correntes se formam no aquecimento de qualquer fluido.

(Cores fantasia.)

Ao aquecer certa quantidade de água em uma panela de alumínio, por exemplo, a porção de água que está em contato com o fundo do recipiente é aquecida por condução. Devido ao aquecimento, essa porção de água se torna menos densa que o restante da água, o que faz com que ela suba, dando lugar a outra porção de água menos quente e, portanto, mais densa. Esse processo é contínuo, e a água entra em movimento, formando o que se chama de **corrente** ou **ciclo de convecção**, transmitindo, assim, calor por toda a massa de água. Se continuar sendo aquecida, a temperatura aumenta até que a água atinja a temperatura de ebulição, isto é, ferva.

A transmissão de calor por convecção ocorre nos fluidos, ou seja, em líquidos e gases. A movimentação das massas do fluido (líquido ou gás) acaba por transmitir o calor por toda a sua extensão.

(Elementos representados em tamanhos não proporcionais entre si. Cores fantasia.)

As prateleiras das geladeiras convencionais possibilitam a circulação do ar e, consequentemente, troca de calor entre os alimentos e o congelador. O congelador é geralmente posicionado na parte superior da geladeira para que o ar quente suba, seja resfriado e desça. Nas geladeiras mais modernas, do tipo *frostfree*, a circulação do ar em seu interior é forçada por um sistema interno de ventilação.

Os aquecedores de ambientes são colocados rentes ao chão para que o ar frio que se encontra embaixo seja aquecido e suba, dando lugar à massa de ar frio.

Os condicionadores de ar são colocados rentes ao teto para que o ar quente que sobe seja refrigerado e desça. Esse posicionamento favorece a circulação de ar.

Vácuo: lugar onde não existe matéria, totalmente vazio.

É necessária a existência de um meio material para que ocorram tanto a condução térmica quanto a convecção térmica. Esses processos não ocorrem no **vácuo**.

Radiação ou irradiação térmica

Se a condução e a convecção térmicas só ocorrem na presença de um meio material, como o Sol pode aquecer a Terra, se entre eles existe vácuo?

Bem, vamos tentar entender esse processo imaginando uma bolinha de isopor flutuando em um recipiente com água. É possível movimentar a bolinha sem tocar nela?

Representação de uma bolinha flutuando em um recipiente com água parada. (Cores fantasia.)

Uma maneira possível é provocar uma movimentação na água de forma a criar pequenas ondas, sem tocar na bola.

Representação de uma bolinha flutuando em um recipiente com água em movimento. (Cores fantasia.)

O que está ocorrendo é, na verdade, a transmissão da energia do dedo para a bolinha através de ondas na água.

Como o calor é uma modalidade de energia, ele também pode ser transmitido por ondas. Nesse caso, as ondas que transmitem o calor são chamadas de **ondas eletromagnéticas** ou **radiações eletromagnéticas** que, ao contrário do exemplo acima, são invisíveis.

As radiações eletromagnéticas não exigem a presença de um meio material para se propagar. A esse processo de transmissão de calor damos o nome de **radiação térmica**.

Propagar: espalhar; disseminar.

Além do calor, o Sol emite outras formas de energia radiante, que também são ondas. O conjunto de ondas emitidas pelo Sol compõe o espectro solar, constituído pela luz visível e pelas radiações infravermelhas e ultravioleta e pelos raios cósmicos, não visíveis pelo olho humano.

A radiação térmica também pode ser evidenciada nas proximidades de uma fogueira ou de uma lareira. O calor irradiado pela queima da madeira aquecerá o ambiente.

Capítulo 15 • Calor e suas manifestações 233

❯ A radiação na Terra

A radiação proveniente do Sol e que atinge a Terra é parcialmente absorvida por ela. Isso ocorre porque a atmosfera atua como uma espécie de "filtro" e não permite a passagem de toda a radiação.

Outro aspecto importante da atmosfera é que ela retém parte da radiação que é absorvida e refletida na superfície, funcionando como isolante térmico e mantendo a temperatura média da Terra. Caso contrário, a Terra seria muito gelada e muitas formas de vida não sobreviveriam a essa condição. É essa característica da atmosfera que promove o efeito estufa que você estudou no capítulo 2.

(Elementos representados em tamanhos e distâncias não proporcionais entre si. Cores fantasia.)

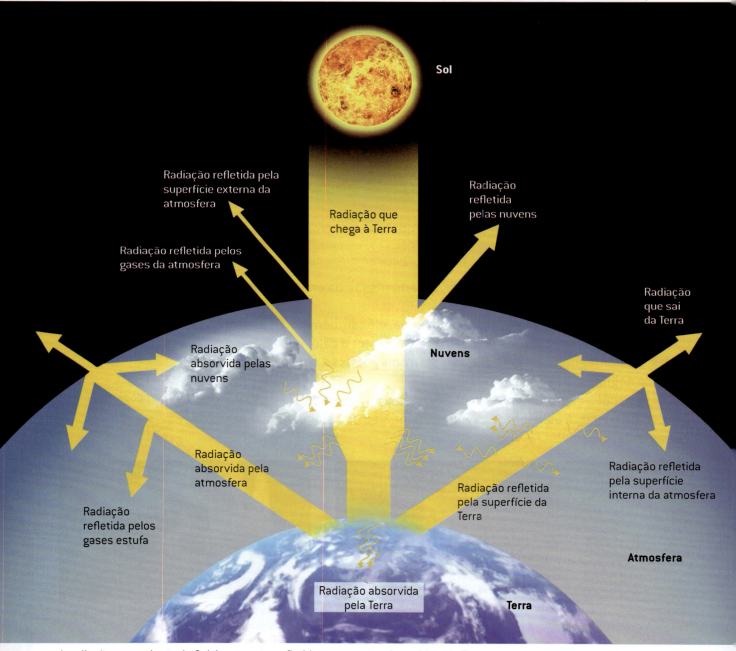

A radiação proveniente do Sol é, em parte, refletida e, em parte, absorvida pela Terra.

O efeito estufa é, portanto, um fenômeno natural que mantém viáveis as condições de vida em nosso planeta. No entanto, quando intensificado, o efeito estufa aumenta a temperatura média do planeta e pode prejudicar os seres vivos adaptados a essas condições.

Além do efeito estufa, há outros fatores relacionados aos efeitos da radiação solar em nosso planeta, como a interação da radiação com a hidrosfera, promovendo o ciclo da água, com a atmosfera, promovendo ventos, e com as plantas, promovendo a fotossíntese.

No 9º ano, estudaremos mais detalhadamente as radiações.

Um automóvel ao Sol, com os vidros fechados, realiza um processo parecido com o efeito estufa da Terra. Uma parte da radiação que atinge o automóvel é refletida e a outra parte dela consegue entrar. Da radiação que entra, parte dela sai do automóvel e parte dela fica retida no interior dele, fazendo com que sua temperatura se eleve.

EM PRATOS LIMPOS

Como a garrafa térmica funciona?

A garrafa térmica é um dispositivo cuja finalidade principal é manter constante, pelo maior intervalo de tempo possível, a temperatura do seu conteúdo, dificultando as trocas de calor com o ambiente externo.

Ela é construída de modo a evitar a condução, a convecção e a radiação.

Suas paredes internas são feitas de vidro, que é mau condutor de calor. As paredes são duplas e separadas por uma região de "quase" vácuo, dificultando a propagação do calor por condução. O vidro de que são feitas as paredes internas da garrafa é espelhado para que o calor seja refletido tanto por dentro quanto por fora, atenuando a irradiação térmica. Fechando-se a garrafa, o ar no interior da garrafa não consegue sair do sistema, evitando as trocas de calor por convecção.

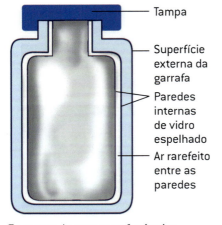

Esquema de uma garrafa térmica.
(Cores fantasia.)

NESTE CAPÍTULO VOCÊ ESTUDOU

- Energia térmica, calor, temperatura e sensação térmica.
- Escalas termométricas.
- Calor sensível.
- Calor específico sensível.
- Processos de transmissão de calor: condução, convecção e radiação.
- Radiação na Terra: efeito estufa.

ATIVIDADES

PENSE E RESOLVA

1 Ao explicar para um colega por que a água que estava sendo aquecida em uma panela estava muito quente, um estudante disse: "A temperatura da chama passou para a panela e desta para a água". A explicação é correta? Por quê?

2 Para medir a temperatura do corpo, coloca-se o termômetro em contato com determinada região, normalmente sob a axila ou na boca. Ao utilizar o termômetro de álcool, é recomendado esperar um tempo de 3 a 4 minutos de contato com o corpo para fazer a leitura.

Escreva um pequeno texto explicando por que o termômetro deve estar em contato com o corpo para a medição, e por que se deve aguardar certo tempo para fazer a leitura da temperatura.

Observe a ilustração a seguir, que apresenta a relação entre as escalas termométricas Celsius, Fahrenheit e Kelvin, e faça as questões **3** e **4**.

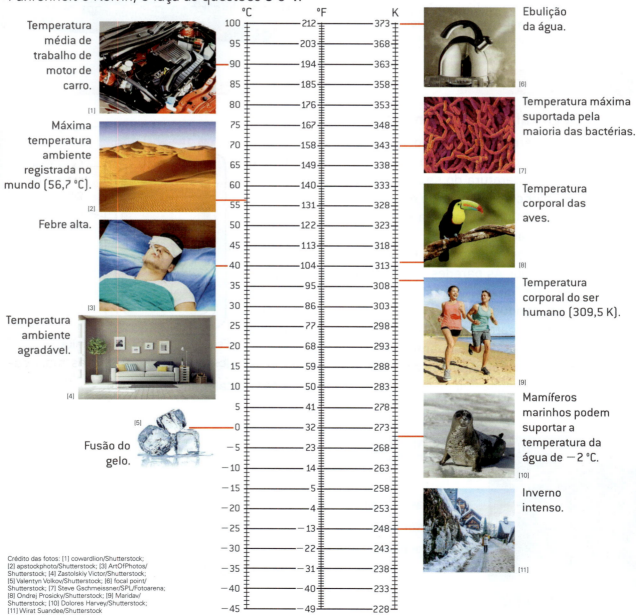

Crédito das fotos: [1] cowardlion/Shutterstock; [2] apstockphoto/Shutterstock; [3] ArtOfPhotos/Shutterstock; [4] Zastolskiy Victor/Shutterstock; [5] Valentyn Volkov/Shutterstock; [6] focal point/Shutterstock; [7] Steve Gschmeissner/SPL/Fotoarena; [8] Ondrej Prosicky/Shutterstock; [9] Maridav/Shutterstock; [10] Dolores Harvey/Shutterstock; [11] Wirat Suandee/Shutterstock

3 A amplitude térmica representa a variação de temperatura que ocorre em um certo intervalo de tempo. Por exemplo, em um dia em que a temperatura mínima foi de 5 °C e a máxima foi de 20 °C, a amplitude térmica foi de 15 °C. Qual o valor dessa amplitude térmica nas escalas Fahrenheit e Kelvin?

4 Julgue cada afirmativa a seguir como verdadeira (**V**) ou falsa (**F**).

( ) Para se ter um ambiente com temperatura agradável, deve-se regular o ar-condicionado para 86 °F.

( ) A fusão do gelo ocorre a 273 K.

( ) A ebulição da água ocorre a 100 °F.

( ) Só há possibilidade de a vida ocorrer entre 0 °C e 100 °C.

( ) A temperatura corporal das aves é muito próxima da temperatura de uma pessoa com febre alta.

( ) A temperatura em que ocorre um processo de esterilização eficiente é, certamente, superior a 158 °F.

( ) A temperatura média de trabalho do motor de um automóvel é próxima de 150 °F.

5 Em uma atividade experimental de aquecimento, foi fornecida a mesma quantidade de calor para três substâncias, **A**, **B** e **C**, de mesma massa, cujos calores específicos sensíveis são apresentados na tabela a seguir.

Substância	Calor específico sensível (cal/g °C)
A	0,75
B	0,15
C	0,45

Ao final do aquecimento, qual, entre as três substâncias, apresentará temperatura mais alta? Qual, entre as três substâncias, apresentará a temperatura mais baixa? Justifique sua resposta.

6 Os alimentos são a fonte de energia necessária para manter os processos vitais. Ao se ingerir uma quantidade de alimento superior à necessária, o excesso poderá ser transformado em gordura no corpo, provocando aumento de peso.

O poder calórico dos alimentos é usualmente dado em quilocalorias (kcal).

Os nutrientes que fornecem energia são os carboidratos, as proteínas e os lipídios. Considere que a ingestão de 1 g de carboidrato ou 1 g de proteínas nos fornece 4 kcal cada e a ingestão de 1 g de lipídios nos fornece 9 kcal.

Analise as composições do hambúrguer e do pão, dadas no quadro abaixo. Apesar de simplificado, o quadro com os valores energéticos mencionados pode nos dar uma ideia da quantidade de energia ingerida em um lanche.

Hambúrguer (100 g)	Pão (50 g)
24 g de proteínas	25 g de carboidrato
20 g de lipídios	5 g de proteínas
56 g de água	2,5 g de lipídios
———	17,5 g de água

Calcule o valor energético, em kcal e em kJ, que pode ser obtido com a ingestão de um lanche simples de pão com hambúrguer. (Lembre-se de que 1 kcal = 4,18 kJ)

7 Leia e responda.

As panelas de ferro estão entre os primeiros utensílios de cozinha fabricados pelo ser humano. Essas panelas foram as mais comuns durante muito tempo; atualmente, as mais utilizadas são as panelas de alumínio.

Imagine uma panela totalmente de ferro, na qual somente o cabo da tampa é feito de material isolante, como madeira ou baquelite.

Considerando que a panela esteja sobre a chama de um fogão, responda:

a) Para segurar essa panela pelas alças, é necessário o uso de luvas térmicas? Justifique sua resposta.

b) E para levantar a tampa dessa panela, é necessário o uso de luvas térmicas? Justifique sua resposta.

Capítulo 15 · Calor e suas manifestações **237**

8 O isopor possui uma textura porosa e é constituído de finíssimas bolsas de plástico contendo ar (cerca de 97% de ar e 3% de plástico). Além de ser usado em boias e flutuadores, ele é considerado um ótimo isolante térmico. Por quê?

9 Nas noites frias de inverno, é comum o uso de cobertores de lã. Entretanto, mesmo que existam vários cobertores sobre a cama, ao deitar ela está fria e só há aquecimento depois de algum tempo sob os cobertores. Como esse fato pode ser explicado?

10 Em uma geladeira foram colocados refrigerantes de garrafa e de lata. Após alguns dias, um garoto pega simultaneamente com a mão direita uma lata de refrigerante e com a mão esquerda uma garrafa de refrigerante. A impressão que o garoto tem é que a lata de refrigerante está mais gelada do que a garrafa. Por que isso acontece?

SÍNTESE

1 O gálio é um metal de temperatura de fusão muito baixa: aproximadamente 29 °C. Em contato com a mão de uma pessoa, por exemplo, ele derrete. Até chegar à temperatura aproximada de 2 100 °C, ele permanece no estado líquido.

Com base nessas informações e no seu conhecimento anterior, responda:

O gálio é usado na fabricação de circuitos integrados para computadores de alto desempenho, telefones celulares, satélites e detectores de foguetes.

a) Existe transferência de calor no fenômeno mostrado na fotografia acima, em que a pessoa segura uma amostra de gálio à temperatura ambiente? Justifique sua resposta.

b) Assim que uma pessoa segura o metal, a agitação térmica das partículas é maior na mão ou na amostra de gálio? Justifique sua resposta.

c) Considere que a amostra de gálio seja mantida na mão durante certo tempo, até o seu completo "derretimento". Após esse tempo, a temperatura da mão será maior, menor ou igual à temperatura do gálio? Justifique sua resposta.

d) O calor específico sensível do gálio vale aproximadamente 0,09 cal/g °C e o da água vale 1,0 cal/g °C. Quem aquece mais rapidamente, o gálio ou a água? Justifique.

2 A respeito dos processos de transmissão de calor, responda:

a) Qual é a condição necessária para que haja troca de calor entre dois corpos?

b) Qual é o único processo de transmissão de calor que pode ocorrer no vácuo?

c) Qual é o processo de transmissão de calor que permite a movimentação espontânea de ar no interior de uma geladeira convencional?

d) Em churrascos, geralmente se utiliza um espeto de aço introduzido num pedaço de carne para que este cozinhe mais rapidamente. Qual o processo de transmissão de calor que está relacionado a esse fato?

DESAFIO

Num dia ensolarado, na praia, tanto a água quanto a areia estão recebendo a mesma quantidade de calor do Sol. No entanto, a areia se aquece mais rapidamente que a água por apresentar um calor específico sensível menor: o calor específico sensível da água vale 1,0 cal/g °C e o da areia vale 0,2 cal/g °C.

Enquanto uma porção da água eleva a sua temperatura de 1 °C, a mesma porção, só que de areia, teria que elevação de temperatura?

LEITURA COMPLEMENTAR

Qual se aquece mais rapidamente: a água ou a areia?

Na praia você já deve ter percebido que, em um dia ensolarado, a areia está mais quente que a água. Durante a noite, no entanto, a água é percebida mais quente que a areia.

Essa diferença de aquecimento entre o continente (terra) e o mar (água) acaba gerando a movimentação de massas de ar conhecidas como brisa marítima e brisa continental.

Uma das possíveis explicações para essas brisas é que, para elevar de 1 °C a temperatura de certa massa de água, é necessária uma quantidade de calor bem maior do que para elevar de 1 °C a temperatura da mesma massa de areia. Assim, durante o dia, quando a terra e a água de

A areia da praia, durante o dia, se aquece mais rapidamente do que a água do mar. Praia de São Sebastião (SP), 2018.

uma região estão submetidas à mesma fonte de calor, a temperatura da terra se eleva mais rapidamente que a da água. Consequentemente, as camadas de ar que estão em contato com a terra se aquecem primeiro, ficam menos densas e sobem. Seu lugar é ocupado pelo ar mais frio que está em contato com a água, gerando assim uma brisa, que se desloca do mar para a terra (brisa marítima ou maritimidade).

À noite, o movimento se inverte. A água demora mais para esfriar. O ar "mais quente" é o que está em contato com a água. Por ser menos denso, ele sobe, dando lugar ao ar mais frio, que está em contato com a terra. Produz-se então a brisa, que se desloca da terra para o mar (brisa continental ou continentalidade).

A água, devido a sua alta capacidade térmica — apresenta maior calor específico que a grande maioria dos demais componentes do ambiente —, acaba exercendo um papel muito importante na natureza: o efeito **termorregulador** da atmosfera.

De dia a água recebe calor, variando mais lentamente sua temperatura em relação aos demais componentes do ambiente. À noite, ela vai, lentamente, cedendo calor ao ambiente, o que impede o brusco resfriamento da atmosfera e mantém certo equilíbrio na variação da temperatura entre o dia e a noite.

Termorregulador: que regula ou controla a temperatura.

Imagine a quantidade de calor liberada pelos mares e lagos durante a noite, à medida que a água vai esfriando. Apenas a quantidade de calor liberada por um litro de água, ao diminuir sua temperatura em 1 °C, é suficiente para elevar a temperatura de mais de 3 mil litros de ar, também em 1 °C.

Os mares e lagos são grandes reservatórios de água, podem armazenar energia térmica e liberar grandes quantidades de calor.

Nos desertos, durante o dia a temperatura é alta; à noite, a temperatura fica muito próxima de 0 °C. Você pode relacionar esse fato com a presença ou a ausência de água nessa região?

Questões

1. Por que a água exerce papel de agente termorregulador da atmosfera?
2. Quem apresenta maior calor específico sensível, a água ou a areia? Justifique sua resposta.

Capítulo 16
A utilização da energia térmica pelo ser humano

Painéis solares fotovoltaicos sobre telhado de casa na zona rural de Ivinhema (MS), em 2018.

A utilização da energia térmica como fonte de calor sempre esteve presente na história da humanidade. Cada vez mais o desenvolvimento tecnológico tem proporcionado novas formas de utilização dessa fonte energética ao ser humano.

Observe a fotografia acima: Você sabe o que são essas placas sobre o telhado da casa? São placas que captam a energia do Sol e a transformam em calor. Há, também, placas que convertem a energia solar captada em energia elétrica!

Neste capítulo, você vai conhecer um pouco da história de tecnologias que proporcionaram o uso cada vez mais amplo da energia térmica, e conseguirá refletir sobre os benefícios e os problemas, tanto para a humanidade quanto para o meio ambiente, decorrentes da utilização desse tipo de energia.

❯ O Sol e o fogo

A energia do Sol é essencial para a vida dos seres humanos. Sua radiação sempre exerceu forte influência no desenvolvimento das atividades humanas, seja por proporcionar o seu calor (energia térmica), seja pela luz que ele propaga e ilumina.

A descoberta do fogo deu ao ser humano novas possibilidades. Ao aprender a manipular o fogo, o hominídeo pré-histórico pôde ampliar seus horizontes e passou a atingir lugares mais longínquos, além de mudar, também, a forma como se alimentava. O ser humano passou a ter domínio sobre o fogo e utilizou a energia liberada (nesse caso, a energia térmica) para se aquecer, para cozinhar e para iluminar os locais por onde passasse, quando e como quisesse.

Assim, ao longo do tempo, o ser humano desenvolveu tecnologias cada vez mais sofisticadas para auxiliá-lo em suas tarefas diárias. A produção de ferramentas manuais, feitas a partir de metais forjados no fogo, é um exemplo do início do desenvolvimento tecnológico. Em seguida, foram criadas as primeiras máquinas, as **máquinas simples** (que você estudou no capítulo 14 deste volume).

Como consequência do uso e do aprimoramento dessas ferramentas manuais e das máquinas simples, foi possível desenvolver máquinas mais complexas, como a roda-d'água e os moinhos. A essas últimas, podemos atribuir o uso de novas fontes de energia, como a obtida do movimento da água e a proveniente do vento.

Forno primitivo para a produção de ferramentas a partir dos metais. Gravura de Émile-Antoine Bayard (1837-1891). França, em 1870.

INFOGRÁFICO

A relação do ser humano com as ferramentas e máquinas simples

O ser humano, ao longo da História, desenvolveu diversas ferramentas e máquinas simples que possibilitaram e potencializaram as várias maneiras de se obter energia.

1 No Período Paleolítico os seres humanos pré-históricos usavam pedaços de rochas na fabricação de ferramentas.

3 Para mover um grande objeto, o ser humano dependia de muito esforço físico.

5 As máquinas simples foram desenvolvidas há muito tempo. Os hominídeos inventaram, por exemplo, a alavanca e a roda, dois instrumentos que facilitam muito nosso cotidiano.

2 As primeiras ferramentas do Período Paleolítico começaram a ser desenvolvidas no Período da Pedra Lascada. Eram feitas com lascas de pedras e amarradas a pedaços de madeira.

4 A invenção da roda é considerada uma das mais importantes da humanidade. Ela revolucionou a forma de organização da sociedade, pois facilitou o transporte e possibilitou a ampliação das cidades.

6 No Período Neolítico, armas e objetos começaram a ser fabricados com o metal bronze. É a chamada Idade do Bronze.

As civilizações antigas construíam e utilizavam máquinas mais complexas, associando várias máquinas simples compostas de rodas, alavancas, cunhas, parafusos e polias, engrenagens, rodas-d'água, moinhos, arados, catapultas, etc.

O avanço tecnológico permitiu a substituição progressiva da produção artesanal pela produção industrial. O que antes era feito manualmente passou a ser produzido pelas máquinas.

O moinho de água é um mecanismo elaborado com uma roda, também uma máquina simples. A movimentação da roda por meio da água gera energia cinética. É utilizado na moagem de grãos, na irrigação e na geração de energia elétrica.

A invenção das máquinas simples proporcionou o desenvolvimento de outras máquinas mais complexas, com as quais conseguimos transformar energia. No funcionamento do monjolo, por exemplo, a força da água é usada para moer alimentos.

A máquina a vapor surgiu no século XVIII e proporcionou um enorme avanço tecnológico.

A energia presente nos ventos, chamada de energia eólica, pode ser utilizada na obtenção de energia elétrica a partir de aerogeradores.

❯ A máquina a vapor

Como vimos, inicialmente o ser humano utilizou a energia térmica apenas para se aquecer, para iluminar os ambientes e para cozinhar.

Ao expandir o uso da energia térmica para o funcionamento de outros tipos de máquinas, as **máquinas a vapor** ou **motores a vapor**, ele permitiu um novo direcionamento para a ciência: a transformação da energia térmica em energia cinética.

A ideia da máquina a vapor não é muito recente. Já no século I, Heron de Alexandria (um importante cientista e matemático grego da Antiguidade) havia criado a eolípila, uma máquina a vapor rudimentar que serviu de inspiração para a criação das máquinas que viriam a surgir no século XVIII, como veremos mais à frente.

UM POUCO MAIS

Eolípila – a primeira máquina a vapor

A eolípila, também chamada de "máquina de Heron", era constituída de uma esfera oca com quatro orifícios. Em dois deles ficavam localizados dois pequenos tubos em formato de "L", que permitiam a saída do vapor; os outros dois orifícios ficavam ligados a um reservatório com água, por onde entrava o vapor. Abaixo do reservatório havia uma fonte de calor (fogo) que o aquecia. A água contida no reservatório fervia e, quando o vapor era expelido pelos tubos, a esfera girava.

A eolípila foi a primeira máquina térmica, inventada por Heron de Alexandria, no século I.

Somente no final do século XVII começaram a surgir as primeiras máquinas a vapor que teriam uso mais efetivo nas indústrias. Foi nesse período que o carvão mineral substituiu a madeira e passou a ser usado como fonte de energia para alimentar o fogo. Assim, foi necessário extrair mais e mais carvão de minas, que ficavam permanentemente alagadas, o que dificultava o trabalho dos mineiros. Então, Thomas Savery (1650-1715), engenheiro inglês, inventou uma espécie de bomba com a finalidade de retirar a água dessas minas de carvão. Mas sua invenção com o tempo mostrou-se muito perigosa pelas frequentes explosões que esse invento causava.

Por volta de 1712, outro engenheiro e inventor inglês, Thomas Newcomen (1664-1729), aperfeiçoou o invento de Savery e criou uma nova máquina térmica com menor risco de explosões, a chamada "máquina de Newcomen", muito utilizada já na primeira metade do século XVIII.

A máquina a vapor de Newcomen foi criada para retirar água das minas.

Quase 50 anos depois, outro engenheiro inglês, James Watt (1736-1819), deu uma enorme contribuição à ciência, ao construir aquele que seria considerado o primeiro motor a vapor.

Watt inventou um modelo mais eficiente e que consumia menos combustível (o carvão mineral). Isso contribuiu para que as antigas máquinas fossem substituídas pelo novo modelo de Watt, ainda na segunda metade do século XVIII.

Com o tempo, o invento de Watt demonstrou que as máquinas a vapor poderiam movimentar outras máquinas e que substituiriam, com excelência, os moinhos de vento e as rodas-d'água, também muito usados na época para gerar energia.

Assista também!

Mecânica: máquina de Heron. Disponível em: <http://eaulas.usp.br/portal/video.action?idItem=5353> (acesso em: 1º jun. 2018).

Nesse *link* é possível ver o princípio do funcionamento da máquina a vapor, idealizado por Heron de Alexandria.

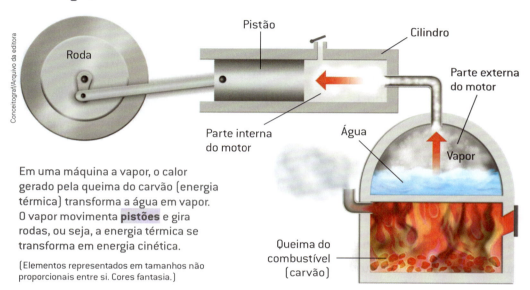

Em uma máquina a vapor, o calor gerado pela queima do carvão (energia térmica) transforma a água em vapor. O vapor movimenta **pistões** e gira rodas, ou seja, a energia térmica se transforma em energia cinética.

(Elementos representados em tamanhos não proporcionais entre si. Cores fantasia.)

Pistão ou **êmbolo:** peça de formato cilíndrico que se movimenta no interior de motores.

Houve, então, uma verdadeira mudança no funcionamento das máquinas. Em pouco tempo, surgiriam trens e barcos fazendo uso da energia térmica, o que revolucionou os meios de transporte. E o que antes era feito artesanalmente passou a ser fabricado com o auxílio de máquinas, aumentando a produção. No início do século XIX, a humanidade iniciava uma importante fase da História: a era da industrialização.

Com a criação dos motores a vapor, os meios de transporte mudaram. Acima, um barco e uma locomotiva a vapor.
(Cores fantasia.)

Capítulo 16 • A utilização da energia térmica pelo ser humano 245

UM POUCO MAIS

O carvão mineral

Vimos no capítulo 4 do 6º ano o que são rochas sedimentares.

O carvão mineral é uma rocha sedimentar combustível que se formou há quase 400 milhões de anos por meio do soterramento e da compactação de depósitos orgânicos vegetais.

O carvão é muito poluente, pois reage facilmente com o ar e com a água, gerando substâncias tóxicas que contaminam solos, rios e lagos.

Os resíduos de sua queima também são tóxicos, provocam chuvas ácidas e acentuam o efeito estufa.

Apesar disso, o carvão ainda é a segunda fonte de energia mais utilizada no mundo, ficando atrás apenas do petróleo.

O carvão mineral é utilizado como fonte energética.

EM PRATOS LIMPOS

Por que o cavalo é usado como medida de potência?

Os primeiros motores a vapor substituíram a força muscular dos cavalos, que, até então, eram utilizados nas minas de carvão e nos meios de transporte. Por esse motivo, inspiraram a criação de uma nova unidade de medida que permitia a equivalência entre a potência de um cavalo e a potência do recém-criado motor a vapor: o **horse power** (**hp**).

O hp está relacionado ao trabalho que um cavalo realiza ao erguer em 1 m um objeto de 75 kg no intervalo de tempo de 1 s.

Naturalmente, essa unidade foi criada na Inglaterra, mas a ideia da equivalência entre cavalo e motor ganhou, na França, a versão *cheval vapeur* que no Brasil é conhecida como **cavalo-vapor** (**cv**).

No entanto, apesar de as duas serem bastante comuns quando se fala em potência de um motor, a unidade utilizada para potência no Sistema Internacional de Unidades (SI) é o **watt** (**W**), em homenagem a James Watt.

- 1 hp corresponde a, aproximadamente, 745 W.
- 1 cv corresponde a, aproximadamente, 735 W.

As unidades de potência hp e cv são provenientes da relação com o trabalho realizado por um cavalo.

(Elementos representados em tamanhos não proporcionais entre si. Cores fantasia.)

246

❯ Uma revolução na sociedade

O aperfeiçoamento das máquinas a vapor foi um dos aspectos fundamentais na transição do trabalho artesanal para o trabalho industrial. Iniciava-se, assim, em meados do século XVIII, na Inglaterra, a chamada **Revolução Industrial**, que, aos poucos, espalhou-se pelo mundo.

A transformação do trabalho partiu gradativamente das oficinas de artesanato (nas quais os trabalhadores utilizavam ferramentas manuais) para o processo de industrialização (em que as fábricas usavam os trabalhadores em partes do processo produtivo), o que acarretou intensa mudança na sociedade, como a organização das cidades e o aumento populacional.

As novas máquinas possibilitavam a produção em grande escala e induziram à formação de uma nova classe de trabalhadores – os operários –, que passaram a ter uma relação diferente com os **meios de produção**.

Anteriormente, nas oficinas de artesanato, os trabalhadores acompanhavam todo o processo produtivo e, na maioria dos casos, eram também os proprietários das oficinas, pois a produção se dava em uma organização familiar. Por isso, as relações entre proprietário e empregado eram bem mais próximas.

> **Revolução Industrial:** período na História iniciado na segunda metade do século XVIII e que se seguiu até o fim do século XIX. Caracterizou-se, principalmente, pela transição do modo de fabricação manual para o industrial.
>
> **Meios de produção:** instrumentos utilizados no processo de produção e que determina sua eficácia.

> **Leia também!**
>
> **O que são meios de produção?**
> Disponível em: <https://escolakids.uol.com.br/o-que-sao-meios-de-producao.htm> (acesso em: 24 maio 2018).
>
> Nesse breve artigo, você encontra uma explicação sobre o que são os meios de produção e alguns exemplos.

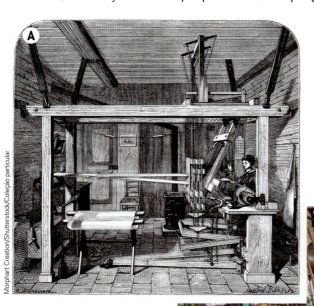

O tear manual (**A**) foi substituído pelo tear mecânico (**B**).

Já nas fábricas ocorreu a divisão do trabalho. Os trabalhadores eram contratados para apenas uma tarefa na produção e não tinham conhecimento do processo por inteiro. Isso desencadeou uma produção em série e, consequentemente, mais rapidez no processo produtivo.

Capítulo 16 • A utilização da energia térmica pelo ser humano

O motor de Otto

Apesar de bem difundidos, da ampla utilização e da potência elevada em relação à força muscular, os motores a vapor ainda apresentavam algumas limitações na sua utilização. Eles eram grandes e muito pesados, pois necessitavam de um reservatório de água e de um estoque de carvão ou lenha como combustível para aquecer a água. Além disso, demoravam muito tempo para começar a funcionar, pois dependiam do aquecimento da água para gerar vapor; assim havia muita "perda" de energia para o ambiente.

Diante dessas limitações, o engenheiro e inventor alemão Nikolaus August Otto desenvolveu uma nova maneira de fazer o motor a vapor funcionar, ao trocar a combustão externa pela combustão interna.

Nos inventos anteriores, a combustão se dava na parte externa das máquinas a vapor (reveja o esquema da máquina a vapor, na página 245). No motor de Otto (1832-1891), a combustão ocorria na parte interna do motor, ou seja, próxima ao êmbolo. Isso só foi possível com a mudança do tipo de combustível: o carvão foi substituído pelo benzeno, um combustível fóssil, subproduto do petróleo. Além de ser mais compacto, o tempo de inicialização do motor de Otto era menor, porque não dependia do aquecimento da água e consumia menos combustível, já que o **poder calórico** do benzeno era maior que o do carvão, e proporcionava maior potência do que os motores a vapor.

O motor de combustão interna permitiu, ainda, a utilização da gasolina (um outro subproduto do petróleo), que, na época, era simplesmente jogada fora. A gasolina mostrou ser um combustível com maior poder calórico, proporcionando mais eficiência ao motor.

Com o desenvolvimento científico foi possível a utilização de outros combustíveis, além da gasolina, como o etanol, o GNV (gás natural veicular) e o *diesel*.

> **Poder calórico:** capacidade de energia térmica liberada com a queima de certa quantidade de uma substância.

> Nos motores de combustão interna, o processo de transformação de energia é bem parecido com o dos motores a vapor: o calor liberado na queima do combustível é transformado em energia cinética e produz movimento. Porém, esse processo ocorre junto ao êmbolo, e não fora do motor, como ocorre na máquina a vapor.

A Segunda Revolução Industrial

Com o desenvolvimento dos processos de produção alcançado durante a Primeira Revolução Industrial, a utilização dos motores a vapor foi ampliada, por exemplo, em trens. Com isso, o transporte ferroviário alavancou a produção de ferramentas, de trilhos de trem, de pontes e de edificações, tendo o aço (uma liga metálica composta de ferro e de carbono) como matéria-prima principal.

Cresciam as oportunidades de emprego nas novas fábricas e nas minas de carvão e de ferro, o que promoveu a migração dos camponeses para a cidade.

Na segunda metade do século XIX, novos avanços eram observados seguidamente e, com eles, novos problemas. Essas novas e grandes mudanças no cotidiano das pessoas viriam a caracterizar a **Segunda Revolução Industrial**.

Durante esse período, a exploração dos trabalhadores era intensa, para que os proprietários das fábricas pudessem lucrar cada vez mais. Os salários eram muito baixos e, consequentemente, todas as pessoas de uma mesma família eram obrigadas a trabalhar (inclusive as crianças!) e as jornadas de trabalho diárias chegavam a ter 15 horas.

Ao serem criadas novas técnicas de produção em série, as chamadas "linhas de produção", todo o processo produtivo tornava-se cada vez mais dividido, o que aumentava a rapidez da produção e tornava mais fácil o controle dos trabalhadores pelos proprietários das indústrias.

Outro aspecto a ser observado eram as precárias instalações das fábricas, que acentuavam os problemas de saúde dos trabalhadores.

Na foto, crianças trabalhando em fábricas durante a Segunda Revolução Industrial. Nessa época, isso era muito comum, uma vez que todas as pessoas de uma mesma família precisavam trabalhar por causa da baixa remuneração dos trabalhadores. Carolina do Norte, Estados Unidos, em 1908.

Os resíduos do carvão deixavam o ambiente empoeirado e sujo e, devido à pouca ventilação no local de trabalho, era comum o aparecimento de doenças respiratórias.

Fora do ambiente das fábricas, as moradias dos trabalhadores também eram muito precárias devido à baixa renda familiar. Nem a água nem o esgoto eram tratados. Tudo isso acentuou o aparecimento de epidemias como a do tifo e da cólera.

Tifo e **cólera:** doenças altamente contagiosas e transmitidas por bactérias.

Por outro lado, nesse mesmo período, as descobertas científicas se intensificaram. Surgiram as vacinas e os antibióticos e, aos poucos, apareceram novas possibilidades de uso dos derivados de petróleo (a gasolina, o *diesel* e o querosene) e de outras fontes de energia, como a eletricidade, em substituição ao carvão, o que proporcionava mais conforto às pessoas nas cidades.

Com as intensas pesquisas sobre o eletromagnetismo (assunto que será estudado no 8º ano), surgia uma nova concepção de motor: o motor elétrico, que transformava a energia elétrica em energia cinética e apresentava uma excelente eficiência.

Lentamente as velas e iluminações a óleo foram substituídas pela iluminação a gás e pela lâmpada elétrica. Criava-se uma nova perspectiva para os transportes, com os motores elétricos sendo utilizados nos trens e com os motores de combustão interna na produção dos automóveis.

Na imagem, um dos primeiros modelos de rádio, de meados de 1900.

Em outras áreas também surgiam inovações, como o telefone, o rádio, o cinema e o telégrafo, que trariam mais avanços e mais mudanças à sociedade.

O cinematógrafo, apresentado ao público em 1895, foi um dos primeiros aparelhos a reproduzir imagens em movimento. Era o começo do cinema.

A Terceira Revolução Industrial

Robótica: estudo das técnicas usadas para a construção e utilização de robôs.

Com o foco na melhoria da eficiência nos processos de transformação de energia, cada avanço tecnológico proporcionou novas perspectivas de uso da energia, novas ciências, novos meios de transporte e de comunicação, além de inúmeras facilidades e melhoria da qualidade de vida à sociedade.

Novas tecnologias, como a eletrônica, a informática, a robótica e a engenharia genética, modernizaram por completo a indústria e permitiram que surgisse, em meados do século XX, aquela que pode ser considerada a **Terceira Revolução Industrial**.

As linhas de produção se intensificaram durante a Terceira Revolução Industrial. Tarefas antes desempenhadas por seres humanos passaram a ser feitas por robôs. Indústria automobilística em São José dos Pinhais (PR), 2018.

A modernização não chegou apenas à indústria; os setores de prestação de serviço, a agricultura e a pecuária também foram contemplados.

A economia mundial sofreu os reflexos dessa modernização ao utilizar estratégias mundiais de consumo de produtos, principalmente com a globalização e a internet.

No entanto, nem tudo são melhorias, pois qualquer processo gera impactos, às vezes inesperados, sejam eles econômicos, culturais ou socioambientais.

O carvão mineral, por exemplo, iniciou um enorme processo de poluição ambiental desde que começou a ser utilizado nas máquinas a vapor na Primeira Revolução Industrial. Mesmo ao dar espaço aos derivados de petróleo (muito poluentes) durante a Segunda Revolução Industrial, o processo de poluição ambiental continuou intensamente.

A robótica é uma das áreas de estudo que mais caracterizaram a Terceira Revolução Industrial.

UM POUCO MAIS

O petróleo e suas alternativas

Um dos grandes desafios da atualidade é atender à crescente demanda de energia provocada pelo crescimento da população, sem aumentar os impactos ambientais que já vêm acontecendo.

Acredita-se que o aumento da emissão de gases gerados pela combustão de carvão e de derivados de petróleo nas últimas décadas contribuiu para a intensificação do efeito estufa, destruindo a camada de ozônio e acarretando aumento da temperatura média do planeta, com possíveis alterações climáticas e elevação dos níveis dos mares e oceanos. Além disso, há o aumento da poluição atmosférica geral, ocasionando chuva ácida, inversão térmica e prejudicando a vida na Terra.

Um dos fatores que ainda mantêm os motores de combustão necessários é o poder energético dos derivados de petróleo. Uma futura escassez do petróleo mudaria radicalmente esse quadro, o que faz com que governos criem conflitos entre si pelo domínio petrolífero ou, ao lado das comunidades científicas, busquem alternativas energéticas para substituí-lo.

No Brasil, a partir de 1970, foi desenvolvido o projeto Proálcool e realizados investimentos em pesquisas em tecnologia de exploração de petróleo. Atualmente, o Brasil é autossuficiente em relação ao petróleo e o álcool combustível se faz presente no mercado de automóveis bicombustíveis. Mais recentemente, pesquisas e projetos sobre o biodiesel vêm sendo aprofundados.

Além disso, a descoberta do **pré-sal** (área petrolífera que fica debaixo de uma camada de sal no subsolo marinho) também proporcionou novas perspectivas para a exploração do petróleo brasileiro.

Pré-sal: é a camada anterior à de rocha salina, que forma uma das várias camadas do subsolo marinho. Há petróleo nessa região e as reservas encontradas no Brasil, em 2006, são as mais profundas do mundo. Em razão disso, a exploração dessas águas ultraprofundas conta com tecnologia avançada, desenvolvida por universidades e centros de pesquisa. Atualmente, algumas áreas do pré-sal brasileiro estão sob leilão.

O uso do biodiesel adicionado ao *diesel*, derivado de petróleo, diminui o consumo do *diesel* e a emissão de gases poluentes. Essa técnica está sendo usada em algumas cidades brasileiras. Na fotografia, ônibus urbano movido a biodiesel trafega pela cidade de Taubaté (SP), 2017.

Em função do impacto ambiental provocado não apenas pela queima de combustíveis fósseis, mas decorrente também do uso de outras fontes de energia, novas fontes energéticas começam a ser desenvolvidas.

O avanço tecnológico possibilitou o surgimento de muitos projetos que visam à utilização de fontes alternativas de energia. Exemplos disso são a utilização de energia solar para o aquecimento da água em residências por meio de aquecedores solares e a geração da eletricidade por meio de placas fotovoltaicas em locais que dispõem de boa incidência de luz solar durante todo o ano, como é o caso do Brasil (reveja a imagem na abertura deste capítulo).

EM PRATOS LIMPOS

Células fotovoltaicas

As células fotovoltaicas, também chamadas de células solares, são dispositivos que transformam a energia da radiação solar em energia elétrica por um processo chamado **efeito fotovoltaico**. Esse processo foi observado pela primeira vez em 1839 pelo físico francês Alexandre Edmond Becquerel (1820-1891). Baseado nos estudos de Becquerel, o cientista americano Charles Fritts (1850-1903) criou a primeira célula fotovoltaica em 1883.

As células fotovoltaicas transformam a energia da radiação solar em energia elétrica.

No início, o elevado custo de fabricação desse dispositivo permitiu o seu uso apenas em aplicações específicas, como no fornecimento de energia elétrica em satélites espaciais.

Em 1973, a crise do petróleo despertou o interesse dos governos pela energia solar, incentivando a pesquisa tecnológica com a finalidade de reduzir gradativamente o custo de fabricação e aumentar a eficiência das células fotovoltaicas.

Estação Espacial Internacional coletando energia solar por meio de placas fotovoltaicas.

Atualmente, as células fotovoltaicas já são fabricadas em larga escala, formando as chamadas **placas fotovoltaicas**, e por preços mais atraentes para comercialização. Assim, as placas fotovoltaicas começam a fazer parte de algumas instalações residenciais em locais com boa exposição ao Sol durante o ano todo, como o Brasil.

UM POUCO MAIS

Aquecedores solares

Nas últimas décadas tem se tornado mais comum a utilização de aquecedores solares de água como alternativa aos aquecedores a gás e elétricos. O aquecimento da água é realizado por um dispositivo denominado **coletor solar**.

O coletor solar é constituído de uma placa escura coberta por vidro e com uma tubulação por onde circula a água. Pelo fato de a placa ser de cor escura, a radiação solar é facilmente absorvida e tem dificuldade para sair, pois a cobertura de vidro funciona como uma estufa.

A água que circula pela tubulação do coletor é aquecida por condução térmica e retorna ao reservatório de água quente (*boiler*) formando um ciclo de convecção.

O reservatório de água quente deve ser revestido com material isolante térmico para que não se perca calor da água quente por condução através de suas paredes. Os materiais isolantes apresentam essa característica: a de evitar a dissipação do calor para o ambiente.

Ao se utilizar a água quente, um reservatório de água fria (caixa-d'água) reabastece o sistema com mais água para ser aquecida.

Esquema de funcionamento de um coletor solar.

Coletor solar colocado sobre o telhado de uma residência.

NESTE CAPÍTULO VOCÊ ESTUDOU

- Histórico sobre o uso da energia térmica pelo ser humano.
- Máquinas a vapor (de combustão externa) e máquinas de combustão interna.
- Impactos da utilização da energia térmica na sociedade e no meio ambiente.
- Células fotovoltaicas.
- Aquecedores solares.

Capítulo 16 • A utilização da energia térmica pelo ser humano

ATIVIDADES

PENSE E RESOLVA

1 Elabore frases com as palavras apresentadas em cada item.

a) Ser humano – Sol – calor – luz

b) Fogo – calor – ferramentas – máquinas simples

2 Explique por que, a partir do século XVIII, a máquina a vapor, conhecida há muitos séculos, foi aperfeiçoada?

3 Em relação às máquinas a vapor, responda:

a) Qual a transformação de energia que ela realiza?

b) Qual é o seu combustível?

c) Qual a unidade de medida de potência das máquinas a vapor?

d) Qual foi o seu primeiro uso no século XVIII?

4 Indique a que momento histórico cada item abaixo está relacionado: "Anterior à Revolução Industrial" (ARI) ou "Durante a Revolução Industrial" (DRI).

(   ) Oficinas de artesanato.

(   ) Poluição atmosférica.

(   ) Produção rápida.

(   ) Máquinas simples.

(   ) Operários.

(   ) Trabalhador com conhecimento de todo o processo produtivo.

(   ) Máquina a vapor.

(   ) Produção lenta.

(   ) Trabalhador com conhecimento de parte do processo produtivo.

5 Organize uma tabela comparativa entre os motores de combustão externa e interna, utilizando os seguintes aspectos:

I – Tamanho
II – Peso
III – Eficiência energética
IV – Impacto ambiental
V – Tempo de inicialização

6 Com relação à transformação de energia, qual a diferença entre um motor de combustão e um motor elétrico?

7 Na Segunda Revolução Industrial houve a necessidade de a sociedade se desenvolver científica e tecnologicamente para buscar a criação de novos medicamentos e vacinas. Por quê?

8 O princípio de funcionamento do coletor solar está baseado nos processos de transmissão de calor – condução térmica, convecção térmica e radiação térmica – estudados no capítulo 15. Identifique em quais elementos do coletor solar ocorre cada um desses processos.

SÍNTESE

1 Abaixo são apresentados máquinas e dispositivos que transformam energia. Relacione corretamente as máquinas com as respectivas transformações de energia que realizam.

I. Máquina a vapor

II. Aquecedor solar

III. Célula fotovoltaica

(   ) Energia solar → energia elétrica

(   ) Energia térmica → energia cinética

(   ) Energia solar → energia térmica

2 Pode-se dizer que, de maneira simplificada, o ser humano inventou o motor para facilitar algumas atividades do seu cotidiano. Monte uma tabela apresentando as fontes de energia utilizadas e os tipos de motores (a vapor, de combustão interna, elétrico, etc.) para as máquinas a seguir: automóvel, maria-fumaça, metrô, ônibus, liquidificador e aparador de grama.

254

PRÁTICA

A lâmpada de Moser (ou lâmpada de garrafa PET)

Objetivo

Verificar o funcionamento de uma lâmpada de garrafa PET.

Material

- 1 garrafa PET transparente de 500 mL (de água) ou 600 mL (de refrigerante) com tampa
- Água para encher a garrafa
- 2 colheres de sopa de água sanitária
- 1 caixa de papelão grande e resistente
- Cola quente
- Tesoura com pontas arredondadas

Procedimento

1. Coloque a água sanitária na garrafa PET, preencha-a com água e tampe.
2. Com o auxílio da tesoura, faça um corte circular no fundo da caixa com diâmetro igual ao da garrafa PET.

3. Em uma das laterais da caixa, faça um pequeno orifício (1 cm de diâmetro) para que se possa enxergar seu interior através dele.

4. Com o auxílio da cola quente, cole a garrafa PET no corte do fundo da caixa, deixando a metade da garrafa (com tampa) para fora.

5. Feche a caixa e vede-a para evitar a entrada de luz por orifícios e frestas que não seja através da garrafa.
6. Leve a caixa para um local bem iluminado e observe o interior dela através do orifício lateral.

Discussão final

1. Como ficou a iluminação no interior da caixa?
2. Apesar de funcionar apenas durante o dia, quais as vantagens de se utilizar a lâmpada de garrafa PET?

REFERÊNCIAS BIBLIOGRÁFICAS

ARISTÓTELES. *Física I – II*. Campinas: Ed. da Unicamp, 2009.

BIZERRIL, M. X. A. *Savanas*. São Paulo: Saraiva, 2011.

BIZZO, N. *Do telhado das Américas à teoria da evolução*. São Paulo: Odysseus, 2003.

BRANCO, Samuel M.; CAVINATTO, Vilma M. *Solos*: a base da vida terrestre. São Paulo: Moderna, 1999.

BRASIL. Ministério da Educação. Secretaria de Educação Básica. *Base Nacional Comum Curricular*. Brasília, 2017.

_____. Diretrizes Curriculares Nacionais Gerais da Educação Básica. Brasília, 2013.

CANIATO, Rodolpho. *A terra em que vivemos*. São Paulo: Átomo, 2007.

CARVALHO, A. R.; OLIVEIRA, M. V. *Princípios básicos do saneamento do meio*. São Paulo: Senac, 2007.

DAWKINS, R. *Deus*: um delírio. São Paulo: Companhia das Letras, 2007.

DOMENICO, G. *A poluição tem solução*. São Paulo: Nova Alexandria, 2009.

EL-HANI, C. N.; VIDEIRA, A. A. P. (Org.). *O que é vida?* Para entender a Biologia do século XXI. Rio de Janeiro: Relume Dumará, 2000. p. 31-56.

FURLAN, S. A.; NUCCI, J. C. *A conservação das florestas tropicais*. São Paulo: Atual, 1999.

GRIBBIN, John. *Fique por dentro da Física Moderna*. São Paulo: Cosac & Naify, 2001.

GRUPO DE REELABORAÇÃO DE ENSINO DE FÍSICA (GREF). *Física 1*: Mecânica. 7. ed. São Paulo: Edusp, 2002.

_____. *Física 2*: Física Térmica/Óptica. 5. ed. São Paulo: Edusp, 2005.

_____. *Física 1*: Eletromagnetismo. 5. ed. São Paulo: Edusp, 2005.

GUYTON, Arthur C.; HALL, J. E. *Tratado de Fisiologia Médica*. Rio de Janeiro: Guanabara Koogan, 1997.

IVANISSEVICH, A.; ROCHA, J. F. V.; WUENSHE, C. A. (Org.). *Astronomia hoje*. Rio de Janeiro: Instituto Ciências Hoje, 2010.

JUNQUEIRA, L. C. U.; CARNEIRO, J. *Biologia celular e molecular*. Rio de Janeiro: Guanabara Koogan, 2012.

KOTZ, J. C.; TREICHEL, P. *Química e reações químicas*. Rio de Janeiro: LTC, 1999. v. 1 e v. 2.

MATTOS, N. S.; GRANATO, S. F. *Regiões litorâneas*. São Paulo: Atual, 2009.

MAYR, Ernst. *Isto é Biologia*: a ciência do mundo vivo. São Paulo: Companhia das Letras, 2008.

MEYER, D.; EL-HANI, C. N. *Evolução*: o sentido da Biologia. São Paulo: Unesp, 2010.

NEIMAN, Z.; OLIVEIRA, M. T. C. *Era verde*: ecossistemas brasileiros ameaçados. São Paulo: Atual, 2013.

NEWTON, I. *Óptica*. São Paulo: Edusp, 2002.

NÚCLEO DE PESQUISA EM ASTROBIOLOGIA IAG/USP. *Astrobiologia* [livro eletrônico]: uma ciência emergente. São Paulo: Tikinet Edição, 2016.

OLIVEIRA, K.; SARAIVA, M. F. *Astronomia e Astrofísica*. São Paulo: Livraria da Física, 2014.

PÁDUA E SILVA, A. *Guerra no Pantanal*. São Paulo: Atual, 2011.

PENNAFORTE, C. *Amazônia*: contrastes e perspectivas. São Paulo: Atual, 2006.

POUGH, F. Harvey; JANIS, Christine M.; HEISER, J. B. *A vida dos vertebrados*. São Paulo: Atheneu, 2008.

RAVEN, Peter H. et al. *Biologia vegetal*. Rio de Janeiro: Guanabara Koogan, 2007.

RIDLEY, M. *Evolução*. Porto Alegre: Artmed, 2006.

RONAN, Colin A. *História Ilustrada da Ciência*. V. I, II, III e IV. São Paulo: Círculo do Livro, 1987.

RUPPERT, Edward E.; FOX, Richard S.; BARNES, Robert. D. *Zoologia dos invertebrados*. São Paulo: Roca, 2005.

SALDIVA, P. (Org.). *Meio Ambiente e Saúde*: o desafio das metrópoles. Instituto Saúde e Sustentabilidade, 2013.

SCAGELL, Robin. *Fantástico e Interativo Atlas do Espaço*. Tradução Carolina Caires Coelho. Barueri: Girassol, 2010.

SHUBIN, N. *A história de quando éramos peixes*: uma revolucionária teoria sobre a origem do corpo humano. Rio de Janeiro: Campus, 2008.

SILVERTHORN, D. U. *Fisiologia humana*: uma abordagem integrada. Porto Alegre: Artmed, 2017.

SOBOTTA. *Atlas of Human Anatomy*. Monique: Elsevier/Urban & Fischer, 2008.

STEINER, J.; DAMINELI, A. (Org.). *O fascínio do Univers*o. São Paulo: Odysseus, 2010.

TIPLER, Paul A. *Física para cientistas e engenheiros*. Rio de Janeiro: LTC – Livros Técnicos e Científicos S. A., 2011. v. 2.

_____. *Física*. Rio de Janeiro: LTC – Livros Técnicos e Científicos S. A., 2000. v. 1.

_____. *Física*. 4. ed. Rio de Janeiro: LTC – Livros Técnicos e Científicos S. A., 2000. v. 3.

TORTORA, Gerard J.; GRABOWSKI, Sandra Reynolds. *Corpo humano*: fundamentos de anatomia e fisiologia. Porto Alegre: Artmed, 2006.